図解即戦力

オールカラーの豊富な図解と
丁寧な解説でわかりやすい!

Google Cloudの しくみと技術が しっかりわかる 教科書 改訂2版

これ1冊で

株式会社grasys
Google Cloud 大沼翔、西岡典生

技術評論社

はじめに

Google Cloudは、世界中で使われている検索エンジンやYouTube、Gmail、Googleカレンダー、Androidなどで有名なGoogleが提供するクラウドサービスです。本書の初版を約3年前に出版してからGoogle Cloudの状況は大きく変化しており、Google Cloudは、技術の進化と変化をとても体現していると感じています。

Google Cloudはサービスがリリースされてから順次、さまざまな機能がリリースされ進化し続けてきました。Google Cloudを活用した大規模事例だけでなく、最近のGoogle Cloudは、AI系のサービスも充実しています。また、近ごろ話題の生成AI系のサービスも提供されています。

そのため本書を改訂するにあたり、全体的に情報をアップデートし、それに加えて、AIサービスの解説を充実させることを1つのポイントとしました。生成AIの概要から利用時の注意点、Googleが提供する基盤モデルである「Gemini」についてもしっかりと解説しています。

何よりこの書籍は、ご厚意でGoogleの方々のご協力を得ることができ、共著となっております。Googleの方々と株式会社grasysの技術陣とで総力をもってお届けする内容となっております。Googleの方々のご協力なくしてはこの書籍は完成しなかったと考えており、この場を借りてご協力頂いたGoogleの皆様へは心より感謝を申し上げます。

今後もGoogle Cloudは進化していくことでしょう。この本を読み終えた頃には、これからのGoogle Cloudの進化をみなさまにも楽しんでいただけるようになるはずです。我々と一緒に技術の進化と変化を楽しんでいきましょう。

2024年7月

著者を代表して

株式会社grasys 代表取締役

長谷川 祐介

はじめにお読みください

本書に記載された内容は、情報の提供のみを目的としています。したがって、本書を用いた運用は、必ずお客様自身の責任と判断によって行ってください。これらの情報の運用の結果について、技術評論社および著者はいかなる責任も負いません。

本書記載の内容は、2024年7月現在のものを掲載しています。そのため、ご利用時には変更されている場合もあります。また、ソフトウェアはバージョンアップされることがあり、本書の説明とは機能や画面が異なってしまうこともあります。

以上の注意事項をご承諾いただいた上で、本書をご利用願います。これらの注意事項をお読みいただかずにお問い合わせいただいても、技術評論社および著者は対処できません。あらかじめ、ご承知おきください。

目次 Contents

1章 Google Cloudの基礎知識

2章 クラウドのしくみとGoogleの取り組み

3章 Google Cloudを使うには

4章
サーバーサービス「Compute Engine」

5章
ネットワークサービス「VPC」

6章

ストレージサービス「Cloud Storage」

7章 コンテナとサーバーレスのサービス

8章

データベースサービス

9章

データ分析のサービス

10章

AIサービス

1章

Google Cloudの基礎知識

Google Cloudは、Googleが提供するクラウドコンピューティングサービスです。本章では、Google Cloudの特徴やしくみ、提供されている機能について解説しながら、そのメリットを探っていきます。

Google Cloudとは ～Googleが提供するクラウドサービス

近年、クラウドサービスの利用が活発化しています。何らかのシステムを構築する際は避けては通れないほど、スタンダードな技術になっています。まずは、クラウドサービスとしてのGoogle Cloudの特徴を見ていきましょう。

Google Cloudとは

Googleは、Google検索やGmail、Googleマップ、YouTubeといった、大量のトラフィックを取り扱うグローバルなサービスを、20年以上にわたり運営しています。これらのサービスを提供するために、Googleは長年にわたり、効率的で、最適化されたインフラストラクチャ(インフラ)を構築してきました。**Google Cloud**は、その最適化されたインフラストラクチャを、ほかの企業やエンジニアが利用できるようにしたクラウドサービスです。

クラウドサービス(以下、クラウド)とは、システムを構築する際に必要となるサーバーや各種の機能を、インターネット経由で利用できるサービスのことです。基本的にWebのインターフェースから利用できるので、特別な環境設定は不要で、すぐに使い始めることができます。

■ Google Cloud

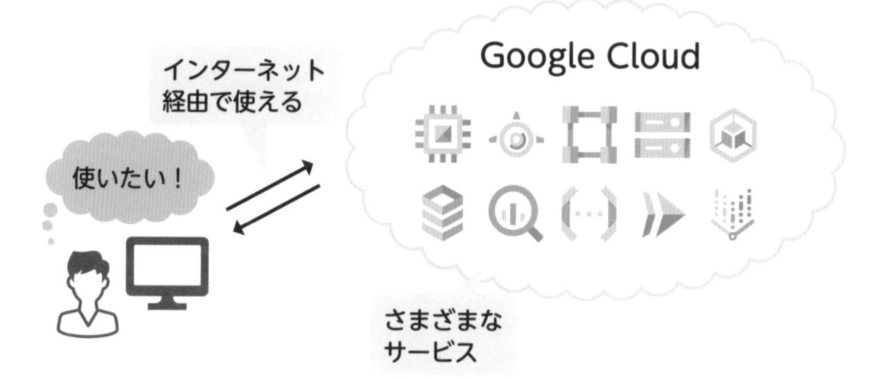

Google Cloudには、コンピューティングやストレージ、データベース、データ分析、機械学習など、実にさまざまなサービスが用意されています。これらに加えて、インフラ資源を自社で管理するオンプレミスや、ほかのクラウドを組み合わせて利用する際にも一貫した方法を提供する、ハイブリッドクラウドやマルチクラウドの選択肢も提供しています。

システム構築に必要なものは揃っている

Google Cloudは、クラウドベンダーが運用管理する範囲が大きいサービスである、**フルマネージドサービス**が多いことが特徴です。また、サーバーの存在を意識する必要がないサーバーレスなサービスが多いことも、特徴に挙げられます。このため、従来のオンプレミスのシステムで必要だった運用コストを抑えて、開発や企画などに、より多くの人的資源を割くことが可能になります。

たとえばWebシステムを構築する場合、システムに必要なサーバーやデータベースなどは、Google Cloudから調達できます。また、システムの負荷に応じてサーバーをスケール（規模や台数を拡張）できるインフラストラクチャになっています。

■ システム構築に必要なものは揃っている

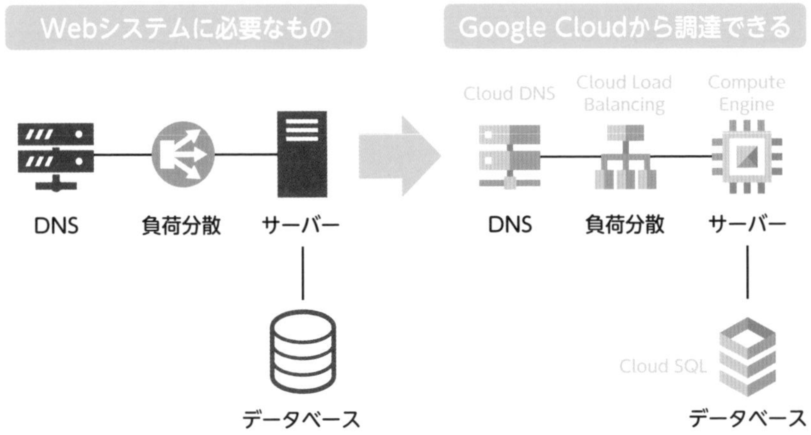

どのレベルまで運用を任せるかを決められる

システムを運用する際は、システムの内容に関わらず、それを支えるためのインフラの調達・管理・運用のタスクが発生します。しかし、クラウドサービスを利用する場合、それらのタスクは必ずしも必要とは限りません。**管理や運用をすること自体は本質ではない**といってもいいでしょう。Google Cloudでは、各サービスがマネージドなサービスであるとともに、どのレベルまでGoogle Cloudに運用を任せるかを決めることができます。

具体的には、サーバーやOSのレベルで管理を行う場合はCompute Engine、サーバーやOSのレベルもGoogle Cloudに任せてしまいたい場合はGoogle Kubernetes Engineが使えます。さらに上位のレイヤーまで任せてしまいたい場合はCloud RunやCloud Functions、App Engineといったサービスを利用するという選択肢もあります。ただし、Cloud RunやApp Engineといったサービスを選んだ場合、サーバーの管理などをGoogle Cloudに移譲することで運用の負荷を下げられますが、その分サーバーの細かなカスタマイズをするといった自由度を失うというトレードオフがあります。

もちろんどのような場合においても、負荷に応じてサーバーの規模や台数を拡張する、スケーリングのメリットは失われません。

■運用負担と自由度のトレードオフ

従量制なので使った分だけを払えばよい

Google Cloudの料金は従量制です。使った分だけを払うしくみなので、まずは必要な分から始められます。その後、好きなときにリソースを追加できます。必要に応じてリソースを増減できるので、コストの最適化につながります。

■使った分を払うしくみ

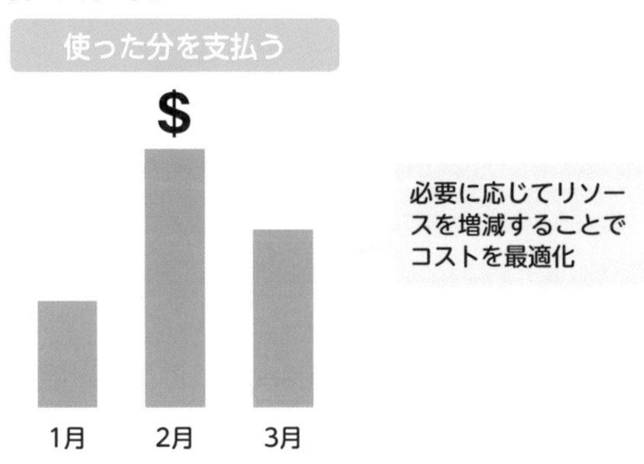

日本語に対応している

Google Cloudのほとんどのサービスが日本語に対応しており、日本語表示の管理画面から操作できます。料金も日本円で支払うことが可能です。また、Google Cloudの日本の担当チームに、見積もりや導入に関して問い合わせすることが可能です。そのほかには、Google Cloudの導入を支援するパートナー企業が存在します。自社に開発人材がいない場合、こうしたパートナー企業に支援をお願いするのも選択肢の1つです。本書を執筆したgrasysのほか、日本国内にはGoogle Cloudのパートナー企業が多数存在します。

グローバルなセキュリティ基準

Google Cloudのサービスは、独立した機関によるセキュリティ、プライバシー、コンプライアンス管理に関する監査を定期的に受け、世界各地の基準に照らした認証、コンプライアンス証明書、監査レポートを取得しています。

グローバルなインフラストラクチャ

Google Cloudは、各サービスを提供するためのデータセンターを世界各地に配置しています。データセンターは地理的にいくつかのエリアに分類されており、これを**リージョン**と呼びます。さらにリージョンには、**ゾーン**と呼ばれるエリアが複数存在します。リージョンが複数のゾーンを持つことで、1つのゾーンで障害が起きた場合でもリージョン内の可用性を確保できるしくみになっています。

また、Google Cloudのユニークなポイントとして、Googleの大規模なグローバルネットワークを利用していることが挙げられます。Google Cloudのネットワークは、Google検索やGmail、YouTubeなどのサービスを支えるネットワークと同じ回線を使っています。また、トラフィックのほとんどがGoogleのプライベートバックボーン（Googleが所有・管理するネットワーク網）にとどまります。Google Cloudを利用すれば、こうした**Googleのサービスで実際に使用されているグローバルネットワーク網をすぐに活用できます。**

なお、Google CloudのネットワークサービスであるVPC（Virtual Private Cloud）を使うと、複数のリージョンにまたがるプライベートなネットワークを、たった数ステップの操作で実現できます。これは、グローバルなサービスを運用する場合に、エンドユーザーからのリクエストを最適なロケーションで処理して、迅速に価値を届けられるというメリットになります。

■ Google Cloudのリージョン

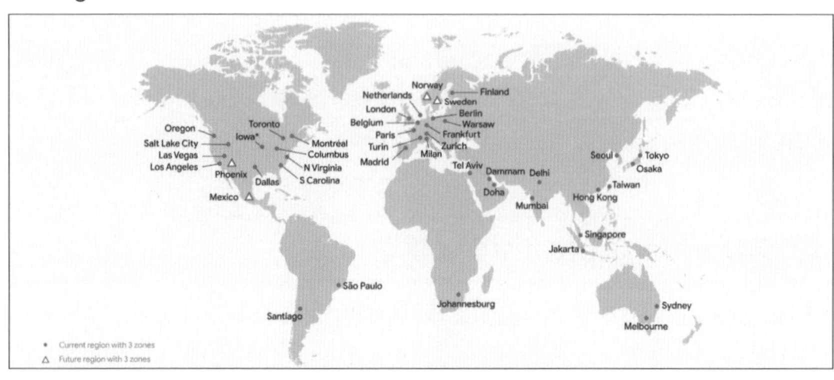

https://cloud.google.com/about/locations?hl=ja#regions

■ Google Cloudのネットワーク

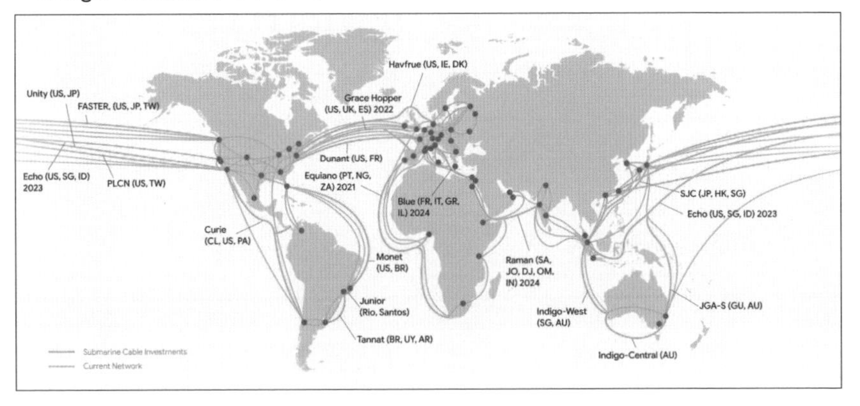

https://cloud.google.com/about/locations?hl=ja#network

クラウドの裏付けとなる技術をオープンに

「クラウドを導入したいけれど、クラウドだと中身がブラックボックスになっていて不安」と思っている人もいるでしょう。Google Cloudのサービスで活用されているソフトウェア技術には、オープンソース（OSS）として公開されているものが多数あり、すべての技術がブラックボックスというわけではありません。OSSをベースにしたミドルウェアサービスを利用すれば、Google Cloud以外のプラットフォーム（オンプレミス環境やほかのパブリッククラウドなど）との連携も容易になります。このようなクラウドを、**オープンクラウド**と呼びます。このオープンクラウドへの取り組みは、Google Cloudの特徴の1つです。

まとめ

- **Google CloudはGoogleのサービスのために最適化・効率化されたインフラストラクチャを利用**
- **料金は従量制なので必要な分だけ使用可能**
- **グローバルで高速なネットワークが利用可能**

02 Google Cloudのサービス
～100種類以上のサービスを提供

Google Cloudには100種類以上のサービスがあるので、どのようなサービスがあるのか、最初はつかみにくいかもしれません。ここでは、代表的なサービスや、サービスごとの目的を紹介しましょう。

目的別にさまざまなサービスが提供されている

Google Cloudでは、100種類以上のサービスが提供されています。さまざまなサービスが提供されていますが、必要なものだけを利用すればよく、たとえば仮想サーバーは1台から利用でき、ファイルも1ファイルから保存できます。そのため、ミニマムにスタートできます。

また、さまざまな用途のシステムに対して必要となるサービスを、Google Cloudで揃えることも可能です。何らかのシステムを構築する際に必要なものは、ほぼすべて揃っていると考えていいでしょう。一般的なWebシステム以外にも、バッチ処理やデータ分析のためのデータウェアハウス、サービスの運用を助けるモニタリングやロギングなどをまとめた管理ツール、機械学習を利用したサービスなど、目的別にさまざまなサービスが提供されています。

■目的別にさまざまなサービスがある

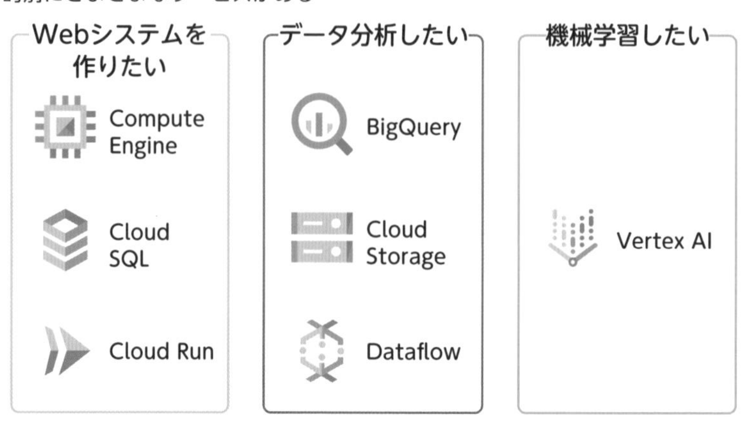

Google Cloudで提供されているサービス

Google Cloudにはさまざまなサービスがあるため、ここでは、代表的なサービスを挙げておきましょう。ここに挙げたものだけでシステムを構築することも可能です。

仮想マシンを提供するサービス〜Compute Engine

Compute Engineは、Google Cloudのデータセンター内で稼働する仮想マシンを提供するサービスです。仮想マシンとは、物理的なマシン上に構築された仮想的なマシンのことです。仮想マシンは、メモリやディスクといった部品を仮想的に作ることで実現されており、変更や増減がしやすいという特徴があります。
Compute Engineでは、サーバーとOSを選択して必要なリソースを指定すれば、すぐに仮想マシンを用意できます。メモリに最適化されたタイプや、コンピューティングに最適化されたタイプなど、用途に応じたスペックを選択できます。なお、Compute Engineは仮想マシンを用意するだけなので、必要なソフトウェアは自分で自由にインストールします。

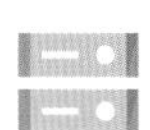

ストレージを提供するサービス〜Cloud Storage

Cloud Storageは、ストレージサービスです。保存できるデータ量に制限がなく、必要に応じて何度もデータを取得できます。Webサイトで使用する静的なファイルのホスティングや、ログの長期保存など、さまざまな用途で利用できます。いくつかの種類が用意されており、用途にあったものを選択してコストを最適化できるようになっています。

コンテナを管理するサービス〜Google Kubernetes Engine

Google Kubernetes Engineは、Google Cloudのインフラ上で動作するマネージドなKubernetesサービスです。自動スケーリングが可能で、コンテナと呼ばれる仮想化技術を動作させるクラスタを、1クリックで作成してすぐに作業開始できます。自動修復や自動アップグレードなど、運用上の負荷を軽減してくれるしくみが組み込まれています。

データベースサービス〜Cloud SQL

Cloud SQLは、MySQL、PostgreSQL、SQL Serverを、クラウドベンダーが運用管理する範囲が大きいフルマネージド環境として、提供するデータベースサービスです。データベースサーバーそのものを管理することなく、データベースを利用できます。バックアップやレプリケーション、暗号化、容量増加などをかんたんに行えるようになっています。

負荷分散サービス〜Cloud Load Balancing

世界規模の負荷分散を行えるのが、Cloud Load Balancingです。負荷分散とは、リクエストを複数のサーバーに分散することで、サーバーの負荷を軽減するしくみのことです。Cloud Load Balancingは、Compute EngineまたはGoogle Kubernetes Engineなどで稼働しているアプリケーションの前面に立って負荷分散を行います。プレウォーミングは必要なく、地理的にユーザーに近いリージョンへリクエストを分散します。単一のエニーキャストIPアドレスで、世界中のリージョンに分散されたバックエンドアプリケーションの、フロントエンドアドレスとして機能します。

関数を実行するサービス〜Cloud Functions

Cloud Functionsは、サーバー管理をすることなく、関数（処理）を自動で実行できるサービスです。ファイルのアップロードといった、あらかじめ登録した操作が行われたときに自動で起動させることができ、システム間連携をイベントでつなぐ糊のような役割を果たします。大がかりなアプリケーションを動かすものではなく、比較的小さな機能を実行するためのサービスです。

大規模データを分析するサービス〜BigQuery

BigQueryは、サーバー管理不要で、スケーラビリティと費用対効果に優れたデータウェアハウスサービスです。データウェアハウスとは、分析用のデータを蓄積する大容量のデータ管理システムのことです。BigQueryは、ペタバイト規模のデータに対して、高速にクエリを実施できます。データを分析して何かのインサイトを得るというサイクルを高速化して、ビジネスの敏捷性（アジリティ）を高めることができます。

機械学習サービス〜Vertex AI

Vertex AIは、データサイエンスと機械学習のために必要なものがそろったマネージドなプラットフォームです。統一されたAPI、クライアント　ライブラリ、ユーザーインターフェース、大規模言語モデルなど、Google Cloudが提供している機械学習関連サービスを統合します。Google製のモデルに加えて厳選されたサードパーティー製、オープンソースモデルを選択してカスタマイズし、デプロイが可能です。データの前処理やモデルの構築といったワークフローの効率化や、モデルデプロイ後のMLライフライクル全体の管理の自動化など、AI、機械学習をプロダクション環境で利用するためのサービスが揃っています。

生成AIでGoogle Cloudでの開発をサポート〜Gemini for Google Cloud

Gemini for Google CloudはGoogle Cloudでの開発を総合的にサポートする開発アシスタント機能です。Google Cloudコンソールと統合されており、設定項目の解説や推奨事項の提案、エラーログの解析などが行えます。

そのほかの代表的なサービス

Google Cloudには、そのほかにも多数のサービスが提供されています。すべて紹介することはできませんが、代表的なサービスをカテゴリ別に紹介しているので参考にしてください。

■ AIインフラストラクチャ

サービス名	概要
Cloud GPU	機械学習や科学技術計算、3D表示に活用できるGPU
Cloud TPU	機械学習の処理を高速化するTPU（Tensor Processing Unit）
Deep Learning VM Image／Containers	ディープラーニングの用途向けに特化された仮想マシンイメージおよびコンテナ

■ AIソリューション

サービス名	概要
Contact Center AI	対話型エージェントの構築や、人間のエージェントを支援するAIモデルを提供するサービス
Document AI	ドキュメントから分析状況を抽出するサービス
小売業向け Vertex AI Search	小売業界に特化した検索、レコメンデーション機能を提供するサービス

■ API管理

サービス名	概要
Apigee API Platform	APIの管理、開発、セキュリティのためのプラットフォーム
API Gateway	フルマネージドなAPIゲートウェイ

■ コンピューティング

サービス名	概要
App Engine	Webアプリを開発できるサーバーレスサービス
Compute Engine	Googleのデータセンター内で稼働する仮想マシン
Cloud Run	コンテナ化アプリを実行するためのフルマネージド環境
Google Kubernetes Engine	コンテナ化アプリを実行するためのマネージド環境

■ データ分析

サービス名	概要
BigQuery	フルマネージドなデータウェアハウス
Dataproc	Apache Spark／Apache Hadoopクラスタを実行するためのマネージドサービス
Dataflow	ストリーム・バッチ処理を行うためのマネージドサービス
Cloud Pub/Sub	イベント取り込みと配信を行うためのメッセージングサービス
Cloud Data Fusion	データパイプラインの構築と管理を行うための統合環境
Data Catalog	データの探索と管理を行うためのメタデータソリューション
Cloud Composer	Apache Airflowで構築されたワークフローサービス
Looker	BI、データアプリケーション、組み込み型アナリティクス向けのエンタープライズプラットフォーム

■ データベース

サービス名	概要
Cloud SQL	MySQL、PostgreSQL、SQL Serverを実行するフルマネージドデータベース
Cloud Spanner	クラウドネイティブな分散リレーショナルデータベース
AlloyDB	要求の高いエンタープライズワークロード向け、フルマネージドのPostgreSQL互換のデータベース
Firestore	クラウドネイティブなドキュメントデータベース
Cloud Bigtable	列指向型データベース
Memorystore	マネージドなRedisとMemcachedのインメモリデータベース

■ デベロッパーツール

サービス名	概要
Artifact Registry	コンテナイメージや言語パッケージの保存、管理ができる。Google Cloudでコンテナイメージの管理を行えるContainer Resigtryの後継サービス
Cloud Build	継続的インテグレーションと継続的デリバリーのためのビルド環境
Cloud Workstations	機密性の高いエンタープライズのニーズに応えるように構築されたフルマネージドの開発環境
Google Cloudコンソール	Google Cloudを操作するためのWebコンソール画面
Cloud Shell	Webブラウザ上で動くシェル環境

そのほかのサービスを知りたい場合は、以下のページも参考にしてください。

- **Google Cloudのサービス**

  https://cloud.google.com/products?hl=ja

- **Google Cloudには100種類以上のサービスが存在**
- **Google Cloudは目的別にさまざまなサービスを提供**
- **Google Cloudには、何らかのシステムを構築する際に必要なものはほぼすべて揃っている**

03 Google Cloudを利用しやすくするしくみ ～誰でもかんたんにサービスを利用できる

Google Cloudには、スムーズに利用するためのさまざまなしくみが用意されています。本当にたくさんのしくみがありますが、ここでは、代表的なものを紹介しましょう。

Google Cloudの操作をしやすくするしくみ

Google Cloudを利用しやすくするしくみとして、**Google Cloudコンソール**があります。これは、Webブラウザ上でGoogle Cloudの操作を行えるものです。インターネットに接続したWebブラウザがあれば、Google Cloudにかんたんにアクセスできます。

また、Google Cloudコンソールの中には**Cloud Shell**という機能が搭載されています。これはWebブラウザ上で実行できるシェル環境です。Cloud ShellにはGoogle Cloudを操作するために必要なツールがインストールされているので、環境を自分で整える必要がなく、すぐに利用できることがメリットです。ユーザーごとの環境の違いを最小限に抑えることができるので「ほかの人の環境では動いて自分の環境では動かない」などの状況に遭遇しにくくなります。

■ Google Cloudコンソール

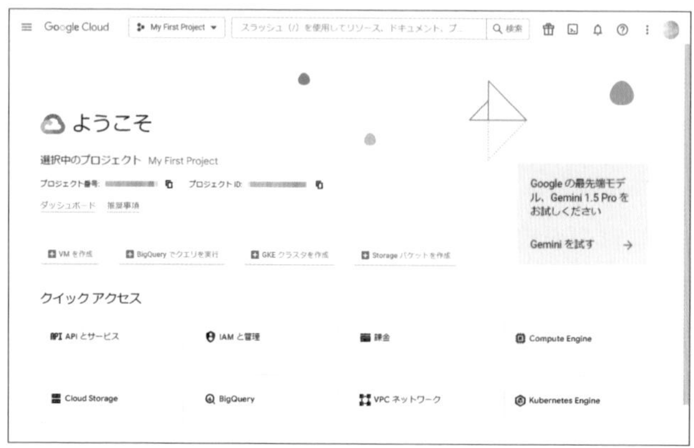

■ Cloud Shell

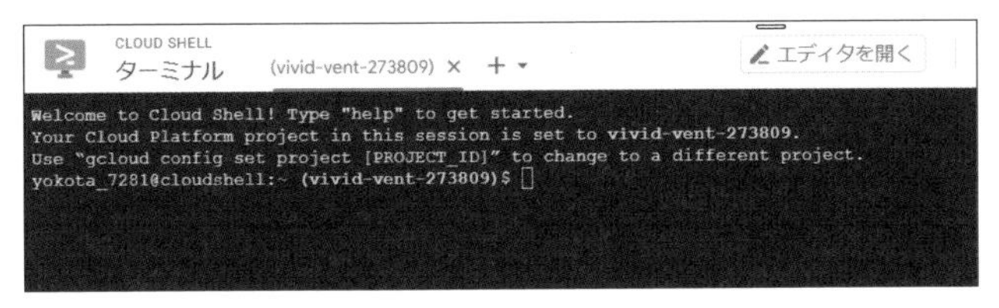

インフラの管理コストを減らせるしくみ

Google Cloudには、インフラストラクチャの管理をGoogle Cloudに移譲したフルマネージドなサービスが多くあります。これらがあることで、ユーザーはインフラストラクチャの管理コストを減らして、その上で動くWebサーバーやデータベースそのものの運用に集中できます。

セキュリティ的に安心できるしくみ

セキュリティ対応にはさまざまな範囲の作業が含まれるため、すべてを自分たちでやろうとすると、膨大な手間とコストがかかります。しかしGoogle Cloudなら、厳しいセキュリティ基準が適用されており、Googleの運用チームが24時間365日の体制で脅威の検出と対応にあたっています。脆弱性などが見つかれば、運用チームが即座に対応します。これを自分たちで対応しようとするとかなりの労力がかかり、放置すればとても危険な状態になるでしょう。

また、Google Cloudの中の通信は暗号化され、Google Cloudのインフラに保存されたデータは自動的に暗号化が行われます。

これらのことから、Google Cloudは安全に利用できて、運用の負荷も下げることができるといえるでしょう。

まとめ

- **Google Cloudコンソールやフルマネージドサービスなど、スムーズに利用するためのしくみが備わっている**

04 Google Cloudの導入事例 ～大手企業や金融機関での採用も多数

日本国内でのGoogle Cloudの導入事例が増えてきました。Google Cloudはさまざまなサービスを提供しているので、その導入事例も多岐にわたります。ここでは代表的な事例を紹介します。

日本国内でも多くの企業に導入されている

Google Cloudは、日本国内でも多くの企業に導入されています。Compute Engineを使ったオーソドックスなWebシステムだけではなく、大規模なシステムを運用するためにGoogle Kubernetes Engineを利用した事例も、今では増えてきています。そのほか、BigQueryを使ったデータ分析の事例や大量のデータを機械学習に活用したという事例も少なくありません。ここでは代表的な導入事例を紹介しましょう。

導入パターン① 小規模なブログサイト

WordPressを利用した、小規模なブログサイトの例です。WebサーバーにWordPressをインストールし、データベースサーバーとしてCloud SQLのMySQLを利用した構成です。

■小規模なブログサイトの例

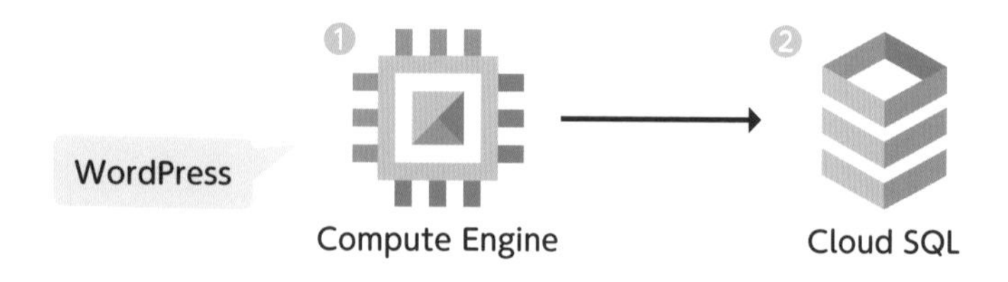

①Compute Engine（Webサーバー）

Webサーバーとして使用し、WordPressをインストールする

②Cloud SQL（データベースサーバー）

Cloud SQLのMySQLを選択して作成

導入パターン② データ分析基盤

部門を横断して会社全体で利用できる、データ分析基盤の例です。Dataflowを使って、分析に使いたいデータをBigQueryに格納しています。Dataflowを使うと、Amazon Web Servicesのストレージサービス（Amazon S3）に置いたログデータなども収集できるため、すでにほかのクラウドを利用している場合にも、Google Cloudを導入しやすくなります。

■ データ分析基盤の例

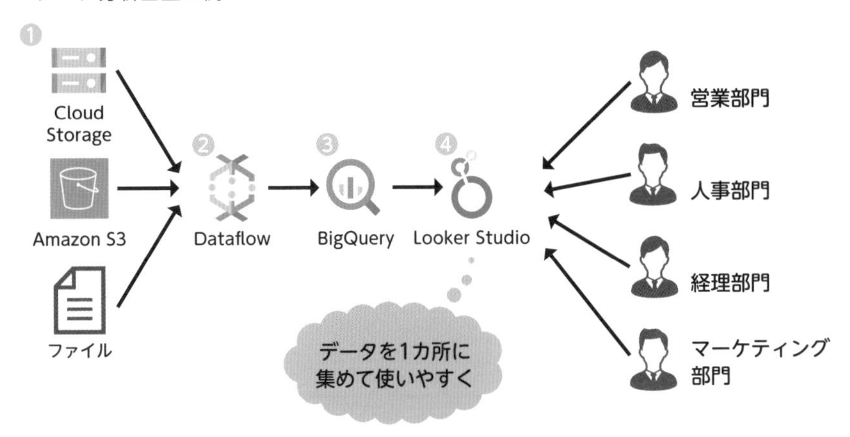

①Cloud Storage

ログなどのデータをCloud Storageに保存する

②Dataflow

バッチ処理またはストリーミングで外部またはCloud Storageに置いたデータをBigQueryに取り込む

③BigQuery

データを格納して分析を行うデータウェアハウス

④Looker Studio

BigQueryのデータを表示するダッシュボード

導入パターン③ ECサイト

Eコマース（EC）サイトの例です。ECサイトは時間帯によってアクセス数に大きな変動があるため、一定量のコンピュートリソースを起動し続けていると、アクセス数の少ない時間帯はリソースを遊ばせることになり、費用的な無駄が発生します。そこで、Google Cloudの自動スケール機能を活用します。また、ECサイトは商品を売るだけではなく、購買データを蓄積して、分析する必要があります。そのため、データ分析の機能も盛り込んでいます。

■ ECサイトの例

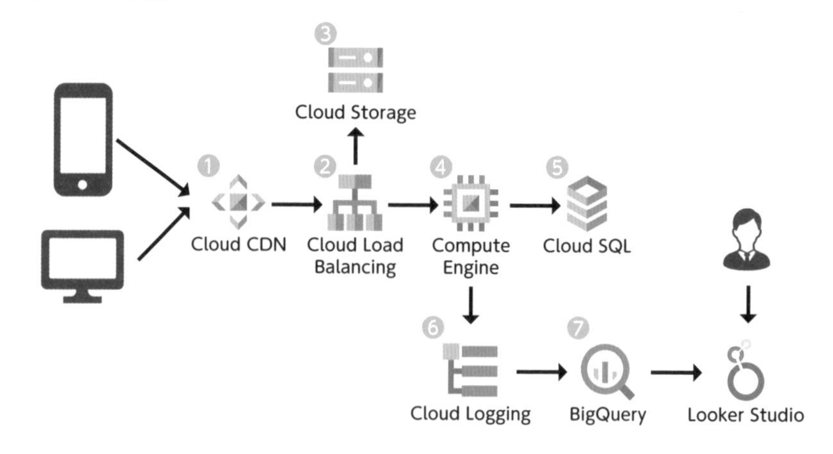

①Cloud CDN

コンテンツのキャッシュ

②Cloud Load Balancing

アプリケーションへのリクエストを負荷分散する

③Cloud Storage

アプリケーション以外の静的コンテンツをホストする

④Compute Engine

ECサイトのためのアプリケーションをデプロイする。インスタンスグループ（複数の仮想マシンをまとめたもの）によって、アクセスに応じたインスタンス数の増減を行う

⑤Cloud SQL

ECサイトのデータベースサーバー

⑥Cloud Logging

ECサイトが出力するログを格納し、BigQueryへの出力も行う

⑦BigQuery

売上データなどを格納するデータウェアハウス

導入パターン④ ゲームのAPIサーバー

ゲームにおけるAPIサーバーとデータベースの例です。予期しないトラフィックの急増に対応するため、APIサーバー、データベースサーバー共に高いスケーラビリティが求められます。このため、高速にスケール可能なコンテナ技術を使ったGoogle Kubernetes Engineを用いた構成をとります。また、データベースについても、水平スケールに対応したフルマネージドなリレーショナルデータベースであるCloud Spannerを使用します。

■APIサーバーの例

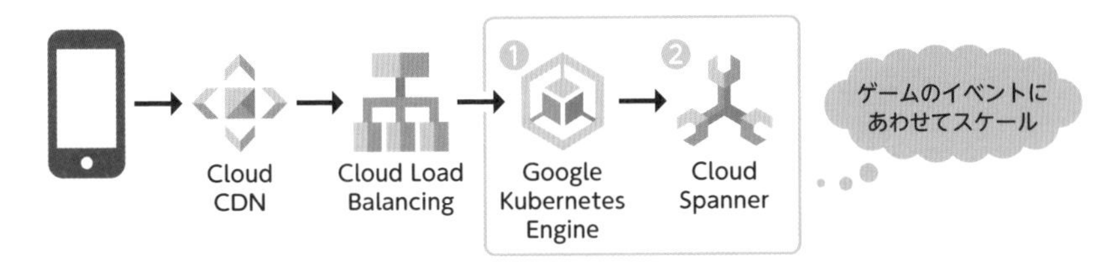

①Google Kubernetes Engine

APIサーバーとして使用

②Cloud Spanner

APIサーバーのバックエンドのデータベースサーバーとして使用

- Google Cloudは日本国内でも導入事例が多数

各クラウドのサービス

Google Cloudの比較対象として、Amazon Web Services (AWS) とMicrosoft Azureがよく取り上げられます。各クラウドが提供しているサービスはそれぞれに細かい特徴や違いがあり、一概に比較することはできません。ただし、各クラウドは互いに似たサービス提供しています。そのためここでは、各プラットフォームとGoogle Cloudのサービスが互いにどのサービスに対応しているかをまとめています。Google Cloudのサービスが、ほかのクラウドだとどのサービスにあたるのかを確認する際の参考にしてください。

■各クラウドのサービス

サービスの種類	Google Cloud	AWS	Microsoft Azure
コンピューティング	Compute Engine	Amazon Elastic Compute Cloud (EC2)	Azure Virtual Machines
コンテナ	Google Kubernetes Engine、Cloud Run	Amazon Elastic Container Service、Amazon Elastic Kubernetes Service、AWS Fargate、AWS App Runner、AWS Lambda	Azure Container Instances、Azure Kubernetes Service、Azure Container Apps
ストレージ	Cloud Storage	AWS Simple Storage Service (S3)	Azure Blob Storage
リレーショナルデータベース	Cloud SQL、Cloud Spanner	Amazon RDS、Amazon Aurora	Azure SQL Database、Azure Database for MySQL／PostgreSQL
データウェアハウス	BigQuery	Amazon Redshift、Amazon Athena	Azure Synapse Analytics
機械学習	Vertex AI	Amazon SageMaker	Azure AI Platform

以下の公式ページもあわせて参考にしてください。

- **AWSサービスやAzure サービスとGoogle Cloudを比較する（2024年5月時点の比較）**
  https://cloud.google.com/docs/get-started/aws-azure-gcp-service-comparison

2章

クラウドのしくみとGoogleの取り組み

Google Cloudを理解するには、クラウドコンピューティングとGoogleのインフラの考え方を知ることが欠かせません。Google Cloudのサービスを理解するために、その特徴を理解しておきましょう。また、生成AIの概要についても解説します。

05 クラウドとは ～クラウドはさまざまな価値を提供する

Google Cloudはクラウドコンピューティング（クラウド）を提供するサービスです。Google Cloudのサービスやしくみを紹介する前に、そもそもクラウドとは何かを解説しておきましょう。

クラウドとは

クラウドとは、クラウドベンダーであるプロバイダが、インターネットなどのネットワーク経由で、ITリソースを提供するサービスのことです。提供されるサービスは実にさまざまです。コンピューティング（仮想マシンなど、計算処理を行う資源）やネットワーク、ストレージなどに加え、データ処理や分析、機械学習、アプリケーションなどのサービスもあります。この中でもコンピューティングやストレージなどのインフラ資源を提供する代表的なクラウドサービスが、Google Cloud、AWS、Microsoft Azureです。

かつてクラウドは、新興企業や先進技術を追求するアグレッシブな企業が使うものと思われていましたが、現在はあらゆる業界、あらゆる規模の組織で利用されるようになり、インフラストラクチャ（以下、インフラ）の主流になっています。クラウドを活用すると、ITリソースをあたかも水道のように、いつでもかんたんにオンデマンドで利用できます。

■ クラウドはさまざまなサービスを提供

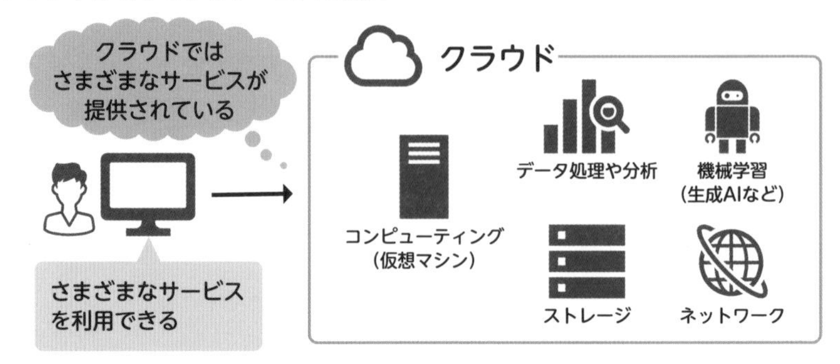

ネットワーク経由でかんたんに使える

クラウドはネットワーク経由で利用します。これまでは自社の端末やデータセンターのサーバーにソフトウェアをインストールし、アプリケーションの稼働環境を用意する必要がありました。しかしクラウドでは、基本的にはWebブラウザがあればITリソースを利用できます。そのため、より多くの人がかんたんに触れることができるサービスとなっています。

■ オンプレミスとクラウドの利用形態の違い

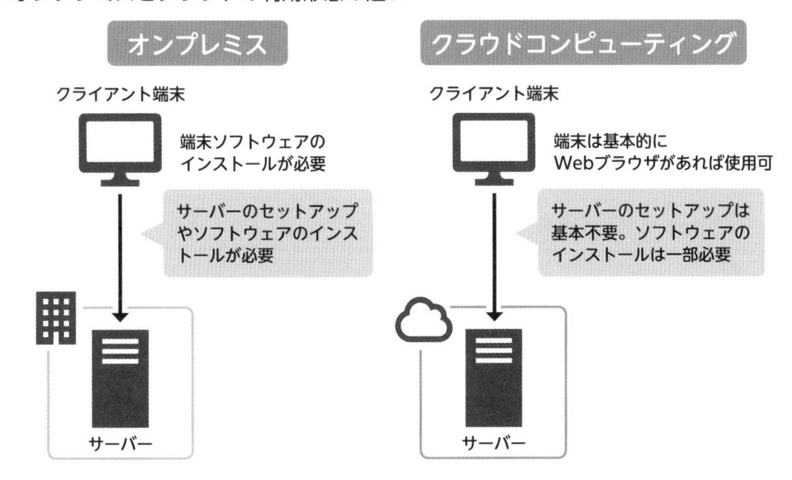

クラウドが与えるビジネスへの影響

クラウドはビジネス全体に大きな影響を与えています。たとえば、クラウドを活用した組織は、**インフラへの初期投資を抑え、運用経費主体のコスト構造に変えることができます。**それにより、変化するビジネス環境へ柔軟に対応できるようになります。たとえば、ビジネス環境の変化にあわせてサーバー台数を変動させることで、コスト削減につなげることができます。

さらに、サーバーなどのインフラ資源の調達が不要になるため、システム開発の期間を短縮できます。加えて、インフラの管理が不要になるため、インフラ保守の時間をシステム開発にあてることも可能になるでしょう。

オンプレミスとは

オンプレミス（on-premises）は、システムを構成するハードウェア・ソフトウェアを自社施設やデータセンターに導入し、インフラ資源を主体的に管理する運用形態です。クラウドとは違い、基本的にすべてのIT資産を自社のものとして購入・管理していくので責任範囲は広くなりますが、**インフラ資源を自社の利用用途に応じて自由にカスタマイズできます。**クラウドでは、クラウドベンダーが管理する範囲はユーザーが自由にカスタマイズできないため、この点はオンプレミスのメリットです。

変更管理においても、ソフトウェアのライフサイクルは意識する必要があるものの、基本的には自社の経営方針にあわせて設定できます。しかしクラウドだと、クラウドベンダーの方針にあわせて最新のバージョンに随時アップデートされます。

その一方でオンプレミスの場合、ハードウェア・ソフトウェアの調達に時間がかかるため、一般的に、システムの運用開始までの期間が長くなります。また、それらの購入費が必要なため、システム開発の初期費用が高くなる傾向があります。クラウドは従量課金制のため、利用状況にあわせて必要なコストを最適化できます。

■ システム管理の側面から見るオンプレミスとクラウドの違い

項目	オンプレミス	クラウド
責任範囲の広さ	基本的に全範囲	役割分担にもとづき責任範囲が決まる
カスタマイズ性	自由にカスタマイズできる	カスタマイズできる範囲は限定される
システム導入	初期投資が必要で、調達や初期構築に時間がかかる	初期投資不要ですぐに使える
変更管理	自由に変更できる	クラウドの仕様にもとづいた変更管理
システム保守	アプリケーションだけでなく、ハードウェアやソフトウェアの保守が必要	アプリケーションなど、ユーザーの責任範囲に限定した保守作業

クラウドが提供する価値は実にさまざま

クラウドには、そのほかにもさまざまなメリットがあります。たとえばクラウドを使用すると、最先端の技術をタイムリーに活用できます。クラウドベンダーの垂直統合によって最適化された、セキュアかつ高いパフォーマンスを発揮する技術（データ分析や生成AIなど）を活用できるため、デジタル変革につながるようなシステムを開発することが、よりかんたんにできます。

組織は、クラウドのこうした価値を最大限に活用することで、社内の働き方やそのあり方も変えることができるようになるのです。

■クラウドが提供する価値

項目	クラウドのメリット
ビジネスモデルの変革	資本経費（CAPEX）を運用経費（OPEX）に変えることができるため、巨大な投資なくスモールスタートで始められる
Time to Marketの短縮	インフラ調達が不要なため、システム開発期間を短縮することができ、アプリケーション開発やイノベーションに注力できる
最先端の技術活用	データ分析や生成AIといった最先端の技術を活用できる
柔軟性	リソースをオンデマンドかつ従量制で利用することができるため、ビジネスの伸長にあわせてインフラを柔軟に構成できる
オペレーションレス	自社環境でのインストールやアップデート作業が不要になるため、オペレーション作業を低減し、システム開発の生産性を高めることができる
垂直統合	エンドツーエンドでカスマイズされるため、より高い機能性やパフォーマンス、信頼性、セキュリティが得られる可能性が高まる

まとめ

- **クラウドとは、クラウドベンダーがネットワーク経由でITリソースを提供するサービスのこと**
- **クラウドは変革を実現するためのさまざまな価値（柔軟性やコスト削減、先端技術など）を提供**

06 パブリッククラウドとプライベートクラウド ～クラウドの利用形態

クラウドにはパブリッククラウドとプライベートクラウドという2種類の形態があり、Google Cloudは前者のパブリッククラウドです。Google Cloudを深く理解するためにも、それぞれの特徴をつかんでおきましょう。

クラウドの利用形態は大きく2種類ある

クラウドは、利用形態によって**パブリッククラウド**と**プライベートクラウド**の2種類に分かれます。

まず前節で紹介したクラウドは、一般的にはパブリッククラウドのことを指します。パブリッククラウドとは、**クラウドベンダーが提供する従量課金のサービスを、インターネット経由で利用するものです。**大手のクラウドベンダーから、先進的な技術が含まれたサービスが提供されることが特徴の1つです。ただし、データセンターのロケーションやネットワーク回線といった観点でのカスタマイズは限定されます。

プライベートクラウドとは、パブリッククラウドとオンプレミスの両方の特性を持つクラウドです。**パブリッククラウドに近い構成を、自社のデータセンターにユーザー自身が用意します。**ロケーションやネットワーク回線といった観点で、カスタマイズ性が高いのがメリットです。しかし、システム投資は原則自社単独で行うので、標準化や一括購入による一定のコストメリットはあるものの、インフラの初期投資が必要です。また、プライベートクラウドで提供される機能はパブリッククラウドに比べ限定され、先進的な機能を活用できない可能性があります。

パブリッククラウドやプライベートクラウド、オンプレミスは、自社の経営方針やシステムに求める要件にあわせて、適切に選択する必要があります。

■ パブリッククラウドとプライベートクラウド

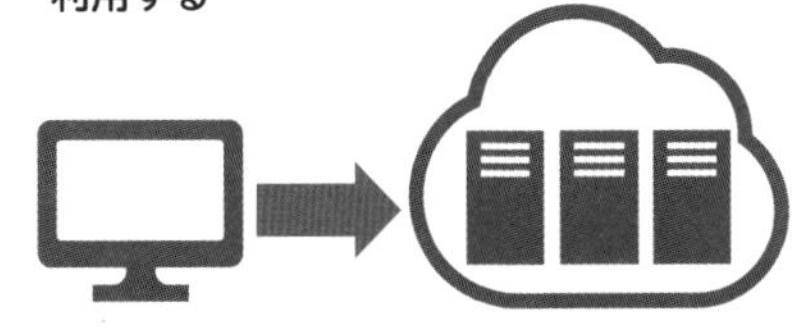

パブリッククラウドとプライベートクラウドの違い

パブリッククラウドとプライベートクラウドには、ほかにも違いがあります。違いについて、オンプレミスとも比較しながら理解しておきましょう。

■ パブリッククラウド・プライベートクラウド・オンプレミスの特徴

項目	パブリッククラウド	プライベートクラウド	オンプレミス
データセンター	クラウドベンダーが所有するデータセンター	自社データセンター	自社データセンター
利用する組織	マルチテナント（複数の利用組織）	シングルテナント（自社のみ）	シングルテナント（自社のみ）
費用体系	OPEX（運用費）	CAPEX+OPEX（初期投資と運用費）	CAPEX+OPEX（初期投資と運用費）
カスタマイズ性	ロケーションやネットワーク回線などのカスタマイズは限定される	ロケーションやネットワーク回線などのカスタマイズができる	自由にカスタマイズできる
最先端の技術活用	可能（クラウドベンダーの提供機能をフル活用）	限定的（自社開発が必要）	限定的（自社開発が必要）

まとめ

- パブリッククラウド、プライベートクラウド、オンプレミスは用途にあわせて選択する必要がある

07 IaaS、PaaS、SaaS ～クラウドのサービスが提供する範囲

クラウドは、サービスの提供範囲によって大きく3つに分類されます。実際にシステム開発するときに、どのサービスを選べばよいかを検討する際の目安になるので、それぞれの提供形態と特徴を見ておきましょう。

クラウドの提供形式

クラウドは提供するサービスの範囲によって**IaaS（イアース）**、**PaaS（パース）**、**SaaS（サース）**といった形で呼ばれます。

IaaSはサーバーやストレージ、ネットワークといった**インフラを提供するサービス**です。オンプレミスからの移行を考えた際、既存のアーキテクチャを再現しやすい点から、パブリッククラウドで一番多く使われているのは、IaaSになるでしょう。Google Cloudでは、仮想マシンを提供するCompute Engineや仮想ネットワークを提供するVirtual Private Cloudが代表的なサービスです。

PaaSは**プラットフォームを提供するサービス**です。クラウドベンダーが開発・運用するアプリケーションサーバーなどのミドルウェア環境を利用できます。Google Cloudでは、Webアプリケーションの動作環境を提供するCloud Runが代表的なサービスです。サーバーインフラだけでなく、サーバー上で稼働するミドルウェア部分の運用管理もクラウドベンダーが担当するため、インフラの運用保守の工数を大幅に削減できます。

SaaSは**インフラやプラットフォームだけでなくアプリケーションも提供するサービス**です。企業向けのGmailやGoogle Meetなどが含まれるGoogle Workspaceが代表的なサービスです。

このようにIaaS、PaaS、SaaSではそれぞれ提供するサービスの範囲や特徴が異なります。提供範囲が広いSaaSはすぐに使えて便利ですが、カスタマイズ性は低くなります。一方、IaaSはカスタマイズ性は高いものの、オンプレミスと同様のシステム運用のプロセスが必要になります。そのため、それぞれの特性や提供されるサービスの仕様をよく理解した上で使うことが大切です。

■ 3つのサービスの特徴

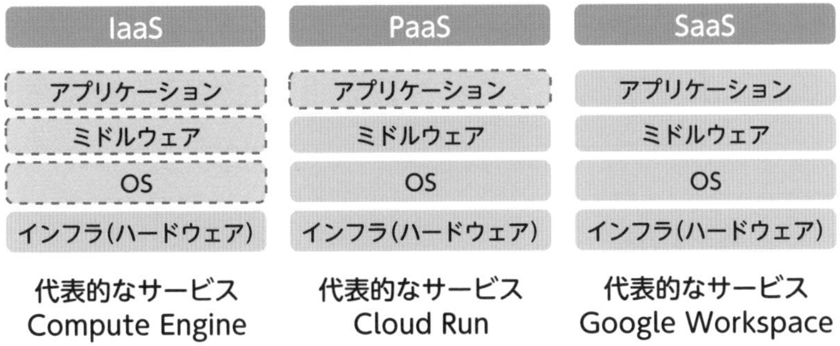

IaaS	PaaS	SaaS
アプリケーション	アプリケーション	アプリケーション
ミドルウェア	ミドルウェア	ミドルウェア
OS	OS	OS
インフラ(ハードウェア)	インフラ(ハードウェア)	インフラ(ハードウェア)
代表的なサービス Compute Engine	代表的なサービス Cloud Run	代表的なサービス Google Workspace

IaaS、PaaS、SaaSを選ぶ基準

IaaS、PaaS、SaaSにはそれぞれ特徴があるので、どのサービスをいつ使うのがよいのか悩む場合もあるでしょう。ここでは、IaaS、PaaS、SaaSを選ぶ基準についてまとめます。

■ IaaS、PaaS、SaaSを選ぶ基準

項目	メリット	デメリット
IaaS	オンプレミス同様のシステム開発ができる。カスタマイズ性が高い	アプリ開発やサーバー構築はオンプレミス同様の工数がかかる
PaaS	クラウドベンダーが提供する最新のミドルウェア環境をすぐに使える。インフラのメンテナンス負担が少ない（あるいはメンテナンスフリー）	IaaSに比べてインフラのカスタマイズは限定的。ミドルウェアのライフサイクルはクラウドベンダーが規定する
SaaS	完成されたアプリケーションがすぐに使える。インフラのメンテナンスが不要	インフラのカスタマイズはできない。アプリケーションのカスタマイズも限定的

まとめ

- **クラウドには主にIaaS、PaaS、SaaSの提供形式が存在**

08 The Datacenter as a Computer ～Googleのインフラ設計における考え方

Google Cloudは「The Datacenter as a Computer」という論文に記載された「Warehouse-Scale Computer」という考え方にもとづいて設計されています。Google Cloudを深く理解するためにも、概要を理解しておきましょう。

The Datacenter as a Computerとは

通常、オンプレミスでシステムを作る際、多くの組織では1あるいは2、3拠点程度のデータセンターにインフラ資源を集約します。そして、システムごとに最適なハードウェアやソフトウェアを組み合わせるため、さまざまなハードウェアやソフトウェアが混在する形になります。その一方、Googleでは**The Datacenter as a Computer**の論文に記載された**Warehouse-Scale Computer**と呼ばれる設計の考え方でインフラを標準化し、共通のインフラを世界中に展開しています。「The Datacenter as a Computer」とは、Googleが2009年に発表した論文のタイトル（2018年に第3版が発表）のことです。この論文の中では、「Warehouse-Scale Computer（以下、WSC）」という設計が紹介されています。WSCには、3つのポイントがあります。

WSCのポイント① インフラ設計の標準化

インフラを構成するラックやサーバー、ストレージ、ネットワークの設計を標準化し、世界中に展開しています。

WSCのポイント② インフラを1つのコンピュータのように扱う

「WSC」と呼ばれる、大きな倉庫のようなスケールのデータセンターにおけるインフラを、あたかも1つのコンピュータのように扱えるようにします。そのおかげでアプリケーションは、個別のサーバーを意識することなく、大量のサーバーを使用した大規模な分散処理を実現できるようになります。

WSCのポイント③ 大規模分散処理の実現

Googleの大規模分散処理は、Google独自のソフトウェア技術を使うことで実現されています。それによって、CPUやメモリ、電源といったインフラ資源を効率的に活用できるようになります。

オンプレミスの場合、インフラ資源はピーク時の利用を想定して割り当てされるため、通常時はCPUやメモリの利用率は低くなります。しかしGoogleのように大規模なサービスを展開している場合は、世界中にあるWSCに処理を分散し、ピークを平準化することでCPUやメモリの利用率を高められます。Googleは、WSCの設計をクラウドのサービスに適用することで、コスト効率が高く、高いパフォーマンスのサービスを世界中に展開しています。

■ WSCの構造

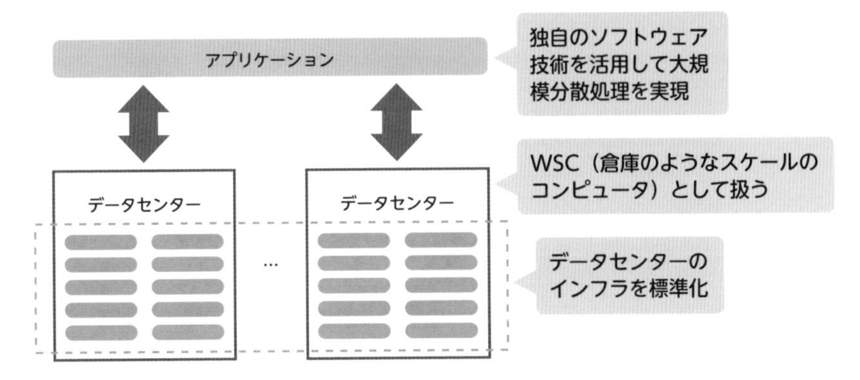

Googleのデータセンター設計

「The Datacenter as a Computer」の論文では、WSCを構成するためのデータセンターの設計について、ほかにもさまざまな点が触れられています。本書では概要のみ触れていますが、オンプレミスのデータセンターの設計にも有効な情報になるので、興味のある方は論文にも目を通していただくことをおすすめします。

まず、重視しているのが**標準構成のサーバーの利用とソフトウェア技術の活用**です。特殊なハードウェア技術に頼るのではなく、ハードウェアはあくまで標準のハードウェアを活用し、ネットワーキングやストレージ、インフラ運用などに関するGoogle独自のソフトウェア技術を活用しています。

次に、**高いエネルギー効率の実現**です。データセンターの中でも電力消費が大きい部分（CPUなど）を中心に、電力消費を抑える設計にすることで、コストを抑制します。

最後に**障害発生を前提とした運用**にすることです。ハードウェア障害が数時間単位といった時間で発生する前提とし、たとえ障害が起きてもサービスの利用者には影響を与えないためのシステム設計を行っています。

こうした設計を行うことで、その時代のトレンドにあわせた技術をタイムリーに取り込み、コストパフォーマンスが高い、安定したサービスを提供することができるようになります。それは、Googleのサービスだけではなく、Google Cloudの各サービスにも取り込まれています。

■ WSC実現のための設計ポイント（論文の内容を要約）

項目	設計ポイント
標準構成のサーバー	メインフレームといった特殊なハードウェアではなく、標準構成のサーバーを大量に使用する。特殊なハードウェア機能に依存したシステム設計にしない
ストレージ	物理ディスクは各サーバーのローカルにあるものを使用するが、Google独自のソフトウェア技術を活用してデータの冗長化を実現している。時代の特性にあわせて、SSDなどの新しいデバイスを採用してきた
ネットワーク	各ローカルのネットワークポートやラックスイッチでは、40Gbpsおよび100Gbps（2018年の論文発表当時）といった標準で使う帯域のポートを利用し、データセンタースイッチでそれらのポートを束ねる構成とする
電力消費の抑制	データセンターの中で一番電力を消費するCPU（60%程度）やメモリ（18%程度）の電力消費を抑える工夫をする
ハードウェア障害の対処	インターネットサービスで使うサーバーのハードウェア故障率は通常より高まる傾向がある。そのため、1時間単位でハードウェア障害が発生する前提で、耐障害設計や運用を検討する

なお、WSCでは特殊なハードウェア技術は使わないと説明しましたが、一部の例外があります。近年は、機械学習の処理を高速化するためにGoogleが

独自開発したTPU（Tensor Processing Unit）など、特定の利用用途に特化した、独自のハードウェア開発も行われています。

The Datacenter as a Computerの文献

「The Datacenter as a Computer」について、本書では概要のみの紹介にしていますが、興味がある方は、論文を読んでみるとよいでしょう。Googleの高い技術が見える内容になっています。

- **The Datacenter as a Computer**
  https://research.google/pubs/the-datacenter-as-a-computer-an-introduction-to-the-design-of-warehouse-scale-machines-second-edition/

Googleのデータセンターの内部

ここまでの説明でGoogleのデータセンターの内部に興味を持ちましたか？　Googleのデータセンターへの入室は特定の役割を持ち、かつ承認された社員に限られていますが、データセンターの様子はYouTubeで公開されています。「Googleのデータセンターはどうなっているのか」について興味がある方は、動画も観てみるとよいでしょう。

- **Google Data Center Security: 6 Layers Deep**
  https://www.youtube.com/watch?v=kd33UVZhnAA&autoplay=1&hl=ja
- **Google Data Center 360° Tour**
  https://www.youtube.com/watch?v=zDAYZU4A3w0&autoplay=1&hl=ja

まとめ

- **Google Cloudは「The Datacenter as a Computer」という設計思想にもとづいて構築されている**

09 グローバルなインフラ ～クラウドのサービスを支える技術

Google Cloudのサービスはグローバルに展開されており、そのサービスを支えるインフラにはさまざまな技術が適用されています。その中には、Google独自の技術も含まれます。

グローバルなプライベートネットワーク

Google Cloudは200以上の国と地域で利用でき、40のリージョンと121のゾーンで構成されています(2024年7月時点)。また、Google Cloudのサービスのネットワークには、GmailやGoogle検索、YouTubeなどのプロダクトを支えるネットワークと同じものが使われています。この高機能かつ低レイテンシ(通信時に発生する遅延時間が短いこと)なプライベートネットワークを活用することで、豊かなユーザーエクスペリエンスや高いパフォーマンスを実現しています。なお、ここでいうプライベートネットワークとは、インターネットを経由せず、国をまたいで接続可能なネットワークのことを指します。Googleは、プライベートなネットワークを世界規模で展開しているのです。

■ Googleのプライベートネットワーク

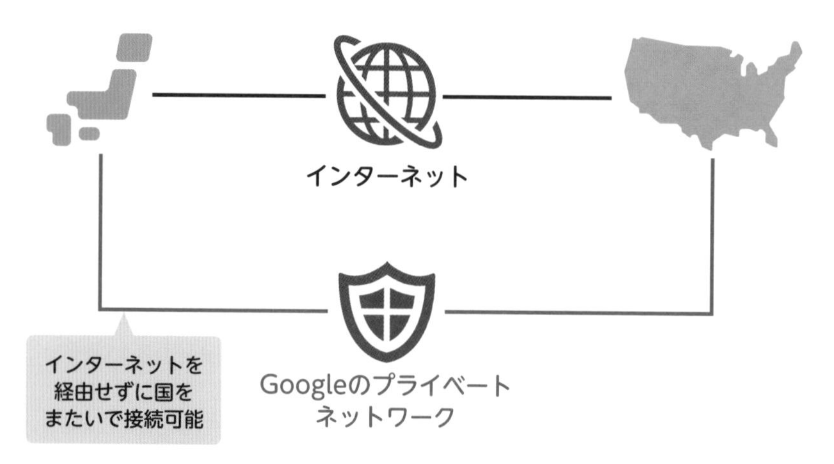

グローバルなロードバランス

Google Cloudのネットワークの特徴は各リージョンのデータセンターがプライベートに接続されているだけではありません。**エニーキャスト**という技術を活用することで、アクセス元となるユーザーに近接のリージョンに、通信をルーティングしています。この技術は、第5章で紹介するCloud Load Balancingというロードバランサに含まれます。これらのネットワーク技術によって、Google Cloudのユーザーは、より洗練されたグローバルなシステムを展開できます。

リージョンやデータセンターごとにアクセスポイントとなるパブリックIPを持つ必要があるシステムだと、システムの提供側でDNSを使って1つのURLにまとめるか、エンドユーザーがリージョンごとにURLを切り替える必要があります。ただし、この場合、近接のリージョンで適切に処理されなかったり、ユーザーの利便性が損なわれたりします。しかしGoogle Cloudで構成した場合は、1つのURLにアクセスすれば、近接のリージョンのインフラ資源で処理できます。

■ エニーキャストでロードバランス

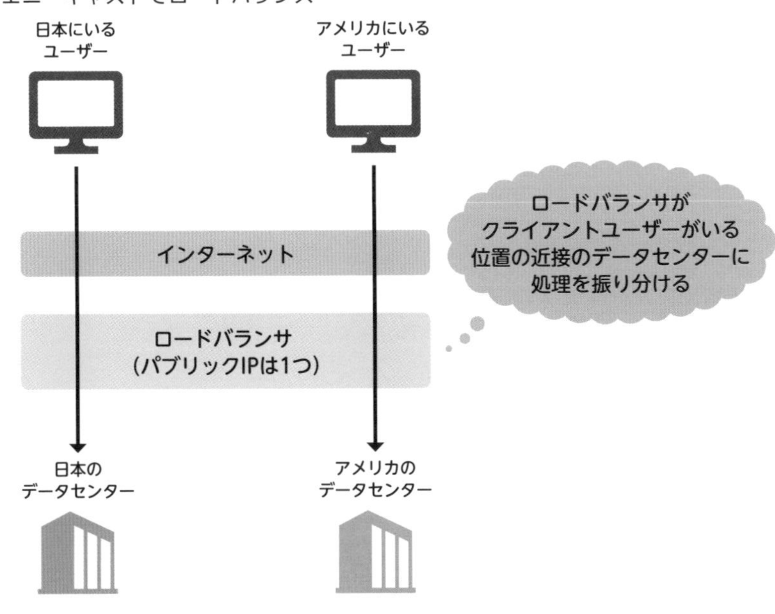

インフラを支える独自ソフトウェアの開発

Googleでは、データセンター内のサーバーを制御するための独自のソフトウェア開発を、継続的に行っています。サーバーやストレージ、データベース、ネットワークを管理するソフトウェアや、ロギング、モニタリングなど、多様なシステム管理のソフトウェアがその中に含まれます。

たとえば、Googleはマシンの管理に**Borg**と呼ばれるクラスタ管理のソフトウェアを使用しています。Googleでは毎週数10億個以上のコンテナがデプロイされており、それらはBorgが行っています。Borgは、コンテナ管理によく使われているKubernetesの前身であり、Borgを使用して得られた知見が、Kubernetesに活かされています。Borgを活用すると、アプリケーションのリリース管理や障害復旧が容易で、信頼性や可用性の高いシステム構成を実現し、インフラ資源を効率的に利用できるといったメリットがあります。コンテナやKubernetesに関する詳細は、第7章を参照してください。

また、**Colossus**と呼ばれるファイルシステムや、Google Cloudのサービスにもなっている NoSQLデータベースの**Bigtable**、世界規模でトランザクションの一貫性を確保できる**Spanner**というデータベースなどが活用されています。こうしたプロダクトは、Google Cloudのサービスやそれを支える技術としても採用されています。Google Cloudはまさに**Googleのエンジニアと同じような体験ができるプラットフォーム**といえるでしょう。

■ Googleのエンジニアと同じような体験ができる

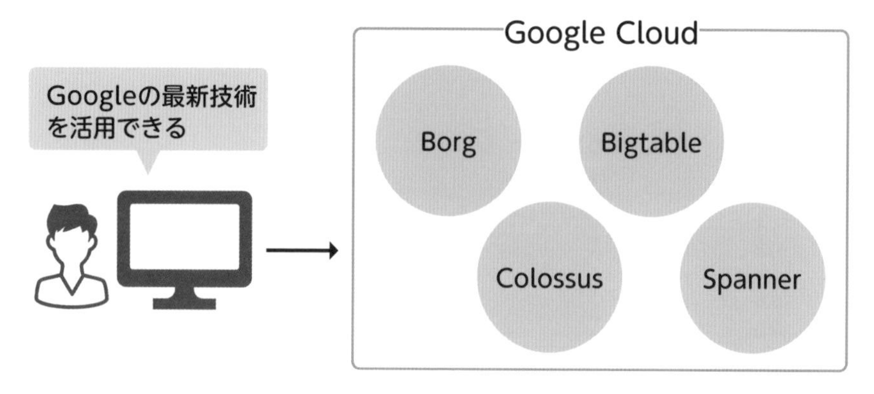

■ Googleがシステム管理するための独自ソフトウェア技術の例

技術	概要
Borg	分散クラスタ管理システム。OSSであるKubernetesの前身となるソフトウェア
Colossus	クラスタ全体に広がるファイルシステム。GFS（Googleのファイルシステム）の後継
Bigtable	ペタバイトスケールのデータを処理できるNoSQLデータベース
Spanner	SQLライクのインターフェースを提供し、世界規模のデータの一貫性を提供するデータベース
Global Software Load Balancer（GSLB）	地理的ロードバランシングや、サービスレベル（Googleマップ、YouTubeなど）でのロードバランシングの機能を提供
Chubby	ファイルシステムのようなAPIを提供するロックサービス。複数のデータセンターにまたがったロックを制御

まとめ

- **Googleは世界規模でデータセンターやネットワークを整備**
- **エニーキャストという技術を活用することで、アクセス元となるユーザーに近接のリージョンに、通信をルーティングする**
- **グローバルビジネスを支えるために独自のソフトウェアを開発しており、その技術やプロダクトはGoogle Cloudのサービスとして利用可能**

10 クラウドにおけるセキュリティ対策 ～クラウドでもセキュリティ対策は必要

セキュリティ対策は、クラウドで管理するデータを保護するために重要となります。Google Cloudでは、クラウドの利用者とクラウドベンダー双方で責任を共有し、セキュリティ対策を行います。

クラウドにおけるセキュリティの考え方

クラウドを活用する場合でも、システムのセキュリティ対策は十分に行う必要があります。この際、クラウドにおけるセキュリティ対策の考え方は、オンプレミス環境とは異なるので注意が必要です。

オンプレミスの場合、システム環境全体が利用する組織の資産であり、その組織の責任において、セキュリティ対策の内容を定めます。しかしクラウドの場合は、**利用者とクラウドベンダーの役割分担にもとづき、セキュリティの責任を共有した上でセキュリティ対策を行う**必要があります。これを**セキュリティの責任共有**といいます。

責任範囲はクラウドのサービス形態によって異なる

セキュリティの責任範囲は、クラウドのサービス形態（IaaS／PaaS／SaaS）によって異なります。SaaSの場合は、扱うデータに焦点をあてて、データへの不正アクセスを防ぐためのセキュリティ対策が主となります。一方、IaaSの場合は、クラウド利用者が、インフラのセキュリティ対策（パッチの適用など）にも責任を持つ必要があります。

また、「クラウドを使っていれば、それだけでセキュリティ対策は万全」「クラウドベンダーの対応範囲は、利用者側では何も気にしなくていい」というわけではありません。クラウドの利用者には、常にデータに対するセキュリティ対策の最終責任が求められます。そのため、クラウドベンダーの対応範囲におけるセキュリティ対策が十分かどうかを検証する必要があります。このような検証は通常、クラウドベンダーのマニュアルをはじめとした公開情報、あるいはクラウドベンダーから提供される資料（ISOやSOC2レポートなど）を机上で確認することで実施します。

■責任共有モデル

また、Googleは近年新しい**運命共有モデル**を提唱するようになりました。責任共有モデルでは、セキュリティに関して利用者の責任範囲を明確に線引きしていますが、運命共有モデルではGoogleがベストプラクティスを提供することで、利用者と運命を共有していくという方針を打ち出しています。

クラウドにおけるセキュリティ対策

Google Cloudにはさまざまなサービスがあります。そのため、個別のサービスにおけるセキュリティ対策に加えて、Google Cloudを利用する上で必要となる全般的なセキュリティ対策も必要となります。ここでは、そのような包括的なセキュリティ対策例を紹介します。

■ Google Cloudで必要なセキュリティ対策例

項目	対策例
組織構造	Google Cloudを構成する要素である組織、フォルダ、プロジェクトの利用用途を整理し、組織のセキュリティポリシーを適用する
構成管理	アプリケーションが稼働する環境と、アプリケーションとその稼働に関わるインフラの構成変更を行う環境（CI/CD環境など）を分離し、それぞれの環境において適切な権限設定を行う。そうすることで不正な構成変更が発生しないようにする。こうした活動はプラットフォームエンジニアリングとも呼ばれている
認証と認可	シングル・サインオンや2段階認証の導入。必要最小限の権限になるようにグループやユーザーを設計する（最小権限の原則）
ネットワーキング	IPアドレス設計やアクセス制御、外部接続設計
暗号鍵やシークレットの管理	暗号鍵やパスワードなどのシークレットを安全に管理できるプロダクト（KMS、HSMなど）を選定する
ログ管理	ログ（システムログや監査ログなど）の洗い出しと保存方式の検討

Googleのセキュリティに対する取り組み

Googleは自らのインフラを守るためにさまざまな技術開発を独自に行うだけではなく、セキュリティ専門の研究チームも作っています。そうした取り組みの一部を紹介します。

■ Googleのセキュリティに対する取り組みの一部

項目	取り組みの内容
Project Zero	セキュリティの脆弱性を発見するGoogleの研究チーム。2018年にはSpectreやMeltdownというCPUの脆弱性を発見している
Safe Browsing	クライアントアプリケーションが不正なURLをチェックできる機能を提供する
BeyondCorp	Googleにおけるゼロトラストセキュリティモデルの実装で、VPNを使わずにセキュアなアクセスを実現する手法
reCAPTCHA	スパムや不正行為からサイトを保護するためのプロダクトで、高度なリスク分析手法を使用して人間とBOTを区別する

ゼロトラストネットワークとは

最近では、「ゼロトラスト」というキーワードをよく聞くようになりました。Googleでは、2011年からゼロトラスト実現に向けて取り組みをはじめ、現在はゼロトラストの原則にもとづいてシステムを構成しています。

ゼロトラストネットワークとは、ITネットワークの新しい設計や実装のあり方を指したものです。従来のネットワークは**境界型ネットワーク**と呼ばれ、ネットワークの境界、多くはファイアウォールといった物理的な境界で、外部ネットワークと内部ネットワークを分離しています。そして、内部ネットワークにおけるアクセスは、基本的には、信頼されたアクセスとみなされていました。

境界型ネットワークで境界の外からアクセスする場合、**Virtual Private Network（以下、VPN）**が必要でした。VPNとは、暗号化されたネットワーク通信を確立するしくみのことです。VPNを使うと、境界内の環境とあたかも閉域接続しているかのように通信を行えます。ただし、境界外からの接続のたびに、VPN特有の接続手順（VPNソフトウェアの起動など）が必要です。また、端末からのインターネット通信が制限されたり、きめ細やかなアクセス制御ができなかったり、といった課題がありました。

一方、ゼロトラストネットワークでは、**原則すべてのアクセスを信頼せずに、認証やアクセスの検証、アクセス制御といった手続きをすべてのアクセスにおいて実施する**という考え方を適用します。境界内外を問わず、常にアクセスの認証や検証を行うので、境界型ネットワークよりもきめ細やかなセキュリティ対策を実現できます。境界型ネットワークだと、境界内の信頼されたネットワーク内でのアクセスは検証されないことがあるため、内部の不正アクセスを防げない可能性があります。さらに、ゼロトラストネットワークは、VPNがなくてもインターネット経由で組織の内部ネットワークにアクセスできます。ゼロトラスト化を実現することで、利便性の向上とセキュリティ対策の改善ができるようになります。

■境界型ネットワークとゼロトラストネットワークの違い

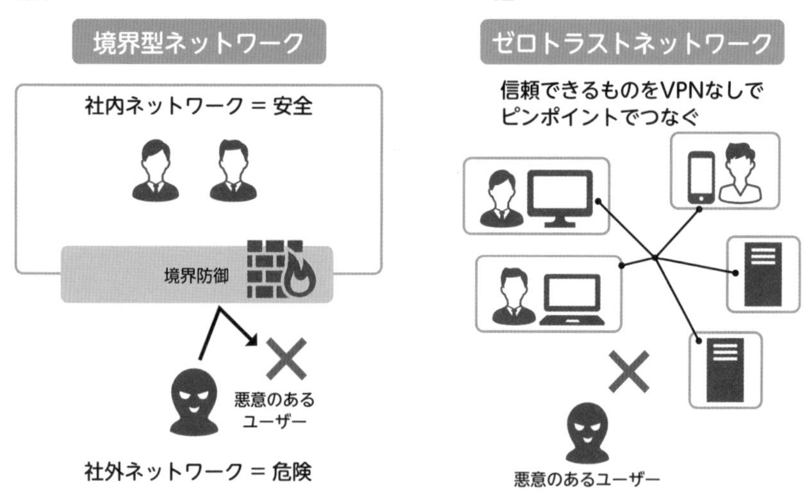

BeyondCorp～Googleにおけるゼロトラストの実装

Googleは、自社の社内ネットワークを全面的に**BeyondCorp**と呼ばれるゼロトラストネットワークに変更しました。2014年には、そうした取り組みを論文として発表しています。BeyondCorpはGoogleが内製で作ったゼロトラストの実装であり、シングルサインオンやアクセスプロキシ、アクセス制御のエンジンといった機能が含まれています。GoogleはBeyondCorpによって、Context-Aware Accessをもとに、VPNを利用せず必要最低限のリソース（URL）にアクセス制限を実施できるしくみを実現しました。なお、Context-Aware Accessとは、アクセス元の場所やアクセス時間などの属性（コンテキスト）も含んだアクセス情報を扱うアクセスを指します。

このBeyondCorpを構成する技術は、Cloud IdentityやIAP（Identity-Aware Proxy）といったさまざまなGoogle Cloudのサービスにも導入されており、Google Cloudにおいても、ゼロトラストネットワークがかんたんに利用できます。

■ BeyondCorpのしくみ

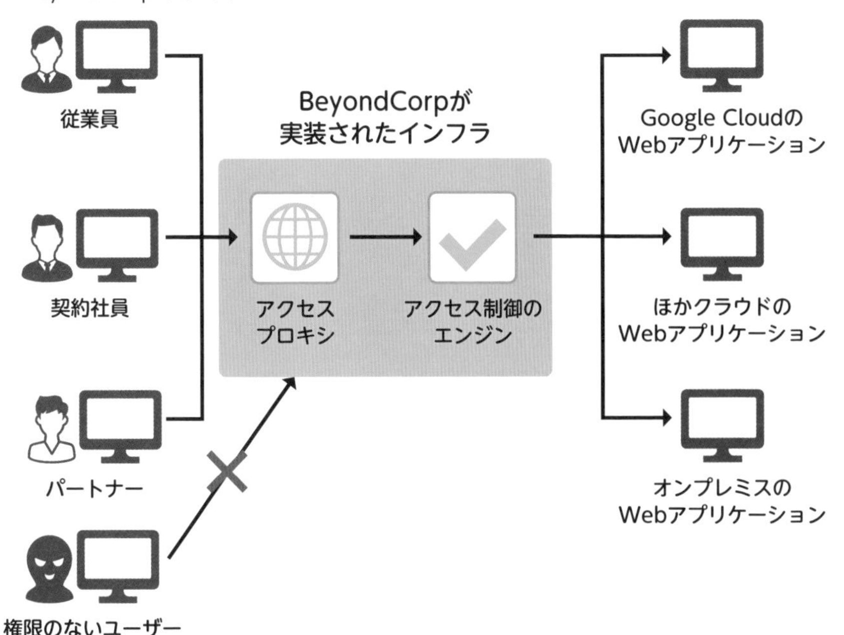

まとめ

- クラウドでは、利用者とクラウドベンダーの役割分担にもとづき、セキュリティの責任を共有した上でセキュリティ対策を行う必要がある
- ゼロトラストネットワークは、境界にとらわれない新しいネットワークモデル

11 ハイブリッドクラウドとマルチクラウド ～オンプレミスやほかクラウドを利用した構成

近ごろのクラウド利用では、1つのパブリッククラウドだけを使うのではなく、オンプレミスや複数のクラウドを組み合わせた構成にすることがスタンダードになってきました。これらの構成について学んでおきましょう。

ハイブリッド／マルチクラウドとは

パブリッククラウドがあらゆる業界／規模の組織で利用されるようになってきたとはいえ、既存のシステムをすべてパブリッククラウドに置き換えるのをためらう人もいるでしょう。それに対する手段の1つとして、**ハイブリッドクラウド**があります。ハイブリッドクラウドとは、**既存のオンプレミスとパブリッククラウドを組み合わせた構成**のことです。ハイブリッドクラウドにすると、データ分析や機械学習といった一部のワークロードではパブリッククラウドを活用し、ほかはオンプレミスにするといったことができます。

一方、パブリッククラウドだけを使いたい企業でも、それぞれのパブリッククラウドの特性を活かした形で複数のパブリッククラウドを活用するケースもあります。そうした構成を**マルチクラウド**といいます。ハイブリッドクラウド・マルチクラウド構成を採用することで、特定ベンダーに依存することによって発生するリスクを下げて、より柔軟なシステム構成が選択できます。

■ハイブリッドクラウドとマルチクラウドの違い

ハイブリッドクラウド

オンプレミス（プライベートクラウド）
＋パブリッククラウド

オンプレミスまたは
プライベートクラウド

…

パブリッククラウド

マルチクラウド

複数のパブリッククラウド

パブリッククラウド

…

パブリッククラウド

ハイブリッドクラウドを実現するサービス

ハイブリッドクラウドの構成において、オンプレミスとパブリッククラウドの間で安全に安定した通信ができるよう、パブリックなインターネットを介さずにオンプレミスとクラウドを接続するネットワークサービスが提供されるようになりました。Google Cloudでは**Cloud Interconnect**というサービスが提供されています。このサービスを活用すると、オンプレミスとGoogle Cloudをダイレクトに接続できます。Cloud Interconnectには、**Dedicated Interconnect**と**Partner Interconnect**という2つの提供形態があります。Dedicated InterconnectとPartner Interconnectの違いは第5章でも解説しますが、この2つの形態には、自社のデータセンターをGoogleのデータセンターと直接閉域で接続するか、あるいは、パートナーのネットワークを経由して接続するか、という違いがあります。

■ Dedicated Interconnect（直接閉域接続する構成）

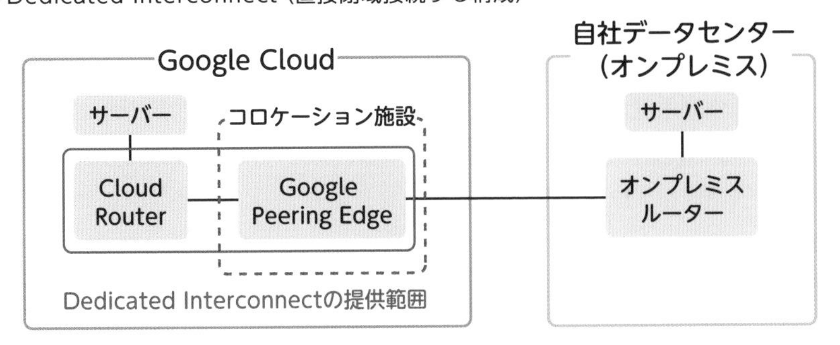

■ Partner Interconnect（パートナーのネットワークを介して接続する構成）

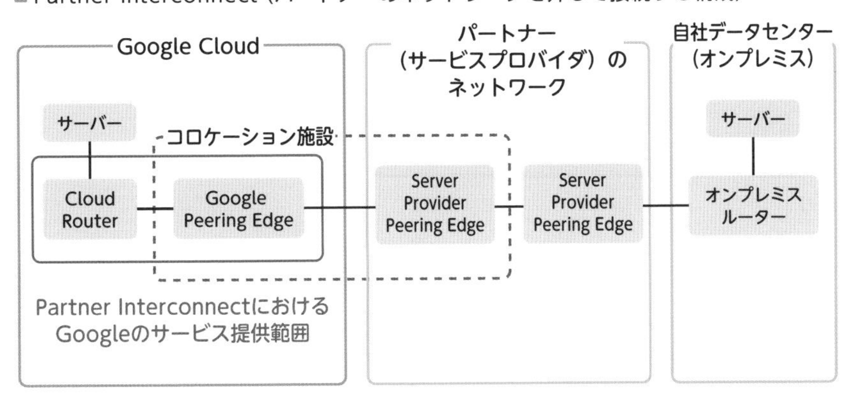

マルチクラウドを実現するサービス

一方、マルチクラウドについてはどうでしょうか。従来よりIPsec-VPN（IPsecというネットワークの暗号化技術を使ったVPN）によるサイト間接続ができる**Cloud VPN**というサービスを提供しています。Cloud VPNを使うとIPsecの設定をするだけで、暗号化された通信路でオンプレミスやほかのクラウドと安全に接続できます。

それに加え、2023年より**Cross-Cloud Interconnect**と呼ばれるクラウド接続サービスの提供が開始しました。AWS、Azure、Oracle Cloudといった**ほかのパブリッククラウドに対する閉域接続を実現するマネージドサービス**です。これにより、高帯域かつ安全性や可用性の高いクラウド接続サービスが利用できるようになりました。

ハイブリッド／マルチクラウドにおける注意点

オンプレミスや複数のクラウドを組み合わせて活用する場合、アプリケーション開発や運用管理、あるいはセキュリティ対策などを環境ごとに個別に行うのでは、ハイブリッド／マルチクラウド構成のメリットが薄れてしまいます。そうした課題を解消するには、オンプレミスとパブリッククラウドにおいて、**共通となるアプリケーションの稼働環境（プラットフォーム）を確保**することが重要です。

たとえば、オンプレミスとパブリッククラウドに、**コンテナ**（P.196参照）という仮想化技術を導入します。コンテナをベースとした共通のプラットフォームを利用すれば、開発者はオンプレミスとクラウドで同じ開発・実行環境を使用できるようになります。また、運用管理者やセキュリティ管理者は、稼働環境を横断して共通の運用方針やセキュリティポリシーを適用できるようになります。その結果、より利便性が高く、セキュアなインフラを作れるようになります。

■ コンテナを活用すると共通のプラットフォームができる

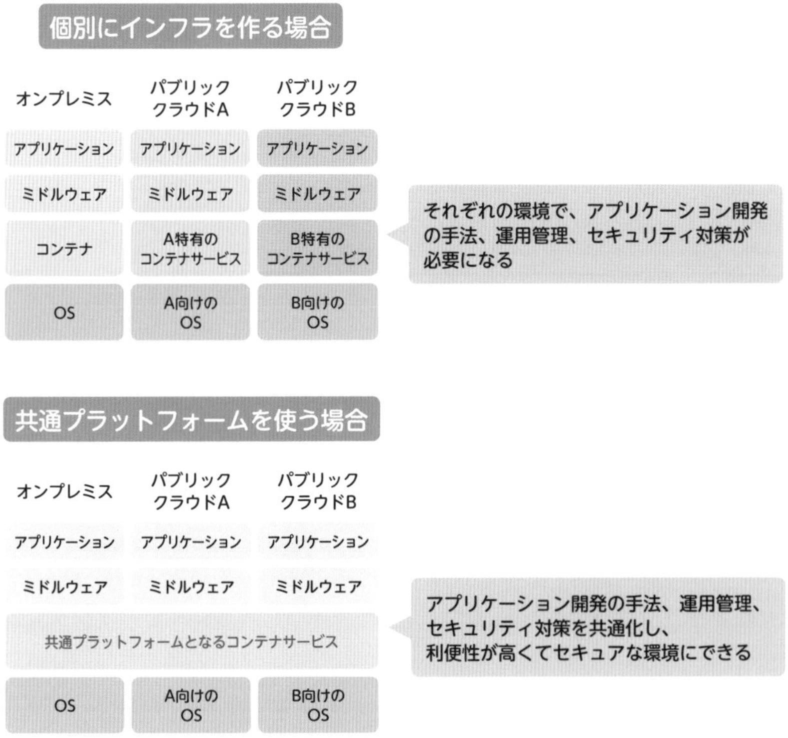

個別にインフラを作る場合

オンプレミス	パブリッククラウドA	パブリッククラウドB
アプリケーション	アプリケーション	アプリケーション
ミドルウェア	ミドルウェア	ミドルウェア
コンテナ	A特有のコンテナサービス	B特有のコンテナサービス
OS	A向けのOS	B向けのOS

それぞれの環境で、アプリケーション開発の手法、運用管理、セキュリティ対策が必要になる

共通プラットフォームを使う場合

オンプレミス	パブリッククラウドA	パブリッククラウドB
アプリケーション	アプリケーション	アプリケーション
ミドルウェア	ミドルウェア	ミドルウェア
共通プラットフォームとなるコンテナサービス		
OS	A向けのOS	B向けのOS

アプリケーション開発の手法、運用管理、セキュリティ対策を共通化し、利便性が高くてセキュアな環境にできる

まとめ

- ハイブリッドクラウドとは、既存のオンプレミスとパブリッククラウドを組み合わせた構成のこと
- マルチクラウドとは、複数のパブリッククラウドを活用する構成のこと
- ハイブリッドクラウドを実現するにはCloud Interconnect、マルチクラウドを実現するにはCloud VPNやCross-Cloud Interconnectといったサービスがある

12 オープンクラウド ～クラウドの技術をオープンにする取り組み

オンプレミスでもオープンソース（OSS）の活用が進むようになりましたが、クラウドでは、より一層オープンな技術が活用されています。ここでは、オープンな技術に関する、Google Cloudの取り組みについて解説しましょう。

オープンクラウドとは

ここまでクラウドの特徴やメリットを紹介してきましたが「クラウドの中身はブラックボックス化されている」と思っていませんか？　Googleは、それはあるべき姿ではないと考えています。Google Cloudはそのサービスで活用される技術の多くをオープンソースソフトウェア（以下、OSS）として公開しており、クラウドの裏付けとなる技術を積極的に開示しています。そうしたクラウドを**オープンクラウド**と呼びます。また、そうした姿勢を**オープンネス**と呼びます。

なぜオープンクラウドが求められるのか

Googleは特定のクラウドに依存することが、クラウド利用のゴールだとは考えていません。同じ開発や運用のアプローチ、つまり獲得した技術的な知見を、異なるクラウドでも活用できることが大切だと捉えています。そして、その実現のためにはOSSが重要になります。OSSを活用すると、Google Cloudだけでなく、オンプレミスやほかのクラウドでも同じ技術を活用できます。

また、OSS活用のメリットは、複数の環境で稼働できることだけにとどまりません。OSSとして公開すると、ユーザーからのフィードバックにもとづいて、コミュニティと協調して技術を改善・発展できるようになります。現在、さまざまなクラウドのコンテナサービスで活用されているKubernetesや、さまざまな機械学習のサービスでサポートされているTensorFlowは、Googleが関わる代表的なOSSです。

GoogleのOSSに対する取り組み

Google Cloudの特徴には、データ分析や機械学習といった固有のサービスの独自性や先進性だけでなく、クラウドベンダーとしては珍しいマルチクラウドの対応や、ここで触れたオープンネスの考え方も含まれます。これまでは、パブリッククラウドを活用すると**ベンダーロックイン（特定のベンダー技術に依存すること）**してしまい、ほかの技術にシフトできないとみなされることがありました。しかし、Google Cloudで採用しているオープンな技術を活用すれば、ベンダーロックインから解放されます。OSSにもとづく技術であれば、Google Cloud以外のパブリッククラウドでも利用できるからです。オープンクラウドあるいはそれを支えるオープンな技術を採用すると、ハイブリッドクラウドやマルチクラウドの実現性がより高くなるといえます。

■ Googleが関わる代表的なOSS

OSS名	概要
Kubernetes	コンテナ化されたアプリケーションのクラスタ管理のプラットフォーム https://opensource.google/projects/kubernetes
Istio	マイクロサービスの接続、管理、セキュリティの実装を共通化するためのサービスメッシュのフレームワーク https://opensource.google/projects/istio
Knative	Kubernetes上でサーバレスアプリを稼働させるためのフレームワーク https://opensource.google/projects/knative
TensorFlow	機械学習のモデル開発やトレーニングを支援するライブラリ https://www.tensorflow.org/
BERT（バート）	Googleが2018年に公開したオープンソースの大規模言語モデル（LLM） https://arxiv.org/abs/1810.04805 https://github.com/google-research/bert

- OSSの活用を重要視するクラウドをオープンクラウドと呼ぶ

13 生成AI
〜テキストや画像などを生成するAI

Google Cloudでは、昨今注目度が高い「生成AI」に関するサービスも提供しています。そのためここで、生成AIとは何かを解説しておきましょう。本節では、生成AIの概念を理解するために、機械学習やAIという言葉の意味から紐解いていきます。

機械学習（Machine Learning）とは

生成AIについて説明する前に、まずは機械学習（Machine Learning）について解説しておきましょう。機械学習は、**経験（データ）を通じて改善されるコンピュータアルゴリズムの研究**のことです。機械学習を使うと、大量の交通データから特定地域の交通量を予測したり、大量の画像データから特徴に応じて画像を分類したりすることができます。たとえば、画像の分類でいうと、機械学習のアルゴリズムを利用することで、大量の画像データから犬と猫の特徴を学び、犬と猫の画像を自動で識別するしくみなどが実現できます。このように、機械学習のアルゴリズムで生み出された予測や識別のしくみを**モデル**と呼びます。

■ 機械学習とは

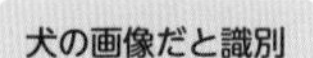

AI (Artificial Intelligence) とは

AI (Artificial Intelligence) とは、通常は人間の力を必要とするタスク（言葉の理解、翻訳、データ分析、レコメンデーションなど）をコンピュータで実行する技術です。人間では扱えないような膨大な量の画像、音声、映像などのデータを処理できます。

それでは、AIと機械学習はどのように関係しているのでしょうか。たとえば、Googleアシスタントに「今日の通勤にはどれくらいかかりそう？」と質問したとします。このとき、「およそ25分かかるでしょう」と回答するのが、AIに期待される動作です。一方、AIがこの質問に回答するには、どのような技術が必要でしょうか。まず、質問の内容を理解する必要があり、その上で、通勤経路を計算するしくみや、現在の交通量などのリアルタイムデータから移動時間を予測するしくみが必要です。これらのしくみを機械学習のモデルとして実現します。

つまり、AIは、**コンピュータが人間のように感覚、推論、行動、適応などの処理を実行するという幅広い概念**であり、機械学習は、**それを実現するために必要なモデルを提供する技術**と理解することができます。

■ AIと機械学習の関係

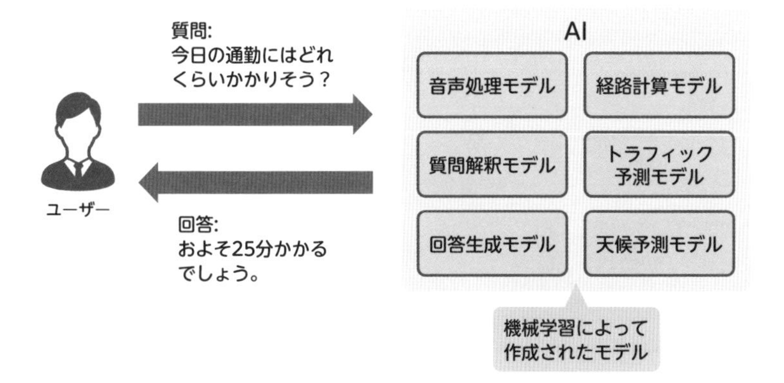

生成AI (Generative AI) とは

ここまでで、機械学習とAIの概要を解説したので、ここからは**生成AI (Generative AI)** について解説しましょう。生成AIは、かんたんに説明すると、**AIを活用して「テキスト、画像、音声、動画などのコンテンツ」を生成する技術**のことです。たとえば、Googleが提供する**Gemini**などの対話型AIサービスを利用すると、ユーザーからの入力に対して人間が書いたかのような自然な文章の応答が得られます。実際に利用してみて、驚いた経験のある方も多いでしょう。生成AIは、新たなビジネスモデルの創出や業務プロセスの効率化など、さまざまな分野で変革をもたらしています。次節からは、Geminiなどの対話型AI サービスを例にして、生成AIのしくみを紹介していきます。

■ 生成AIとは

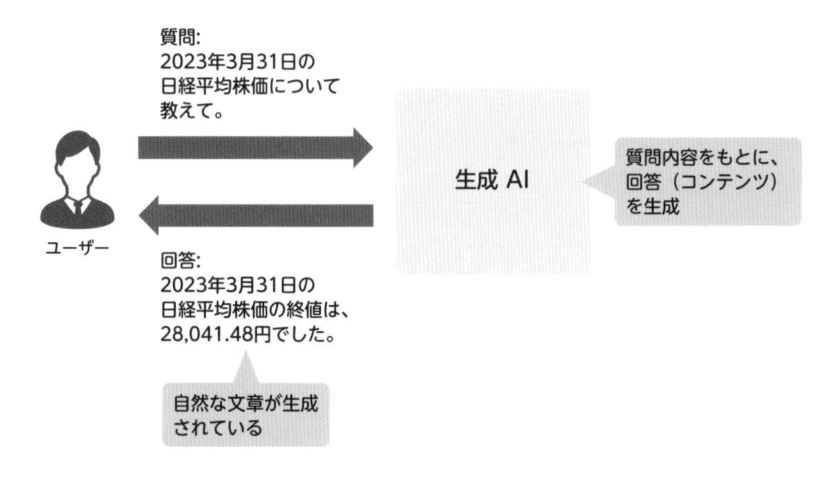

まとめ

- **機械学習を含むさまざまな技術を活用して、システムが人間のように知的なタスクを実行するしくみをAIと呼ぶ**
- **テキストや画像、音声などのコンテンツを生成するAIを生成AIと呼ぶ**

大規模言語モデル（LLM）～生成AIを支える技術

生成AIはテキストなどのコンテンツを生成するAIということもあり、注目度が非常に高いAIです。ここでは、生成AIを支える技術である、大規模言語モデル（Large Language Model）について解説しましょう。

大規模言語モデル（LLM）とは

生成AIは、人間が作ったかのようなコンテンツをどのようにして生成しているのでしょうか。たとえば、対話型AIサービスのようにテキストを生成するサービスの場合、その裏側では、**大規模言語モデル（Large Language Model。略してLLM）**が利用されています。

一般的に、単語の並びに伴う確率を計算するモデルを**言語モデル**と呼びます。言語モデルでは、ある文章に続く次の単語を予測するといった処理ができます。

■ 言語モデル

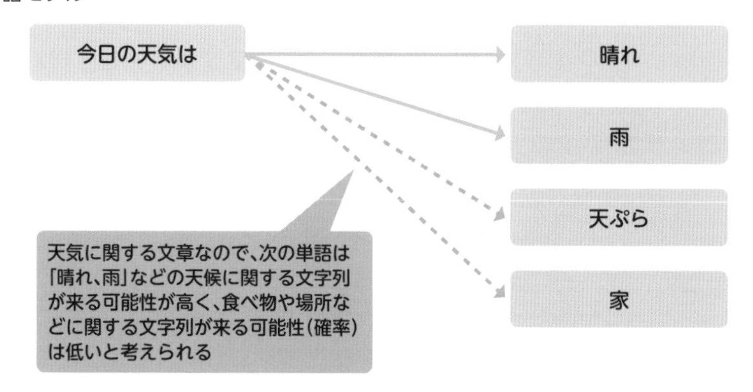

一方、**大量のテキストデータを学習データとして、言語モデルを大規模化したものが大規模言語モデル**です。特に、Googleの研究者が開発した**Transformerモデル**では、文章全体の意味や文脈を捉えて、質問に対する回答を自然な文章で返すことが可能になっています。

LLMで利用される技術である「Transformerモデル」

Transformerモデルの特徴の1つに、**文脈に応じて単語の意味を正しく解釈する能力**があるので、紹介していきましょう。

多くの言語モデルでは、それぞれの単語を数学的なベクトルに変換することで、単語の意味を表現します。ベクトルの値が近ければ、単語の意味も近いことになります。

■ ベクトルによる単語の意味の識別

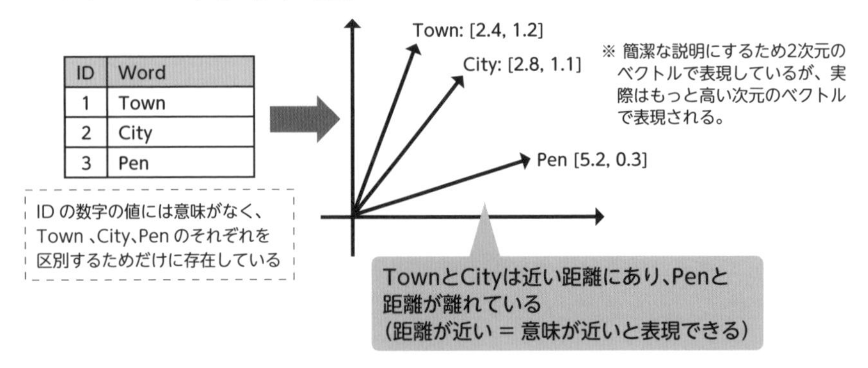

しかし、次の例のように、同じ「bank」という単語でも、文脈によってその意味は変わってきます。Transformerモデルは、**文章全体の構造を理解**して、それぞれの「bank」の意味を正しく捉えることができます。

■ Transformerモデルは文脈を解釈できる

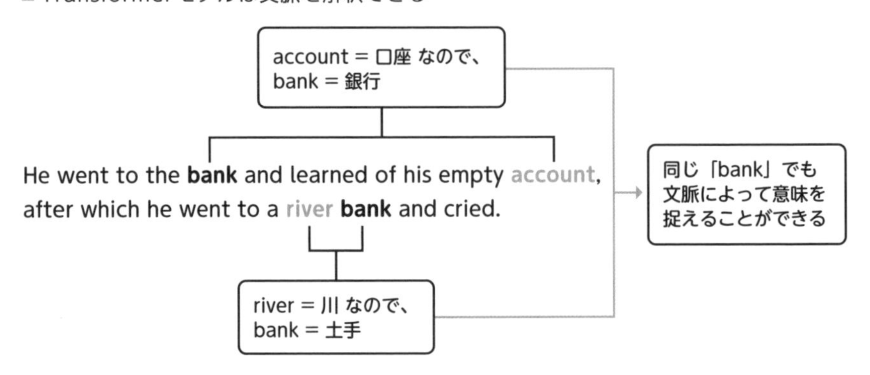

訳: 彼は銀行に行って自分の口座が空であることを知り、その後川の土手に行って泣いた。

LLM利用時の注意点① ハルシネーション（幻覚）

一方で、LLMを利用する際には理解しておくべき注意点がいくつかあるので、代表的なものを紹介しましょう。

LLMは学習データをもとに予測を行うため、学習データに事実と異なる内容が含まれていると、それをあたかも事実であるかのように回答することがあります。たとえば、架空の空港を紹介するジョークページが学習データに含まれていた場合、その空港が実在するかのように回答することがあります。あるいは、学習データに含まれていない事柄について、独自のテキストを生成する場合もあります。このように、LLMが事実と異なる回答を生成することを**ハルシネーション（幻覚）**と呼びます。

ハルシネーションを抑制するには、回答に必要な情報を外部の情報ソース（検索エンジンなど）から引用して、その情報にもとづいた回答を生成するように指示する方法があります。これを**根拠づけ（グラウンディング、Grounding）**と呼びます。グラウンディングにより、外部の情報ソースから最新の情報を取得して、**学習データに含まれない情報を補完することもできます。**

■ グラウンディングの有無による回答差異

グラウンディング	質問	回答
なし	現在、大谷翔平選手が所属している球団はどこですか？	大谷翔平選手は現在、ロサンゼルス・エンゼルスに所属しています。
あり	現在、大谷翔平選手が所属している球団はどこですか？	大谷翔平選手は現在、ロサンゼルス・ドジャースに所属しています。[1][2] 2023年シーズン終了後にフリーエージェントとなり、その後ドジャースと契約を結んだようです。念のため、最新の情報はインターネットなどでご確認ください。 1. ニュースURL 2. ニュースURL

LLM利用時の注意点② プロンプトの品質

LLMにユーザーが入力する文字列を**プロンプト**と呼びます。プロンプトとして入力する情報により、**LLMから得られる回答の品質は大きく変化**します。たとえば、地球の半径、直径、体積を知りたいとしましょう。その際、「地球の大きさはどれくらいですか？」というプロンプトでは、「大きさ」が具体的に何を指すかが示されていないため、期待した回答は得られません。「地球の半径、直径、体積を教えて下さい」といったように、具体的な指示をプロンプトに含める必要があります。

■ プロンプトによる回答差異

質問	回答
地球の大きさはどれくらいですか？	地球は、赤道における直径が 12,756 キロメートル、極における直径が 12,714 キロメートルです。
地球の大きさを教えてください。 以下について説明してください。 ・体積 ・半径 ・直径	地球の大きさ 地球は私たちの故郷である惑星であり、その大きさは次のとおりです。 体積：約 1 兆 840 億立方キロメートル 半径：約 6,371 キロメートル 直径：約 12,742 キロメートル 地球は完全な球体ではなく、赤道部分がわずかに膨らんだ回転楕円体に近い形をしています。そのため、半径と直径は場所によってわずかに異なります。上に示した数値は、平均的な値です。

このように、LLMから適切な回答を引き出すために、プロンプトの品質を高める手法を**プロンプトエンジニアリング**と呼びます。

プロンプトエンジニアリングにはいくつかの手法があります。利用するLLMの特性によって異なる部分もありますが、汎用的に活用できるテクニックには次のようなものがあります。

■ プロンプトエンジニアリングの代表的な手法

プロンプトエンジニアリングの手法	説明
具体的に質問を記載する	LLMはさまざまな知識を学習しているが、プロンプトを書くあなたのことはよく知らない。そのため、あなたが知りたいことを具体的に伝える必要がある
例を提示する	「例：〜」のように、出力に期待する形式の具体例を提示することで、出力の品質向上が期待できる
視点を示す	出力を受け取る対象は誰か、を明確にする。たとえば、小学生向けの簡易な文章が欲しい場合は「小学生でもわかるように」と明示する

■ プロンプトを改善する例

問題のあるプロンプトの例

「ピタゴラスの定理の説明を書いてください。」

誰向けなのか、どのような説明なのか、どのような形式での出力が欲しいのか、が不明なプロンプト

改善したプロンプトの例

「数学を学び始めたばかりの 12 歳から 14 歳の生徒向けに、ピタゴラスの定理の基本的な概念を説明する 500 ワードのブログ記事を書いてください。自然な言語とわかりやすい文章を使って回答を作成してください。

形式は以下ブログ記事を参考にして下さい……」

誰向けなのか、どのような説明なのか、どのような形式での出力が欲しいのか、が明確なプロンプト

LLM利用時の注意点③ ファインチューニング

LLMは膨大なデータからさまざまな「基礎知識」を学習していますが、この基礎知識を適切に活用するには、**目的に応じた追加の学習処理が必要な場合があります。**ここでは、ECサイトの商品レビューを、その内容に応じてポジティブ／ネガティブに分類する場合を考えます。ポジティブなメッセージとネガティブなメッセージが混在した文章をどのように判断するかは、サイトオーナーの考え方や知見にも依存します。そこで、サイトオーナーの知見にもとづ

いた分類例を用意して、これをもとにLLMに追加で学習させます。このように、固有のデータでモデルの微調整を行う手法を**ファインチューニング**と呼びます。

■ ファインチューニング

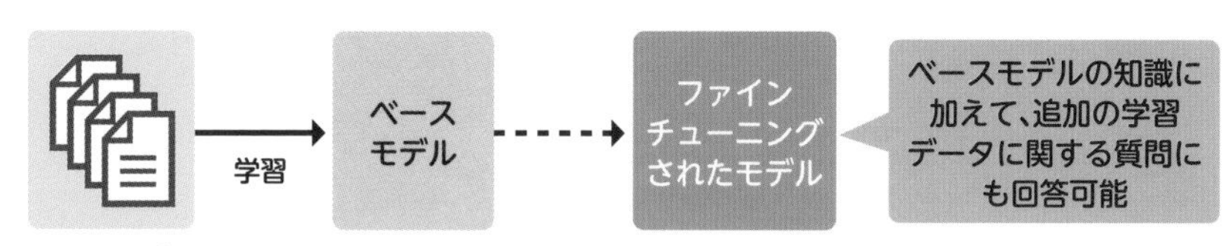

対話型AIサービスは、これらのテクニックを総合して作られています。ユーザーの質問をそのままLLMに入力するのではなく、外部リソースから回答に必要な情報を取得した上で、適切なプロンプトに変換してグラウンディングを行う、あるいは、LLMからの出力をユーザー期待する形に再編集するなどの処理を行います。このようにして、LLM単体で発生する問題をシステムで解決するフレームワークを**RAG（Retrieval Augmented Generation）**と呼びます。また、このようなシステムとしてのAIサービスと区別する意味で、内部に組み込まれたLLM単体のことを**基盤モデル**と呼ぶこともあります。

■ RAGの全体像

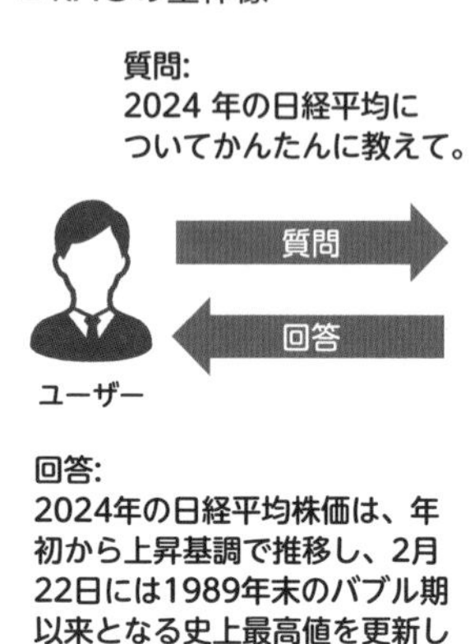

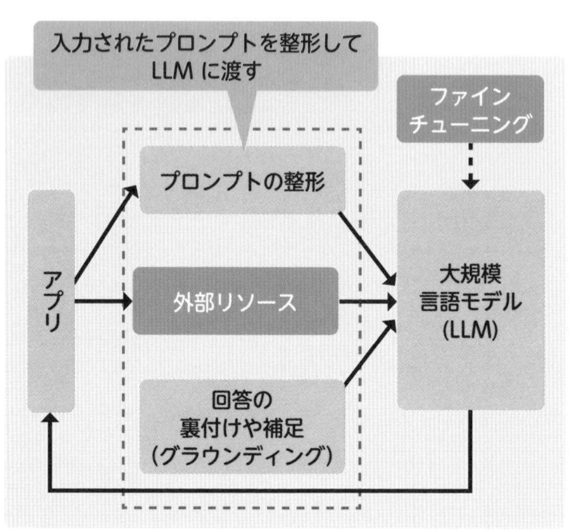

マルチモーダルモデル

LLMの中には、テキスト以外のデータをプロンプトとして入力できるものがあります。Google Cloudで利用可能な基盤モデルのGeminiでは、テキストに加えて、画像や動画を入力して処理できます。このように、テキスト以外のデータを扱えるLLMを**マルチモーダルモデル**と呼びます。

次の例では「太陽、土星、地球」が手書きされた画像と、「太陽からの距離を考慮して画像の順番が正しいか説明してください」という内容のプロンプトを入力しています。手書きの画像を正しく識別し、画像の順番が誤っていることを説明した上で、正しい順番を回答しています。

■ マルチモーダルモデル

質問：

この画像の3枚の順番は正しいですか？太陽からの距離を考慮して、理由を説明してください。その際、今の順番と、正しい順番を教えてください。

回答:
今の順番は、太陽、土星、地球

正しい順番は、太陽、地球、土星

理由は、太陽系は太陽を中心として、水星、金星、地球、火星、木星、土星、天王星、海王星という順番で並んでいます。地球は、太陽から3番目に近い惑星であり、土星は太陽から6番目に近い惑星です。

まとめ

- **テキストの生成では大規模言語モデル（LLM）が使われる**
- **Googleの研究者が開発したTransformerモデルでは、文章全体の意味や文脈を捉えて、質問に対する回答を自然な文章で返すことが可能になっている**
- **LLM利用時には、ハルシネーションなどの、理解しておくべき注意点がある**

Gemini ～Googleが提供する基盤モデル

2023年、GoogleはLLM（基盤モデル）であるGeminiを発表しました。本節では、Geminiがどのような基盤モデルなのか、どのような特性があるのかを解説していきましょう。

Geminiとは

Gemini（ジェミニ）は、Google Cloudが提供する基盤モデルです。Googleが開発した基盤モデルであるPaLM（P.077参照）に次ぐ基盤モデルとして、2023年12月6日にGoogle公式ブログにて、Gemini 1.0が発表されました。2024年7月時点では、Gemini 1.5が一般提供されています。

また、Geminiは用途に応じた、さまざまなバリエーションのモデルが提供されています。

■ Geminiのモデル構成

種類	説明
Pro	幅広いタスクに対応する汎用的なモデル
Flash	軽量で、効率性と速度に優れたモデル
Nano	オンデバイス向けの、最も軽量なモデル

■ 代表的なGeminiのラインナップ（2024年7月時点）

種類	説明	用途
Gemini 1.5 Pro	ロングコンテキストを扱えるGemini 1.0の後継モデル。幅広いタスクに対応でき、高度なタスクにも対応する	ほぼすべてのユースケース。精度が高い結果を得たい場合
Gemini 1.5 Flash	ロングコンテキストを扱いながらも、効率性や速度、高いコストパフォーマンスを重視したモデル	大規模なデータを並列で処理。費用を効率化したい場合

Geminiの特徴① ネイティブでマルチモーダルモデル

Geminiは幅広いタスクを汎用的にこなせる性能を持っており、チューニングによって性能も変化します。ここからは、Geminiが持つ一般的な特徴について説明していきます。1つ目は、マルチモーダルモデルである点です。

Geminiは**マルチモーダルモデル**（P.069参照）であり、チューニングや追加実装を行うことなく、画像や音声、動画などを入力できます。たとえば、画像に関する説明、動画の要約、音声の文字起こしなど、幅広いタスクに対応します。

■ Geminiを利用して動画を解析する例

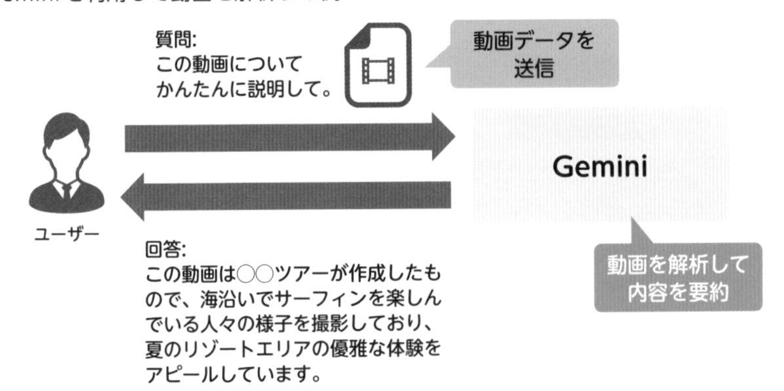

Geminiの特徴② ロングコンテキストを扱える

一般にLLMでは入力できる文字列やデータサイズに上限がありますが、Gemini 1.5からは非常に長い文字列や大きなデータ（**ロングコンテキスト**）の入力を行えます。2024年2月に公開された公式ブログでは、402ページのPDF、44分のビデオ、そして10万行のソースコードを扱う例が紹介されています。

- **2024年2月のGoogle公式ブログ**
  https://blog.google/technology/ai/google-gemini-next-generation-model-february-2024/#context-window

たとえば洗濯機の取扱説明書をもとに、洗濯機に表示されたエラーコードを解説する機能を実装するとしましょう。洗濯機の取扱説明書は一般的な知識ではないため、本来なら、RAG（P.068参照）機能を用いたグラウンディングが必要になります。しかしGemini 1.5 Proなら、入力に洗濯機の取扱説明書を与えることで、入力情報から情報を抽出し、回答することが可能です。

■ Geminiでロングコンテキストを扱う例

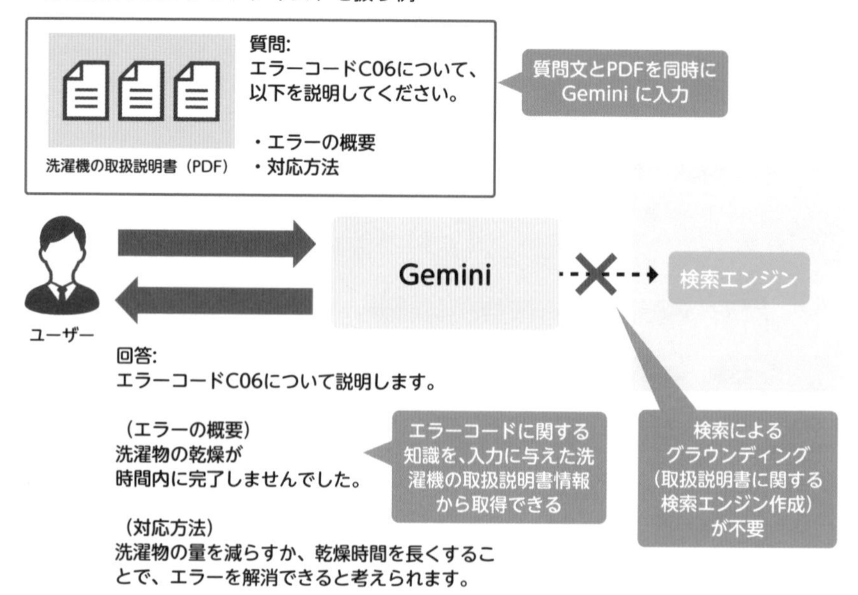

Geminiの特徴③ ロングコンテキストの情報を欠落なく扱える

入力にロングコンテキストを扱う場合、入力された情報がどこまで保持されているのかが重要になります。たとえば1時間の動画を入力したとき、動画の内容を要約して説明することはできても、15分〜15分10秒などの特定区間の内容を説明できないとしたら、ロングコンテキストを扱えるとは言えないでしょう。

Gemini 1.5 Proを紹介している論文（Gemini 1.5: Unlocking multimodal understanding across millions of tokens of context）では、needle-in-a-haystack（干し草の中の針を探すテスト、すなわち、巨大な動画、音声、テキストの内

容を保持して、情報を見落としなく発見できるかを確認するテスト）の結果が公開されており、いずれも99%以上のデータを保持できていることを示しています。なお、この点もGemini 1.5以降における特徴です。

- **Gemini 1.5 Proを紹介している論文**
  https://arxiv.org/html/2403.05530v2

カラマン語の翻訳

Geminiの利用例として、先ほど紹介した論文で説明されている内容を紹介しましょう。カラマン語は世界でも話者が200名以下と非常に希少な言語であり、インターネット上にも情報はほとんど存在しません。そのため、基盤モデルには情報が存在しないので、入力コンテキストに頼る必要があります。そこで、カラマン語の文法マニュアルを入力に与えることで、翻訳タスクがGeminiで実行できるか試しました。その結果、同じ文法マニュアルで学習した人間と同様のレベルで翻訳タスクを実行できました。このことからも、Geminiがロングコンテキストの情報を欠落なく扱える点がよくわかるでしょう。

まとめ

- **GeminiはGoogleが提供するネイティブでマルチモーダルな基盤モデル**
- **用途に応じてさまざまなラインナップのモデルが用意されている**
- **Gemini1.5以降ではロングコンテキストの情報を欠落なく扱えることが特徴**

16 生成AIに関するGoogleの取り組み ～AIファーストという考え方

Googleでは、AIを最重要テクノロジーと位置付ける「AIファースト」という考え方でAIに取り組んでいます。本節では、Googleが生成AIの技術にどのように取り組んできたかを解説しましょう。

AIファーストなGoogleのサービス

Googleが提供するサービスの多くにAIが組み込まれています。たとえば、Google検索では、ランキング処理、音声検索、画像検索などの機能にAIが用いられています。Gmailでは、メールの分類やスパムの検出、Googleマップでは交通量の予測、といったAIを用いた機能を提供しています。

■ GoogleのサービスでAIが利用されているAIの例

Googleのサービス	説明
Google検索	音声認識、検索ランキング
Gmail	メールの分類やスパムの検出、スマートリプライ
Googleマップ	渋滞予測、ストリートビュー画像
YouTube	おすすめ動画、サムネイルの改善
Google Chrome	翻訳、改ざんの検知
Googleフォト	フォト検索、スマート共有

またGoogle Cloudでは、Google Cloudコンソールのダッシュボードで提供されている「推奨事項」における費用最適化の提案、あるいは、セキュリティリスクの指摘などにもAIが用いられています。

■「推奨事項」における費用最適化の提案

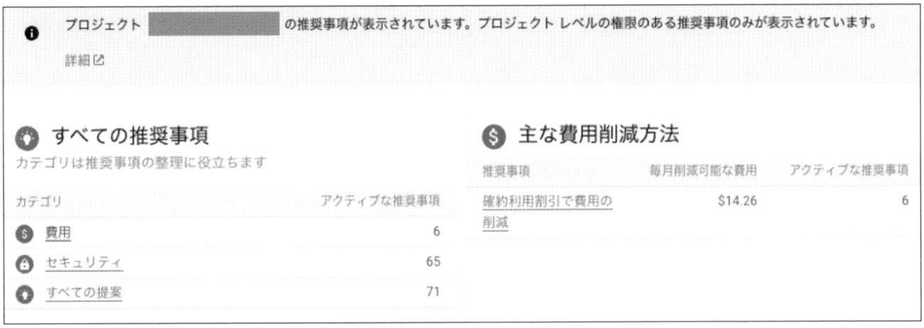

プロジェクト ████ の推奨事項が表示されています。プロジェクト レベルの権限のある推奨事項のみが表示されています。
詳細

すべての推奨事項
カテゴリは推奨事項の整理に役立ちます

カテゴリ	アクティブな推奨事項
費用	6
セキュリティ	65
すべての提案	71

主な費用削減方法

推奨事項	毎月削減可能な費用	アクティブな推奨事項
確約利用割引で費用の削減	$14.26	6

AIに秘められたさまざまな可能性

AIは、Googleの中でも特に重要なテクノロジーに位置付けられています。AIは新しいツール、製品、サービスを生み出すイノベーションの源泉であり、AIを利用することで、日常生活や仕事の生産性、および創造性を高め、人々の生活を豊かにできます。また、AIはアクセシビリティの向上にも貢献しています。たとえば、音声検索や音声認識、音声合成などの技術は、視覚や聴覚に障がいを持つ人々にとって、情報へのアクセス手段として重要な技術になっています。それに加えて、次のような社会課題の解決にも貢献できる可能性を秘めています。

社会的偏見や不平等性の特定と軽減

AIを用いたデータ分析により、社会に潜む偏見や不平等を明らかにして、対策を講じることが可能です。2022年に公開された事例では、南カリフォルニア大学の研究機関と協力し、過去12年間の台本付きテレビ番組について、AIを用いて登場人物の視覚的表現属性、発言時間の傾向を分析し、時系列での変化を調査した結果を公開しました。本情報は、包括的で公平な体験を生み出す助けになります。

公衆衛生上の危機、自然災害、気候変動などの課題への取り組み

感染症の拡大予測、災害時の情報提供、気候変動の影響分析などの課題解決に貢献できる可能性を秘めています。

持続可能な社会の実現に貢献

資源管理やエネルギー効率化の取り組みで、持続可能な社会の実現に貢献できる可能性を秘めています。

このように、AIは多くの可能性が秘めらているテクノロジーである一方で、AIの活用には倫理的な問題やプライバシーの問題など、多くの課題もあります。これらの課題に適切に向き合い、イノベーションを停滞させることなくAIの利用を推進するために、Googleでは**責任あるAI（Responsible AI）**のアプローチに取り組んでいます。責任あるAIのアプローチについては、本章末尾のコラムを参照してください。

Googleにおける生成AIのリサーチとイノベーションの歴史

ここでは特に、生成AIに関するGoogleの取り組みを振り返っておきましょう。

2015年に機械学習の計算処理に特化した独自プロセッサーであるTPUを発表し、大規模なモデルを効率的に学習できるようになりました。2017年にはLLMの性能を大きく向上させるTransformerモデルを発表し、これを応用したさまざまな基盤モデルを開発してきました。また、精度の向上に加えて、マルチモーダルモデルへの対応などの新しい機能の開発を続けています。

2024年に入ってからも新たな技術やサービスを発表しています。TransformerやBERTなど、Googleが提供する技術の多くは論文として公開されており、自由に読むことが可能です。また、これらの技術を多くの人々や組織に利用してもらうためのツールやフレームワークも提供しており、Google Cloudでは最先端のAIインフラストラクチャが利用できます。

Google Cloudでは、**Googleが開発した基盤モデルであるPaLMやGeminiに加えて、用途特化型のモデルやサードパーティ製のモデルも自由に選択して利用できます。**Google Cloudが提供するAIプラットフォームであるVertex AIについては、第10章で説明します。

■ GoogleにおけるAIリサーチとイノベーションの歴史

年	名称	説明
2015	Google TPU (Tensor Processing Unit)	機械学習のモデルを効率よくトレーニングするための集積回路。2018年に一般提供を開始し、2024年現在v5バージョンが提供
2017	Transformer	LLMの基礎となる技術で、元々は翻訳精度の向上のために考案された技術。単語同士の関係性を考慮して文脈を理解する精度が上がった
2018	BERT	Transformerを利用したオープンソースの大規模言語モデル
2019	T5	Text-to-Text Transfer Transformerで通称T5。転移学習というしくみを利用した大規模言語モデル
2020	LaMDA	LLMを対話に特化してトレーニングしたもの
2021	AlphaFold	Google DeepMind社が開発した、タンパク質の3次元構造を予測するモデル
2022	PaLM	幅広い用途で利用できるLLM。コード関連のタスクにも対応。多言語対応が特徴
2023	Gemini	マルチモーダルな汎用LLM。コンテキストウィンドウが巨大であることが特徴で、2024年7月時点ではGemini 1.5が一般提供されている

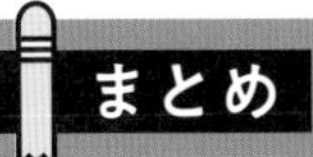

- **Googleが提供するサービスの多くにAIが組み込まれている**
- **AIはイノベーションの源泉であり社会課題の解決にも貢献できる可能性を秘めている**
- **Googleが開発した基盤モデルにはPaLMやGeminiがある**
- **Google Cloudでは、PaLMやGeminiに加えて、用途特化型のモデルやサードパーティ製のモデルも自由に選択して利用できる**

責任あるAI (Responsible AI)

Googleは、AIを活用することで、人間の活動のほぼすべての分野で人々を支援し、社会に恩恵をもたらすことができると考えて、AIの開発と普及に注力しています。AIはすでに多くの人々に利用されており、さまざまな製品にAIが組み込まれるなど、現代の生活に必要不可欠な技術です。その一方で、AIは発展途上のテクノロジーでもあり、技術の進展に伴って、AIの利用に関する新しいリスクも生まれています。たとえば、AIが意図通りに機能しない、誤用されたり悪用されたりする、サイバーセキュリティリスクを生み出す、社会的偏見や危害を生み出したりする、などのリスクが想定されます。そのため、AIの開発・利用にあたっては、このようなリスクに対処する必要があります。Googleは、AIの開発に関わる企業として、**責任を持ってAIを探求する必要がある**と考えています。

Googleは、AIの開発・利用に関する倫理原則の適用について業界をリードし、標準を設定することに取り組んでいます。Googleではビジネス上の課題解決よりも、社会に有益なAIの使用、そして、ユーザに対する安全性の確保と危害の回避を優先するというAIの原則を明確にしています。そして、この取り組みには、AIに関わるすべての人々(研究者、開発者、そしてAIを利用するすべての人々)の協力が必要だと考えています。AIに関わるすべての人々が責任を持って果敢に取り組めば、AIは世界中の人々の生活を変革する技術基盤になり得るでしょう。

Googleでは以下のWebサイトでAIに関する取り組みを発信しています。

- **Making AI helpful for everyone**
  http://ai.google
- **GoogleがAIに注力する理由(上記Webサイトの日本語版のまとめ)**
  https://ai.google/static/documents/google-why-we-focus-on-ai-ja.pdf

3章

Google Cloudを使うには

Google CloudはWebブラウザからの操作で契約し、使い始めることができます。本章ではGoogleアカウントの作成からGoogle Cloudコンソールの使い方、IAMやCloud Billingといったプロジェクト運用の基本的な部分について解説していきます。

17 Google Cloudを使う流れ
～Webブラウザさえあればすぐに使える

Google Cloudを使うには、アカウントの作成、プロジェクトの作成、課金情報の設定という手順が必要です。Webブラウザさえあれば誰でもかんたんに使い始めることができます。

Google Cloudを使う流れ

Google Cloudを使用するには、Googleアカウントの作成が必要です。作成したアカウントでGoogle Cloudにログインしたあとに、プロジェクトを作成します。そして最後に、課金情報を設定します。この一連の操作は、Webブラウザで行えます。プロジェクトを作成したGoogleアカウントには、プロジェクトの管理者権限にあたる「オーナー」のロールが付与され、非常に大きな権限を持ちます。取り扱いには十分注意しましょう。

■ Google Cloudを使う流れ

①Googleアカウントを作成する

- Webブラウザでgoogleアカウントを作成する画面を開く
- 手順に沿ってアカウントを作成する
- 2段階認証プロセスを導入する

②プロジェクトを作成する

- 作成したアカウントでGoogle Cloudにログインする
- プロジェクトを作成する

③課金情報を設定する

- 住所や連絡先、クレジットカード情報を入力して課金情報を設定する

① Googleアカウントを作成する

Google Cloudを使うには、Googleアカウントが必要です。Googleアカウント以外には、Google Workspaceのアカウントも使えます。すでにそれらのアカウントを持っている場合はそのまま利用できますが、まだ持っていない場合は、新規にアカウントを作成する必要があります。

アカウント運用における注意点

アカウントの運用には、2つ注意点があります。

1つ目は、複数ユーザーで1つのアカウントを使い回さないことです。複数名で使い回すために2段階認証プロセスを導入しないなど、脆弱な状態でアカウント運用を行わないようにしましょう。

2つ目は、サービスアカウントの権限範囲を適切に設定することです。**サービスアカウント**は、Google Cloud内で稼働するインスタンスやApp Engineなどのコンピューティングリソース、あるいは、Google Cloud外のアプリケーションが**Google CloudのAPIにアクセスする際に使用する、特別なアカウント**です。Googleアカウントとは異なり、Webブラウザではログインできません。サービスアカウントにはユーザーアカウントと同様に、各サービスを利用するための権限を付与できます。

サービスアカウントは、サービスアカウントキー（公開鍵と秘密鍵のペア）を作成できます。アプリケーションはこのサービスアカウントキーを使用して、Google Cloudの各種リソースへのアクションを実行できます。まれに、大きな権限を持つサービスアカウントキーをGitHubなどに公開してしまい、アクセスキーを検索するBOTなどに発見されて、そのアカウントが不正利用される事案を見かけることがあります。不正アクセスやマイニングに悪用されるケースもあるので、十分に注意しましょう。

このようなリスクを軽減する方法として、不要になったキーは削除したり、キーのローテーションを行ったりなど、事前に予防策を施すことが重要です。加えて、キー漏洩の可能性に気づいた場合は、早急に削除しましょう。Google Cloudでは本リスクの軽減方法として、サービスアカウントキーの漏洩をGoogleが検知して、自動的に無効化する設定を行えます。

2段階認証プロセスでアカウントを守る

Googleアカウントは、付与する権限次第では、非常に強い権限を持つことができます。そのため可能な限り**2段階認証プロセス**を導入しましょう。2段階認証プロセスとは、パスワードだけではなく、ほかの手段（スマートフォンに届いたセキュリティキーなど）も含めた2段階の手順で認証する方式のことです。2段階認証プロセスにすると、悪意のある第三者による、アカウントの不正利用を防止する効果が高まります。

2段階認証を行う方式について、主要なものを紹介します。

- **Google Authenticatorなどの2段階認証モバイルアプリ**

  一定時間ごとに2段階認証用のセキュリティキーを発行するモバイルアプリ

- **携帯電話へのSMS通知**

  ログイン要求があった際に、認証用のセキュリティキーをSMSで携帯電話に通知する

- **セキュリティキー**

  ハードウェアセキュリティキーやスマートフォン組み込みセキュリティキーを使用し、アカウントログイン時にパソコンとセキュリティキーで認証を行う

■ 2段階認証プロセス

デフォルトのサービスアカウント

Compute EngineやApp Engineなど一部のGoogle Cloudサービスでは、サービスアカウントが自動で作成されます。これらのサービスでは、サービスアカウントを使用して、ほかのGoogle Cloudリソースにアクセスできます。

② プロジェクトを作成する

プロジェクトとは、Google CloudのサービスやAPI、課金情報など、Google Cloudの利用環境を分けるもので、**Google Cloudを構成するリソースの1つ**です。1つのGoogleアカウントで複数のプロジェクトを作成できます。

■ プロジェクト

プロジェクトはサービスや
API、課金情報を分けるもの

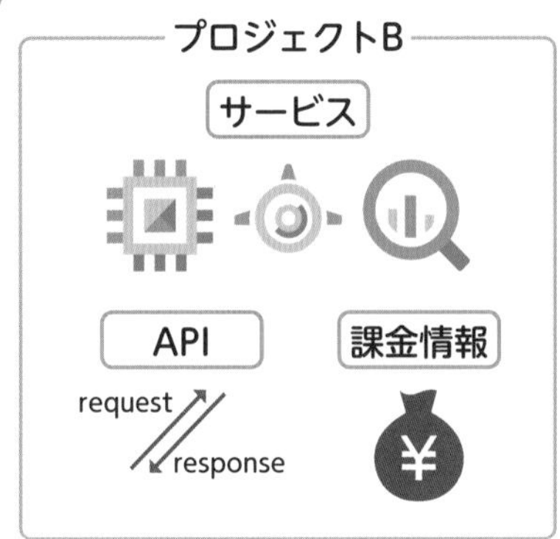

プロジェクトは、プロジェクト名を指定して作成します。またプロジェクトには**プロジェクトID**というGoogle Cloudで一意のIDが紐付きます。プロジェクト名は変更が可能ですが、プロジェクトIDはあとから変更はできません。

■ プロジェクトの作成画面

新しいプロジェクト

プロジェクト名 *
sample project

プロジェクト ID: sample-project-425904 後で変更することはできません。　編集

場所 *
組織なし　参照

親組織またはフォルダ

プロジェクトの分け方には、案件や環境ごと、あるいはチームごとや開発するアプリケーションごとにするなど、いくつかの方法が考えられますが、多くの場合、環境・アプリケーションごとに作成します。

たとえば「app1」と「app2」という2種類のアプリケーションがあり、それぞれに開発環境と本番環境がある場合、「app1-dev」「app1-prod」「app2-dev」「app2-prod」という4つのプロジェクトを作成します。ここで、devという接尾語は開発環境、prodは本番環境を意味します。開発環境と本番環境でプロジェクトを分けておくと、開発環境に加えた変更が本番環境に何らかの影響を及ぼしてしまうといった事故を防げます。また、すべての開発者に開発環境へのアクセスを許可し、本番環境へのアクセスは一部のメンバーのみに制限するといった運用も可能になります。

■プロジェクトは環境ごと・アプリケーションごとに作成する

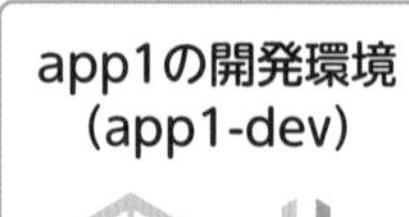

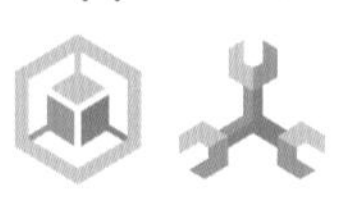

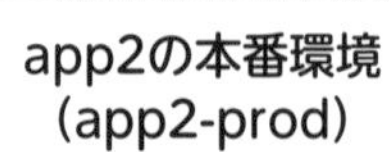

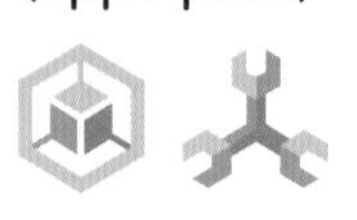

③ 課金情報を設定する

プロジェクトを作成しただけでは、Compute Engineをはじめとする各種のサービスは、まだ利用できません。住所や連絡先、クレジットカード情報を設定すると課金が有効化されて、Google Cloudの各種サービスが利用可能になります。

■ 課金情報を設定していない場合の画面

VM インスタンス

課金を有効にすると Compute Engine をご利用いただけます

支払いは従量制です。Compute Engine の料金の詳細

COLUMN

クレジットカード以外での支払い方法

企業でプロジェクトを運用する際、企業の方針によっては、クレジットカードでの支払いが難しいといったケースがあります。また、自社製品のビジネスが成長するなどプロジェクトの規模が拡大するにつれ、インフラコストが増大し、クレジットカードの限度額設定により、継続的な支払いに支障をきたす場合もあります。

Google Cloudの支払いについては、Google Cloudのパートナー企業（P.106参照）経由で契約して、支払いの代行を依頼するといったことも可能です。支払い方法で悩む場合は、Google Cloudのパートナー企業に問い合わせてみるのも1つの方法です。

まとめ

- **Google Cloudを使うには、アカウントの作成、プロジェクトの作成、課金情報の設定という手順が必要**
- **アカウントにはさまざまな権限が付与されるため、セキュリティを意識したアカウント運用が必要**
- **プロジェクトは、Google Cloudのサービスや API、課金情報など、Google Cloudの利用環境を分けるもの**

18 Google Cloud コンソール ～リソースの操作がGUIで可能

Google Cloudのリソースを操作するには、Google Cloudコンソールというツールを使い、プロジェクトを選択する必要があります。ここでは、Google Cloudコンソールの概要について解説します。

Google Cloudコンソールとは

Google Cloudコンソールは、Google Cloudのさまざまなリソースを操作するツールのことです。Webブラウザがあれば利用できます。Google Cloudコンソールでは、主に下記の操作が行えます。

- **ユーザーアカウントや権限の管理**
- **サーバーやデータベース作成などのリソース管理**
- **課金管理**
- **Webブラウザから仮想マシンへのSSH接続**
- **モバイルアプリを利用した管理や通知**
- **Cloud Shellを利用したCLIベースのオペレーション**
- **Google Cloud Observabilityによる横断的な監視・診断**

■Google Cloudコンソールのホーム画面

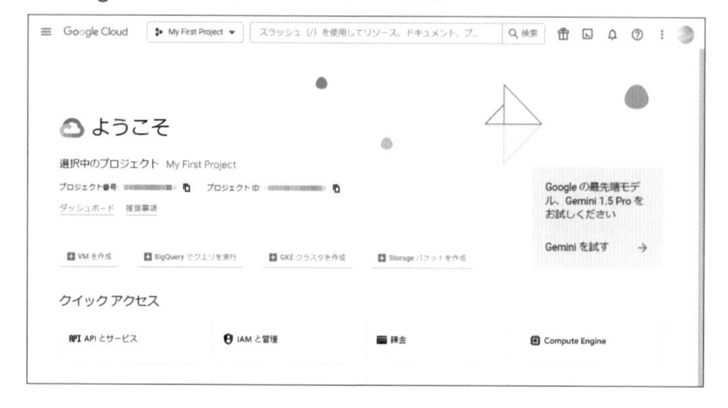

作業の際はプロジェクトの指定が必要

Google Cloudコンソールで作業する際は、作業対象のプロジェクトを指定する必要があります。プロジェクトの切り替えは、Google Cloudコンソールのヘッダーからかんたんにできます。便利な反面、複数プロジェクトの作業を同時に行う場合は、誤ったプロジェクトを選択しないように注意する必要があります。複数のプロジェクトで同時に作業を行いたい場合は、Webブラウザのタブではなくウィンドウを分けて操作したり、作業するマシンを分けたりといった方法で対処することをおすすめします。

COLUMN Google Cloudコンソール以外でリソースを操作する方法

Google Cloudでは、API経由でも各サービスのリソースを操作できます。APIへのアクセス方法には、gcloudコマンドラインツール（CLI）やSDK、HTTP、gRPCがあります。

Google Cloudコンソールからの操作のみでは、システムのべき等性（何度同じ操作をしても同じ結果になること）を保ちたい場合や、リソースの構成変更を一斉に実施したい場合に、実現が難しいケースが出てきます。Google Cloudに慣れてきたらGoogle Cloudコンソール以外の方法にも目を向けてみると、より一層Google Cloudを使いこなせるようになるでしょう。

なお、Google Cloudのサービスではない外部構成管理ツール（たとえばTerraformやAnsibleなど）を使ってGoogle Cloudの構築を行う場合も、内部的にはAPIに対しリクエストを行う形で実現しています。

まとめ

- **Google Cloudコンソールは、Google Cloudのさまざまなリソースを操作するツール**
- **Google Cloudコンソールで作業する際は、作業対象のプロジェクトを指定する必要がある**

19 リソース階層 ～複数のリソースを管理するしくみ

Google Cloudを実際に使う際は、1つのプロジェクトではなく、複数のプロジェクトが必要になることがほとんどです。Google Cloudには、複数のプロジェクトやサービスを管理するリソース階層というしくみがあります。

リソース階層とは

リソース階層とは、プロジェクトやサービスを管理するための階層構造のことです。企業など、組織でGoogle Cloudを利用する際は、リソース階層を定義します。リソース階層を利用すると、パソコンに保存したファイルをフォルダに分けて整理するかのように、さまざまなチームが利用するプロジェクトを、フォルダで階層的に管理できます。フォルダ単位で管理ポリシーを設定することにより、企業のそれぞれの部署やチームの利用状況にあわせて、プロジェクトやリソースに対するアクセス制限や権限設定を適切に実施できます。

リソース階層の最上位ノードは**組織**リソースで、組織(企業など)を表します。「組織」リソースは、階層の下にあるすべてのリソースを一元管理します。**ノード**とは、木構造のリソース階層において、枝分かれしている部分のことです。そして「組織」やフォルダ、プロジェクト、プロジェクトの中で実際に使われるサービス（Compute EngineやGoogle Kubernetes Engineなど）といった、Google Cloudを構成する要素のことを**リソース**と呼びます。

リソース階層を構成する3つの要素

リソース階層を構成する要素は、3つあります。

組織

「組織」はルートノード、つまりリソース階層の頂点にあたる「リソース」です。組織は、ドメイン（たとえば、example.com）と1対1で紐付きます。ここでいう「組織」はあくまで設定上の概念なので、現実の1つの組織（企業）が複数のドメインを用意して、本部ごとといった単位で「組織」リソースを作成することもできます。たとえば、ドメインが「ec-example.com」の組織は流通本部向け、ドメインが「fsi-example.com」の組織は金融本部向けといった構成も可能です。この場合は「組織」ごとに独立したリソース階層が用意されるので、流通本部と金融本部は、個別にリソース管理を行うことになります。

フォルダ

フォルダを使用すると、組織配下の部署やチームのさまざまな要件を分離できます。また、本番環境と開発環境のリソースを分けることもできます。フォルダは部署といった組織別に分けるケースもあれば、あるプロジェクトの本番環境フォルダ、開発環境フォルダといった環境別で分けるケースもあります。なお、フォルダの中にフォルダを作成するといった構成も可能です。

プロジェクト

階層の一番下にあるのが、プロジェクトです。プロジェクトごとに、アプリケーションを構成するコンピューティングやストレージ、ネットワークといった、実際にシステムで使うサービスを用意します。

■ リソース階層

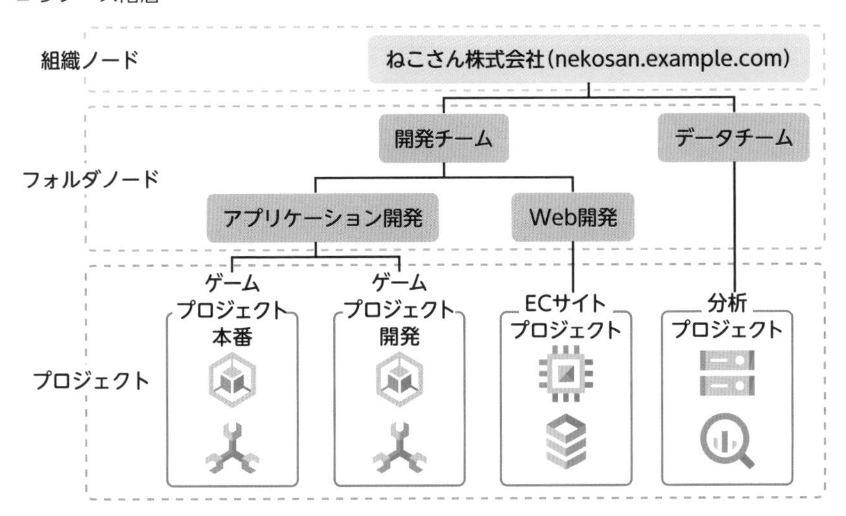

「組織」を作成したい場合

「組織」を作成するには、個人利用のGoogleアカウントではなく、Google WorkspaceやCloud Identityで管理されるユーザーアカウントが必要です。Cloud Identityは、企業向けのアカウント管理サービスで、Google Workspaceの内部でもアカウント管理のしくみとして利用されています。これらで管理されるアカウントがない場合は、先にアカウントを作成することをおすすめします。

- **Google Workspace**
  https://workspace.google.com/
- **Cloud Identity**
  https://cloud.google.com/identity?hl=ja

Googleアカウントには、複数のアカウントを登録したグループ**（Googleグループ）**を作成する機能がありますが、Cloud Identityのアカウントについても、Googleグループが作成できます。このあとで説明するように、IAMのポリシーを設定する際は、個々のアカウント以外に、Googleグループに対してもポリシーが設定できます。

Google WorkspaceもしくはCloud Identityでアカウントを作成して、Google Cloudをはじめて使用する際（つまり、プロジェクトが未作成の状態）、Google Cloudコンソールにログインして利用規約に同意すると「組織」が作成されます。既存のGoogle Cloudユーザーの場合は、新しいプロジェクトまたは請求先アカウントを作成するときに「組織」が作成されます。このとき「組織」を作成する前に作成されたプロジェクトは「組織なし」として表示されます。「組織」が作成されると、その後作成した新しいプロジェクトは「組織」に自動的に紐付けられます。

組織ポリシー

「組織」には、組織全体に適用できる制約を設定できる**組織ポリシー**という機能があります。組織ポリシーを使うと、たとえば「特定のリージョンのみ利用したい」「利用できるサービスやAPIを制限したい」といった制限を組織全体、もしくはフォルダに対して設定できます。こうした制限を設けると、利用していないリージョンに誤ってリソースを配置したり、不要なサービスが利用されたりすることを回避できます。

なお、組織ポリシーは、このあとで説明するIAMポリシーとは異なるものなので、混同しないように注意してください。組織ポリシーは**組織全体に対して機能制限をかけるもの**です。一方、IAMポリシーは**個々のユーザーに対して権限を設定するもの**です。

COLUMN 権限設定のベストプラクティス

実際に権限設定をする際、どう権限を設定すればよいか迷うこともあるでしょう。ここでは、権限設定のベストプラクティスを紹介しましょう。主に、次のものがあります。

- **複数のユーザーに同じアクセス権限を付与する場合は、個々のユーザーをGoogleグループに追加し、Googleグループへ権限を設定すること**
- **「組織」に権限を設定すると「組織」配下のリソースに継承されるため、「組織」での権限設定は慎重に行うこと**
- **企業の運用体制をフォルダに反映させること。たとえば、親フォルダは部門、子フォルダはチームなどのように分けるとよい**

まとめ

- **リソース階層は、プロジェクトやサービスを管理するための階層構造**
- **リソース階層には組織、フォルダ、プロジェクトの3要素がある**

20 IAM ～リソースへのアクセスを管理する

Google Cloudを利用するには、各種リソースにアクセスするための権限が必要になります。その権限を管理するのがIdentity and Access Management（IAM）です。実際に開発や運用をする際に必ず使う機能なので、特徴を理解しておきましょう。

Identity and Access Management（IAM）とは

Identity and Access Management（以下、IAM）は、特定のリソースに対する各種アクションをユーザーやGoogleグループに許可する機能で、リソースへのアクセス制御を一元的に管理するのに役立ちます。

IAMでは**「誰が」「何に対して」「どのアクションを実行できるか」**を設定します。

「誰が」

Googleアカウント、Googleグループ、サービスアカウントのいずれかを指定します。

「何に対して」

対象のリソース（組織やフォルダ、プロジェクト、プロジェクトに含まれているCompute EngineやCloud Storageといった各サービス）を指定します。

「どのアクションを実行できるか」

ロールの付与によって行います。ロールとは、リソースの作成や更新、削除といったアクションをまとめて役割を定義したものです。ロールがあるおかげで、管理者や作成者、閲覧者といった役割で権限を管理することができます。なお、IAMで指定できるのはロールだけで、作成や削除といった個々のアクションを指定することはできません。

また、オプションとして、接続元IPアドレスや設定の有効期間といった条件を指定可能な場合があります。

■ IAM

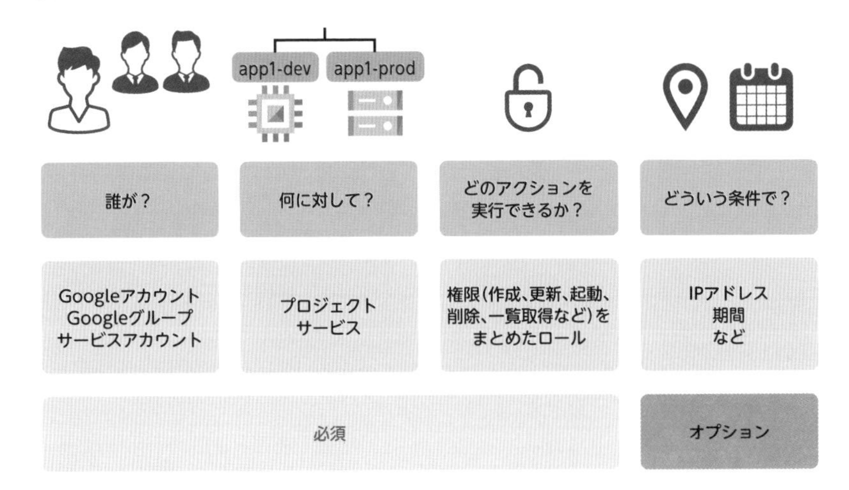

ロール

リソースに各種アクションを行う際は「権限」が必要です。この権限を扱いやすい単位でまとめたものが**ロール**です。GoogleアカウントやGoogleグループ、サービスアカウントに対して権限を追加するには、ロールを付与します。ロールには基本ロール、事前定義ロール、カスタムロールの3種類があります。

■ ロールは権限をまとめたもの

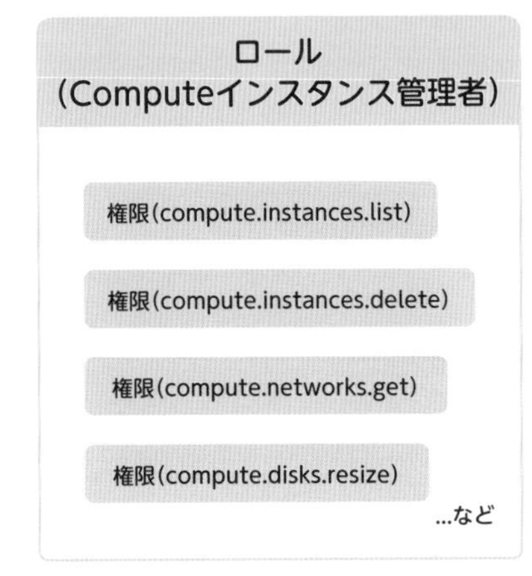

ロールの種類① 基本ロール

基本ロールは、Google CloudにIAMが導入される前から存在していたロールで、「オーナー」「編集者」「閲覧者」の3種類があります。オーナーロールには編集者ロールの権限が、編集者ロールには閲覧者ロールの権限が含まれており、入れ子構造になっています。基本ロールには何千もの権限が含まれているので、権限の確認は非常に困難です。そのため特に必要がない場合は利用せず、この次に解説する、事前定義ロールやカスタムロールを利用してください。

■ 基本ロールの定義

ロール	役割	説明
roles/viewer	閲覧者	既存のリソースやデータの表示（ただし変更は不可能）など、状態に影響しない読み取り専用アクションに必要な権限
roles/editor	編集者	閲覧者権限に加えてリソースの状態を変更できる権限。ほとんどのGoogle Cloudのリソースの作成・変更・削除が可能
roles/owner	オーナー	編集者権限に加えて全てのリソースの状態を変更できる権限。プロジェクトおよびプロジェクト内のすべてのリソースの権限と役割を管理し、プロジェクトの課金情報を設定できる

ロールの種類② 事前定義ロール

リソースごとにさまざまな権限が用意されていますが、それを使いやすくまとめたものが**事前定義ロール**です。多くのリソースで「管理者」「編集者」「読み取り」という役割ごとに、ロールが用意されています。事前定義ロールは、実にたくさんの種類があります。

- **事前定義ロールの一覧**

  https://cloud.google.com/iam/docs/understanding-roles?hl=ja

事前定義ロールは、操作対象のリソースがあらかじめ決まっています。たとえば「ストレージ管理者」ロールはCloud Storageに対する操作ができますが、Compute Engineに対する操作はできません。

■ 事前定義ロールの例（Cloud Storage）

ロール	役割	説明
roles/storage.admin	ストレージ管理者	オブジェクトとバケットのすべてを管理する権限
roles/storage.objectAdmin	ストレージオブジェクト管理者	オブジェクトの一覧表示、作成、表示、削除など、オブジェクトのすべてを管理できる権限を付与
roles/storage.objectCreator	ストレージオブジェクト作成者	オブジェクトの作成を許可。オブジェクトを削除または上書きする権限は付与されない
roles/storage.objectViewer	ストレージオブジェクト閲覧者	オブジェクトとそのメタデータ（ACLを除く）を閲覧するためのアクセス権を付与。バケット内のオブジェクトを一覧表示も可能

ロールの種類③ カスタムロール

カスタムロールは、ユーザー側で権限を自由にまとめられるものです。基本ロールや事前定義ロールで要件を満たせない場合は、カスタムロールを使用します。カスタムロールには1つ以上の権限を設定する必要があります。

カスタムロールを使う際、注意点があります。事前定義ロールはGoogleが管理しているため、リソースに新しい権限が追加された場合、自動的に事前定義ロールにも権限が追加されます。一方、カスタムロールの場合は、そのようなアップデートに自分で対応しなければいけません。

アクセス制御の考え方

アクセス制御には、最小権限の原則という考え方があります。日本の情報セキュリティ対策の向上に取り組むJPCERTのドキュメントに記載されており、場面に応じて必要最小限の権限だけを与える原則のことです。たとえば、読み込みだけ必要な際、安易に読み書き両方の権限付与はせずに読み込み権限のみ付与すると、運用時に発生する人為的ミスなどのインシデントが発生した場合の被害も、最小限に抑えられます。そのためロールを扱う際は、不要な権限が付与されないかを確認するとよいでしょう。

IAMポリシー

IAMポリシーは、Google Cloudのリソースに対するアクセス制御を行う機能です。IAMポリシーは「バインディング」「監査構成」「メタデータ」という要素で構成されています。**バインディング**とは、1つ以上のメンバー（Googleアカウントやグーグルグループ、サービスアカウント、ドメイン）を1つ以上のロールに関連付けたものです。IAMポリシーには、メンバーとロールを紐付けたバインディングが含まれます。IAMポリシーをプロジェクトに対して作成すると、IAM ポリシーに含まれるバインディングで指定されたアクセス権限が、該当のプロジェクト内で有効になります。

IAMポリシーは、プロジェクト単位ではなく、フォルダや組織レベルで作成することもできます。同一のIAMポリシーを組織内の複数のプロジェクトで作成すると、同一のメンバーに対して、複数のプロジェクトに対する同一の権限（ロール）を与えられます。一方、フォルダに対してIAMポリシーを作成すると、フォルダの配下にあるすべてのプロジェクトに同じ設定が適用されます。

また「監査構成」を指定すると、ログに記載する内容が制御できます。「メタデータ」には、ポリシーを記述するスキーマのバージョンなど、システム上の管理情報が含まれます。

■ IAMポリシー

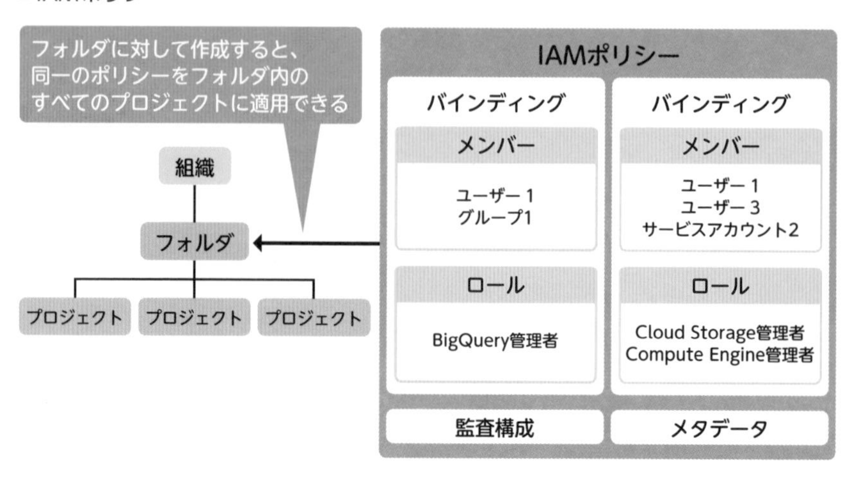

■ 権限とロール、IAMポリシーの関係

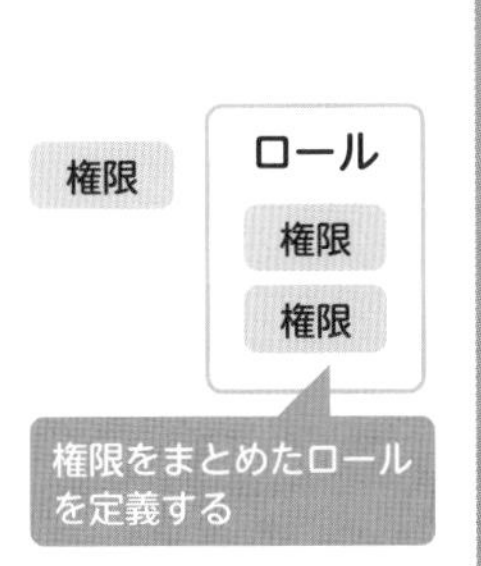

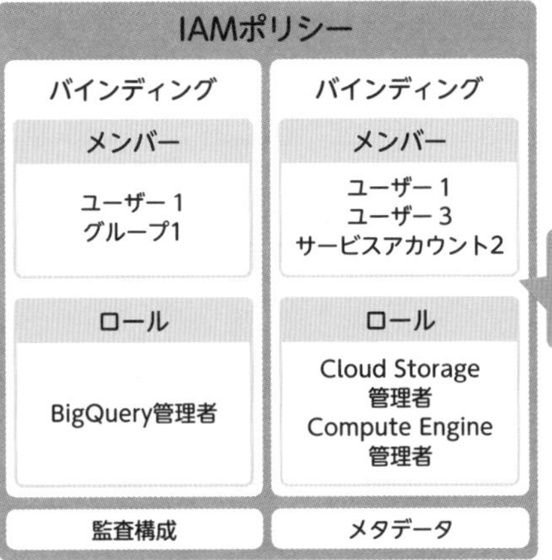

COLUMN IAMポリシーに条件を追加するには

IAMポリシーに条件を追加するには、IAM Conditionsという機能を使います。IAM Conditionsは、一部のリソースで対応しています。たとえば、次のような要件がある場合に使用します。

- **IAMポリシーに期限を設定したい**
- **一部のIPアドレスからのみアクセスを許可したい**
- **Cloud Storageの特定のバケットにのみ対象のIAMポリシーをアタッチしたい**

なお、条件はCommon Expression Languageという言語を使って記述します。

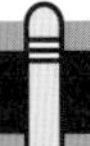

まとめ

- **IAMは特定のリソースに対する各種アクションをアカウントやGoogleグループに許可する機能**
- **アカウントやGoogleグループに対して権限を追加するには、ロールを付与する**

21 リージョンとゾーン ～世界中に展開されているデータセンター～

Google Cloudは、サービスを提供するためのデータセンターを世界各地に配置しており、地域ごとに分類されたエリアをリージョンと呼びます。それぞれのリージョンは、高速な専用のネットワークで相互接続されています。

リージョン

Google Cloudは200以上の国と地域に独自のネットワーク網を展開しており、40のリージョンと121のゾーン（後述）で構成されています（2024年7月時点）。**リージョン**とは、世界中に存在するGoogle Cloudのデータセンターの集合体を、地理的に分類するエリアです。各リージョンはGoogle Cloudのネットワークでつながっており、高速でセキュアな通信を行えます。日本では、2016年11月に東京リージョン、2019年5月には大阪リージョンが運用開始されました。リージョンの追加は、世界中で、現在も頻繁に行われています。

■主なリージョン（2024年7月時点）

コード	リージョン名
us-west1	オレゴン
us-west2	ロサンゼルス
europe-west1	ベルギー
europe-west2	ロンドン
asia-east1	台湾
asia-east2	香港
asia-northeast1	東京
asia-northeast2	大阪
asia-northeast3	ソウル
africa-south1	ヨハネスブルグ

ゾーン

ゾーンとは、リージョン内に存在するGoogle Cloudのサービスが稼働するエリアのことです。特定のデータセンターという建物を指しているとは限りません。ゾーンは、電源やネットワーク機器を共有した単一障害ドメインとみなせます。各リージョンには3つ以上のゾーンが用意されており、東京リージョンや大阪リージョンにも3つのゾーンが存在します。

なお、多くのGoogle Cloudのサービスでは、リージョンやゾーンを初期設定時に指定する必要があります。

■リージョンとゾーン

マルチゾーンとマルチリージョン

ゾーンはそれぞれ独立した障害ドメインなので、あるゾーン内で障害が発生しても、ほかのゾーンに影響が出ないようになっています。システムを構築する際は複数のゾーンを使用した構成にしておくと、障害が発生した際にそのゾーンを切り離せるため、システムを止めることなく運用を続けられます。このように、複数のゾーンを使用した構成を**マルチゾーン**といいます。また、複数のリージョンを使用して、複数地域にまたがる冗長性を確保することもできます。複数のリージョンを使用した構成を**マルチリージョン**といいます。

■ マルチゾーンとマルチリージョン

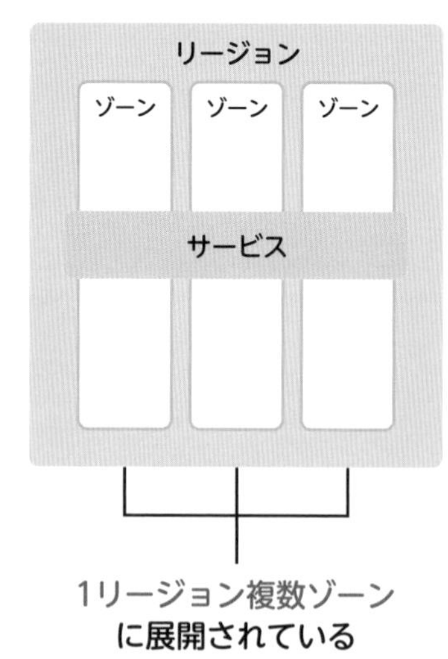

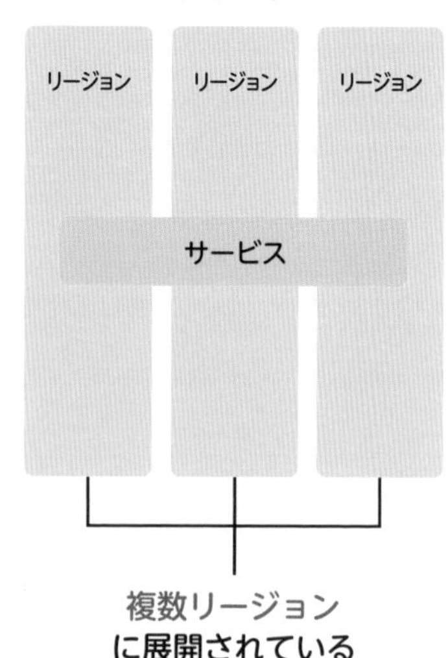

リージョンを選ぶポイント

Google Cloudでシステムを構築する際、まずはどのリージョンに構築するかを選択します。その際に考慮する要素として、次の点が挙げられます。

レイテンシ

ユーザーとシステムの距離を縮めてレイテンシ（通信の遅延時間）を下げるには、システムをどの地域（リージョン）で提供するべきかを検討する必要があります。

利用できるサービス

利用できるサービスはリージョンごとに若干異なり、一部のリージョンでは利用できないサービスが存在します。そのため、利用したいサービスがどのリージョンで利用できるかを調べる必要があります。またサービスによっては、ゾーンごとに利用できるCPUの世代に差異があるといった場合があるので、リージョンだけではなく、ゾーンについても考慮する必要があります。

料金

Google Cloudの料金は、リージョンごとに異なります。日本のリージョンより海外リージョンのほうが安い場合、レイテンシよりもコスト面を優先し、あえて海外リージョンを選択するケースがあります。

冗長性

リソースをマルチリージョン・マルチゾーンに分散させることで冗長化を行い、サービスの可用性を上げることができます。冗長化をしておくと、特定のリージョンやゾーンで障害が発生したときにでも、正常なほかのリージョンやゾーンで処理を継続できます。

もちろん、冗長化できるのであればそれに越したことはありません。しかし、リージョンやゾーンをまたいでコンピューティングリソースを配置すると使用するリソースが増えるので、料金と、それを安全に運用するための技術的コストが発生します。Google Cloudのサービスによっては、マルチリージョンやマルチゾーンに対応したものがありますが、単一のゾーンが使用不可能になった場合のゾーン障害、単一リージョン全体が使用できなくなるリージョン障害にどこまで備えるべきなのか、料金とのバランスを考える必要があります。

■ リージョンを選ぶポイント

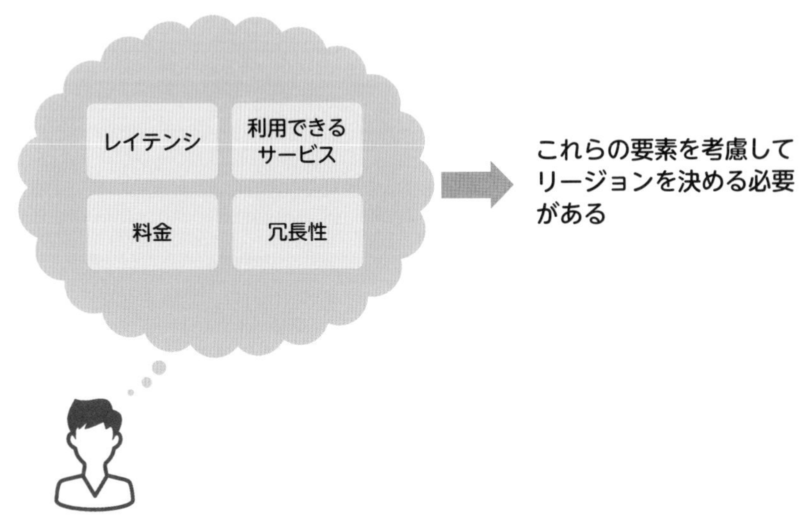

各リージョンで利用できる代表的なサービス

利用できるサービスは、リージョンごとに若干異なります。ここでは、主要な各リージョンで利用できる代表的なサービスについて紹介します。

■ 各リージョンで利用できる代表的なサービス（2024年7月時点）

サービス	ロサンゼルス us-west2	台湾 asia-east1	東京 asia-northeast1	大阪 asia-northeast2	ヨハネスブルグ africa-south1
Compute Engine	○	○	○	○	○
App Engine	○	○	○	○	
Google Kubernetes Engine	○	○	○	○	○
Cloud Functions	○	○	○	○	
Cloud Run	○	○	○	○	○
Cloud Storage	○	○	○	○	○
Cloud Spanner	○	○	○	○	○
Cloud SQL	○	○	○	○	○
Firestore	○	○	○	○	○
BigQuery	○	○	○	○	○
Google Cloud VMware Engine	○		○		

マルチリージョンのサービス

ストレージ系のサービスを中心に、一部のサービスは複数のリージョンにまたがって提供されます。こうしたサービスをマルチリージョンのサービスと呼びます。複数のリージョンにまたがって構成されているため、データの整合性を維持しながら可用性を高めることができるのが特徴です。

■主なマルチリージョンのサービス

サービス	概要
Firestore	NoSQLデータベース
Cloud Storage	オブジェクトストレージ
BigQuery	データウェアハウス
Cloud Spanner	分散データベース
Cloud Bigtable	スケーラブルなNoSQLデータベースサービス

グローバルプロダクト

一部のGoogle Cloudのサービスは、リージョンに依存することなく利用できます。それらを**グローバルプロダクト（ある特定の1つのリージョンに固定化されないサービス）**と呼びます。

■主なグローバルプロダクト

プロダクト名	概要
Cloud CDN	CDNサービス
Cloud DNS	DNSサービス
Cloud Armor	アプリケーションとWebサイトを保護
Cloud Monitoring	アプリケーションとインフラストラクチャのパフォーマンス、可用性、健全性の可視化
Cloud Build	CI/CDを行う
Looker Studio	データからダッシュボード、レポートを作成し参照、共有するツール

まとめ

- **Google Cloudはリージョンとゾーンを持つ**
- **マルチリージョンやマルチゾーンにすると、複数地域にまたがる冗長性を確保できる**

22 Cloud Billing ～料金を管理するしくみ

Google Cloudの多くは従量課金制なので、料金は気になるところです。料金を確認できるサービスであるCloud Billingでは、レポートや課金データのエクスポート、アラート機能などを使えるので、コスト管理に活用しましょう。

Cloud Billingとは

Cloud Billingとは、Google Cloudの利用にかかった料金（請求情報）を確認できるサービスです。Google Cloudコンソールからアクセスでき、「レポート」や「課金データのエクスポート」、「予算とアラート」といった機能が提供されています。

レポート

「レポート」は、プロジェクトや期間、サービスなど特定の条件に絞って、グラフを閲覧できる機能です。たとえば、特定のプロジェクトにおけるBigQueryのクエリ料金だけを閲覧する、といったことが可能です。

■ レポート（BigQueryのクエリ料金のグラフ例）

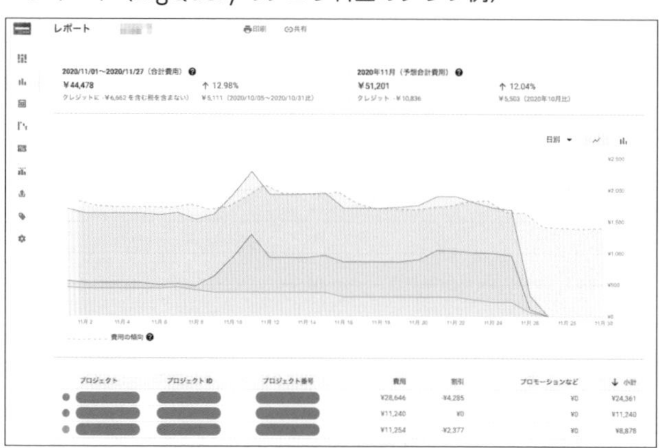

課金データのエクスポート

Cloud Billingには、日々の課金データを、Cloud StorageやBigQueryに自動で出力する機能もあります。たとえば、課金データの出力先であるCloud StorageやBigQueryを、Looker Studio（P.295参照）のデータソースにすると、独自の可視化・分析が可能になります。

予算とアラート

Cloud Billingでは、設定した予算に対して、アラートを設定できます。アラートを設定しておけばメールで通知されるので、想定外の料金発生に気付けたり、設定した予算内に収めやすくなったりします。予算は「指定額（固定額のこと）」や「先月の利用額」から選択できます。また、プロジェクトやサービス（Cloud StorageやBigQueryなど）の指定も可能です。

■ 予算を設定する

予算タイプ
先月の利用額
前月の利用額に基づいて毎月更新される、変動する金額です。
目標金額
¥ 45699

設定した予算に対して、次のようにアラートを設定できます。アラートは、予算に対する割合と通知するタイミング（実値・予測）で調整を行います。

■ アラートを設定する

料金の支払い方法

Google Cloudの料金の支払いには、基本的にクレジットカードが必要です。支払いはドルだけではなく、日本円を含めた現地通貨での支払いが可能です。また、P.085で述べたような、クレジットカードでの支払いが難しいケースでは、請求書払いも選択できます。請求書払いを希望する場合は、Google Cloudの担当営業に相談するか、Google Cloudパートナー企業に請求の代行を相談してください。

こうしたGoogle Cloudパートナー企業による請求代行サービスには、請求書払いの対応以外に、Google Cloudのサポートもサービスとして含まれる場合があります。請求代行を希望する場合はGoogle Cloudパートナー企業を探して、請求代行に対応しているか問い合わせてみるとよいでしょう。

- **日本のGoogle Cloudパートナー企業を探す**
  https://cloud.withgoogle.com/partners/?regions=JAPAN_REGION&products=CLOUD_PRODUCT

COLUMN

細かく料金を把握したい場合

Google Cloudの料金は、ラベルという機能を利用すると、細かく内訳を確認できます。たとえば、複数の仮想マシンが稼働している状況でアプリケーションとバッチの役割が分かれている場合、各仮想マシンにラベルを貼ると、ラベルごとに料金データを抽出できます。

まとめ

- **Cloud Billingは、Google Cloudの利用にかかった料金（請求情報）を確認できるサービス**
- **「レポート」を使うと特定の条件に絞ってグラフを閲覧できる**

4章

サーバーサービス「Compute Engine」

Compute Engineは、Google Cloudが提供するIaaSです。Compute Engineは、需要にあわせて柔軟にスケーリング可能な仮想マシンを提供するサービスです。この章では、Compute Engineについて解説しましょう。

23 Compute Engine ～仮想マシンを作成できるサービス

Compute EngineはGoogle Cloudが提供しているIaaSで、仮想マシンをかんたんに作成できるサービスです。Google Cloudの中でもとても基本的なサービスなので、その概要と特徴を見ていきましょう。

Compute Engineとは

Compute Engineは、ハードウェアを購入することなくオンデマンドで仮想マシンを利用できるコンピューティングサービスです。Compute Engineでは仮想マシンが、仮想マシンを実行するためのソフトウェアであるハイパーバイザ上で複数実行されます。Compute Engineでは、仮想マシン上のゲストOS（LinuxやWindows Serverなど）やCPUのコア数、メモリ容量といった構成を、App EngineやCloud FunctionsといったほかのGoogle Cloudのサービスより、細かく設定できます。また、一時的なアクセスの増加といった負荷の変動に応じて、仮想マシンの台数を柔軟にスケールイン・スケールアウトできます。

なお、Compute Engineでは、なにかサービスを提供しているマシンという機能的な意味と区別するために、実際に動作している物理的な意味での仮想マシンを**インスタンス**と呼びます。

■Compute Engine

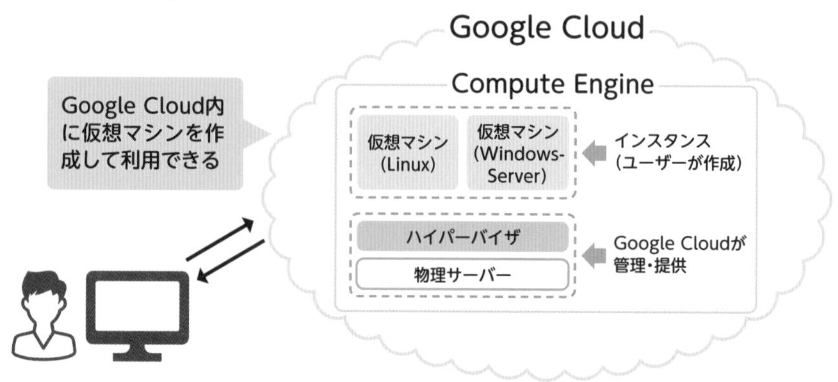

リソースの追加や削除がすぐに行える

システムを構築する際、オンプレミスだと、ハードウェア（サーバーやネットワーク機器、アプライアンス機器など）の調達やデータセンターなどの設置場所の確保といった初期投資が必要です。しかし、Compute Engineでは、このような先行投資は不要です。必要なときに必要なリソースをすぐに追加でき、利用しない場合はただちに停止・削除ができます。必要なのは運用費（月次で発生するクラウドの利用料）のみです。ミニマムな構成でスタートし、ユーザー数やシステムの規模にあわせて仮想マシンを追加する、といった柔軟な対応をとることができます。

■ オンプレミスとCompute Engineの比較

項目	オンプレミス	Compute Engine
OS	柔軟に選択可能	提供されるイメージから選択
ハードウェア	自分で用意	クラウドベンダーが用意
準備期間	ハードウェアの調達含めて数カ月	不要
費用	初期投資の費用+運用費	運用費（ライセンスを含む）
運用・保守	データセンターで運用・保守	インターネット経由で運用・保守
カスタマイズ	全ての領域でカスタマイズ可能	ユーザーが管理する領域のみカスタマイズ可能

Compute EngineはIaaS

Compute Engineは、Google Cloudが提供しているIaaS（P.038参照）です。そのため、アプリケーションやミドルウェア、OSについては、ユーザーが管理する必要があります。PaaSと比較すると管理する範囲は広い半面、ユーザーが自由に設定できる範囲が大きいというメリットがあります。

なお、Compute Engineには障害発生時の対応として、ライブマイグレーションとホストエラー対応という、大きく2つの機能が備わっています。次は、この2つの機能について解説します。

障害発生時の対応①～ライブマイグレーション

ライブマイグレーションとは、**仮想マシンを稼働した状態のまま、仮想マシンを実行する物理サーバーを別の物理サーバーに移動するしくみ**です。これにより、物理サーバーのメンテナンスなど、物理サーバーを停止する必要がある場合でも、仮想マシンの稼働を継続できます。サーバーのメンテナンスに伴う計画停止のほか、ハードウェア障害を検知した際にも、ライブマイグレーション機能に影響のない障害であれば、ライブマイグレーションが行われます。ユーザーは、ライブマイグレーションを特に意識する必要はありません。検知されたイベントに対するメンテナンスや障害対応は、Googleによって行われます。

ただし、ハードウェア障害が発生した場合、ライブマイグレーションが必ず行われるわけではありません。ハードウェアが完全に故障した場合などライブマイグレーションができないときは、後述のホストエラーが検知され、仮想マシンは再起動されます。

なお、「GPU（ビデオカード）が割り当てられたインスタンス」と「スポットインスタンス（P.124参照）」ではライブマイグレーションが実施されず、仮想マシンは停止されるので注意が必要です。

■ ライブマイグレーション

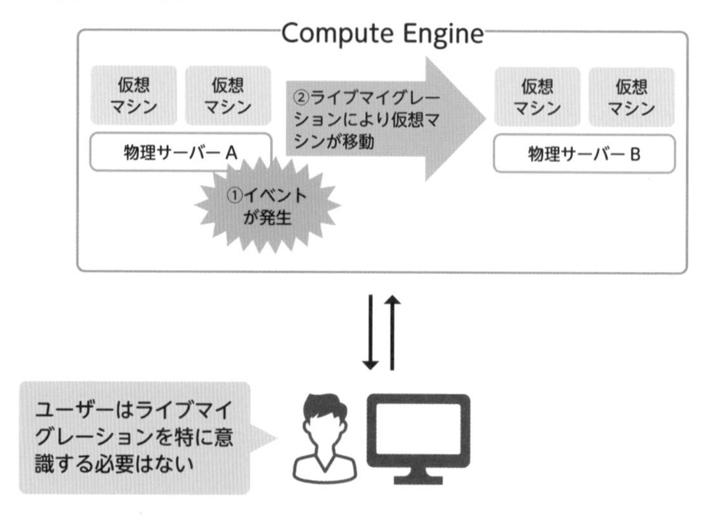

障害発生時の対応②～ホストエラー

ホストエラーとは、ハードウェア障害（仮想マシンをホストしている物理サーバーが完全に故障して、クラッシュするなど）により、仮想マシンの停止が発生することです。ホストエラーが発生すると仮想マシンの再起動が発生するので、仮想マシンが停止してから起動が完了するまでの間、仮想マシンは利用できません。

仮想マシンの停止につながるようなハードウェア障害が、実際に発生するのはまれです。しかし、起こりうる障害からアプリケーションやシステムを守るため、単一の障害でシステムが停止しないような設計が必要です。システム監視をはじめとする運用において、ホストエラーは必ず考慮する必要があります。

■ ホストエラー発生時の対応

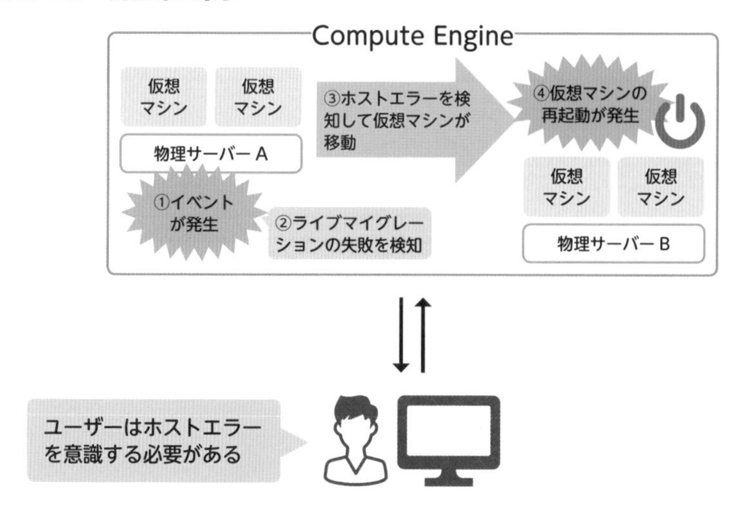

まとめ

- Compute Engineはオンデマンドで仮想マシンを利用できるコンピューティングサービス
- Compute Engineはリソースの追加や削除がすぐに行える

24 Compute Engineを使う流れ ～仮想マシンを使うまで

Compute Engineを使う際は、インスタンスを作成する必要があります。インスタンスの作成時にはさまざまな情報を入力する必要があるので、どのような情報が必要になるのか、全体像を押さえておきましょう。

Compute Engineを使う流れ

Compute Engine でインスタンスを作成するには、前準備としてGoogle Cloud のプロジェクト作成や、インスタンスを作成するIAM ユーザーに対する「インスタンス作成・操作権限」の付与が必要です。インスタンスを作成したあとは、Cloud ShellやSSH接続を用いてインスタンスにアクセスして、ソフトウェアのインストールといった構築作業を行います。

■ Compute Engineを使う流れ

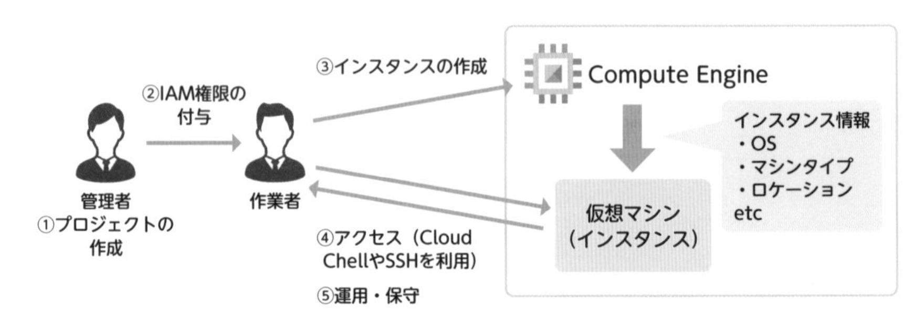

インスタンスの設定項目

Compute Engineの仮想マシン（インスタンス）は、必要な項目を入力して、作成ボタンをクリックするだけで作成できます。インスタンスの作成は、Google Cloudコンソールから行えます。

■ インスタンス作成画面

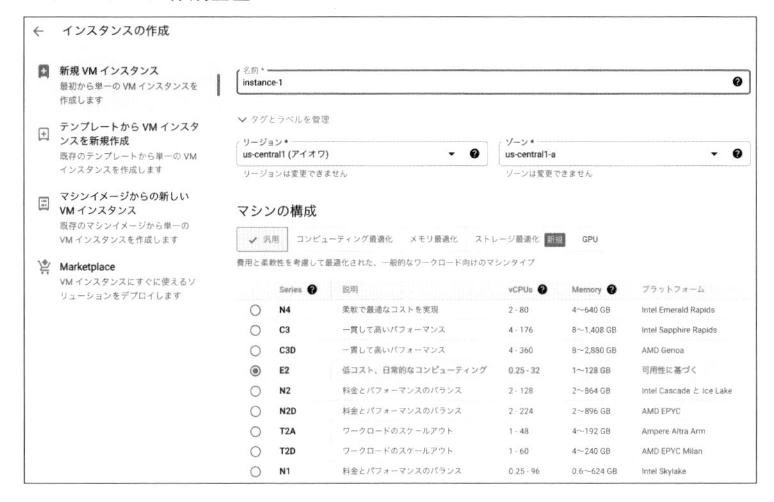

インスタンス作成画面では、次の表で示した情報を入力します。インスタンス名は同一プロジェクト内で一意にする必要があります。また、コンソールのインスタンス作成画面では使用料金の概算も確認できます。

■ インスタンスの設定項目

設定項目	説明
名前	インスタンスの名前（Linuxインスタンスであればホスト名）
リージョン	リソースを実行できる特定の地理的なロケーション
ゾーン	リージョン内の分離された場所
マシンタイプファミリー	マシンタイプをグループ化したもの。汎用、メモリ最適化、コンピューティング最適化、GPUから選択可能
シリーズ	CPUプラットフォームの世代
マシンタイプ	インスタンスのサイズ（vCPU数、メモリ）
ブートディスク	利用OSとディスクサイズ
サービスアカウント	インスタンス内で使うGoogle Cloudのサービスアカウント
アクセススコープ	APIアクセス権のタイプとレベル

任意の設定項目として次の表の項目があります。また、設定項目にはインスタンス作成時に設定後、変更できない項目と、インスタンス作成後でも変更可能な項目があります。

■ インスタンスの任意設定項目

設定項目	説明
ラベル	インスタンスの識別子
ファイアウォール ルール	インターネットからの特定のネットワークトラフィックを許可（インスタンス作成画面ではHTTPとHTTPSを選択可能）
削除からの保護	インスタンスの削除を防止
説明	インスタンスの説明
起動スクリプト	起動時に実行されるスクリプト
スポット	低価格で利用できる代わりに、任意のタイミングで停止・削除される可能があるインスタンスとして作成するためのオプション
ネットワークタグ	特定のインスタンスにファイアウォール ルールを適用する場合に使用

■ インスタンスの構成要素

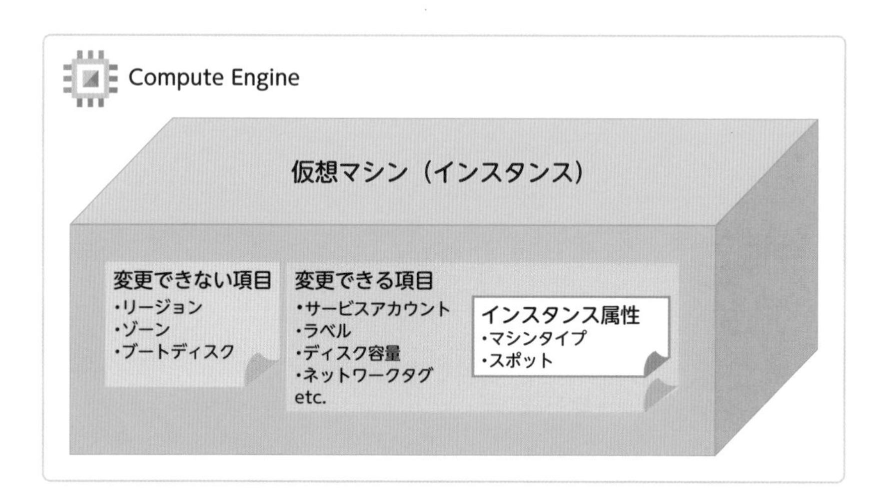

またディスクやネットワークについては、次の項目を任意で設定できます。

■ディスクとネットワークに関する任意設定項目

設定項目	説明
追加ディスク	インスタンスにブートディスクとは別にディスクを追加する
ネットワーク	どのVPC（Google Cloudのネットワークサービス。P.138参照）内に作るかを指定する（初期設定ではdefault）
サブネットワーク	VPC内のサブネットの選択（初期設定ではdefault）
プライマリ内部IP	「エフェメラル（自動）」「エフェメラル（カスタム）」「IPアドレスの作成」から選択。初期設定では「エフェメラル（自動）」
外部IP	なし、エフェメラル、IPアドレスの作成から選択（初期設定ではエフェメラル）
ネットワークサービス階層	ネットワークの品質・パフォーマンスとプロジェクト費用のバランスを最適化する機能。スタンダードかプレミアムを選択する（初期設定ではプレミアム）
IP転送	パケットのルーティング（初期設定ではオフ）
パブリックDNS PTRレコード	パブリックの逆引きDNS名を入力し、外部IPアドレスに関連付けさせる（初期設定ではオフ）

これらの項目を設定し、作成ボタンをクリックするとインスタンスが作成され、起動します。

このように、インスタンスを作成する際は、さまざまな情報を入力する必要があります。作成時に入力必須の項目はありますが、入力任意の項目はあとから変更ができるので、手軽に作成できます。インスタンス作成後に変更できない項目の入力ミスなどで、間違えてインスタンスを作成した場合でも、手軽に削除・再作成が可能です。

Compute Engineで利用できるOS

Compute Engineでは、インスタンスの作成時に、さまざまなOSを選択できます。OSは、OSを含めてパッケージ化されたデータである**イメージ**として公開されています。Compute Engineで利用できる主な公開イメージは次のものになります（2024年7月時点）。これらのイメージからOSのバージョンを選んで、インスタンスを作成します。

■主な公開イメージ

OS	説明
Debian	Debian Projectにより開発・供給されるLinuxディストリビューション。主なパッケージ管理システムはapt
Ubuntu	Canonical Ltdの支援により開発・供給されるDebianをベースとしたLinuxディストリビューション。主なパッケージ管理システムはapt
Rocky Linux	CentOSに代わるRHELクローンのLinuxディストリビューション。主なパッケージ管理システムは yum、rpm
openSUSE	openSUSEプロジェクトが開発・供給している無償のLinuxディストリビューション
Container Optimized OS	Dockerなどの実行に最適化された OS

公開イメージは基本的には無料ですが、公開イメージとは別にプレミアムイメージと呼ばれる有料のイメージもあります。

■プレミアムイメージ

OS	説明
Red Hat Enterprise Linux (RHEL)	Red Hatが開発してる業務向けのLinuxディストリビューション
SUSE Linux Enterprise (SLES)	SUSEが開発してる業務向けのLinuxディストリビューション
Windows Server	Microsoftから発売されているサーバー専用のWindows OS

なお、プレミアムイメージには、**オンデマンドライセンス**とサブスクリプション持ち込みの**BYOS（Bring-Your-Own-Subscription）**の2種類があります。どちらで提供されているかは、OSのバージョンなどによって異なります。オンデマンドライセンスの場合、Compute Engineの利用料にライセンス料が追加されます。BYOSの場合は、既存のサブスクリプションまたはライセンスを、Googleが提供しているイメージに適用できます。

Google Cloud Marketplace

Google Cloud Marketplaceとは、構築済みのブログサービスやデータベースといったソリューションを調達できるサービスです。Google Cloud Marketplaceを使うと、Google Cloudで動作するさまざまなソリューションをすばやくデプロイできるので、Google Cloudに慣れていない場合でもかんたんに使い始めることが可能です。

たとえば、Google Cloud Marketplaceなら、通常のイメージとして提供されているLinuxやWindowsなどではなく、FreeBSDなどのOSのイメージも調達できます。なお、Google Cloud Marketplaceでは、無料で公開されているものと有料で公開されているものがあります。

Google Cloud Marketplaceを使うとミドルウェア構築の手間が省けるのがメリットです。しかし、デフォルトの設定で問題がある場合は、アプリケーションなどのパラメーターやカーネルパラメーターなどをチューニングする必要があるというデメリットもあります。

「Compute Engineでこんなことができるのか」という参考にもなるので、一度目を通してみることをおすすめします。

■ Google Cloud Marketplace

- Compute EngineインスタンスはGoogle Cloudコンソールから手軽に作成可能
- 設定項目は必須項目と任意で入力できる項目が存在
- インスタンスの作成時にさまざまなOSを選択できる

25 Compute Engineの料金 ～使った分だけ払う従量課金制

Compute Engineは、使用量（使用時間）に応じて課金されます。一定の条件を満たすと料金の割引も行われるので、このような点も考慮しながら利用計画を立てるとよいでしょう。

Compute Engineの料金

Compute Engineの料金は、**従量課金制**です。使用量に応じて課金され、最初の1分を超えると、そのあとは1秒単位で課金されます。インスタンスを起動したあと、1分以内に停止した場合は、1分間分の料金が発生します。このように、Compute Engineは従量課金制なので、インスタンスの作成前に、月間コストの見積もりを算出してから作成することをおすすめします。

コストを算出する際は、主に次の3つの要素を考慮する必要があります。

- **インスタンスの利用料（マシンタイプによって変わる）**
- **OSの利用料（プレミアムイメージであれば別途料金が発生）**
- **ディスクの利用料（ディスクのタイプと容量によって変わる）**

なお、ネットワークの下り（外向き）のトラフィックにも料金がかかりますが、ネットワークの使用量は状況によって変動するため、まずは、上記の3要素からコストを算出しておくとよいでしょう。

■ コストの要素

利用料金の割引について

vCPU（仮想マシンにおけるCPU）とメモリの利用について一定の条件を満たすと、利用料金の割引があります。割引には**継続利用割引**と**確約利用割引**の2種類があります。

継続利用割引

継続利用割引が適用されるかどうかは、vCPUとメモリの使用時間によって決まります。vCPU1個または1GBのメモリの使用時間が、1カ月の25%を超えた場合に対象のリソースを継続利用すると、自動的に割引されます。

また、割引率は1カ月あたりの使用量に応じて高くなり、1カ月フルで稼働する場合は、最大30%の割引を受けられます。継続利用割引は、次のマシンタイプが対象です。マシンタイプごとに割引率が異なります。

- **N2、N2Dマシンタイプ、C2マシンタイプの場合は、最大20%の割引**

下記のマシンタイプの場合は、最大30%の割引になります。

- **N1マシンタイプ**
- **M1およびM2マシンタイプ**
- **f1-microおよびg1-smallマシンタイプ**
- **NVIDIA H100、A100およびL4 GPUタイプを除くすべてのGPUデバイス**

なお、インスタンスの作成画面には、料金の月間予測が表示されます。

■ インスタンス作成時に月間予測が表示される

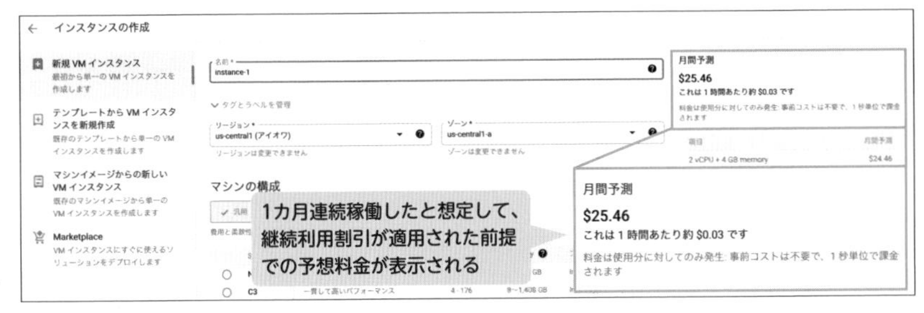

確約利用割引

確約利用割引とは、インスタンス料金を1年間または3年間支払うことを確約する代わりに、コンピューティングリソースを割引価格で購入できるしくみです。多くのマシンタイプで最大57%の割引が適用されます。またメモリ最適化マシンタイプの場合は、最大で70%の割引が適用されます。

インスタンスを年単位で利用し続けることが確定している場合は、確約利用割引を購入するとよいでしょう。ただし、一度確約利用割引を購入するとキャンセルできないため、注意が必要です。

利用料金の計算例

たとえば、Compute EngineでWindows Server 2019を利用する場合、次の図のような料金計算になります。

■料金計算の例

稼働条件

1:東京リージョン(asia-northeast1)で稼働
2:1ヶ月間継続稼働
3:外部IPは必要
4:メモリ32GB、vCPUは8個のn2-standard-8を利用
5:OSはWindows Server 2019
6:ブートディスクに標準Persistent Disk50GBの割り当て
7:外部ディスクにLocal SSD 375GBを割り当て

稼働条件から算出した料金

・asia-northeast1/n2-standard-8で1カ月フル稼働(1、2、4、6の要件)
 - $362.75/月・・・①
・Windows Server 2019の使用料(5の要件)
 - $134.32/月・・・②
・Local SSDの使用コスト(7の要件)
 - $39.00/月・・・③
・外部IPを利用(2、3の要件)
 - $3.65/月

①+②+③+外部IPの利用料 = $539.72/月 にネットワーク利用料を足したものが月あたりの利用料金

また、利用料金の算出にはGoogle Cloudが提供する「Pricing Calculator」というツールが利用可能です。

COLUMN インスタンスの推奨サイズ

インスタンスのサイズを変更せずに使い続けていると、Cloud Monitoringサービス(Google Cloudのリソース監視サービス)が、過去7日間の稼働実績にあわせて推奨サイズを提案してくれます。もし、実際にリソースが余剰になっている場合は、すぐに推奨サイズに変更できます。また、インスタンスにOpsエージェントというソフトウェアをインストールすると、さらに正確な提案が表示されます。

■ 推奨サイズに変更

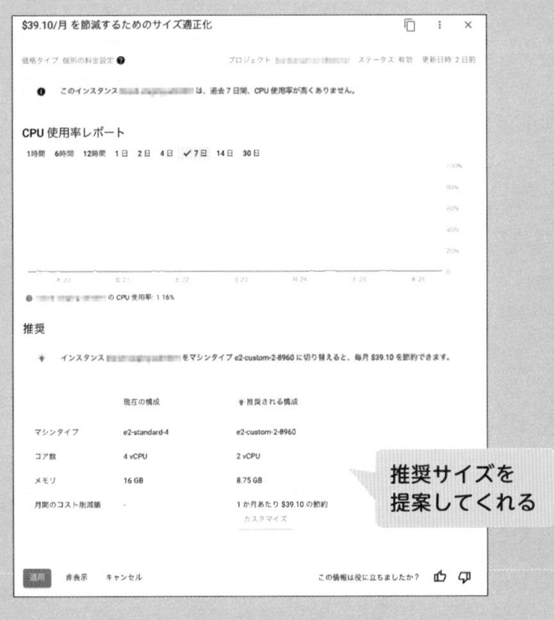

まとめ

- Compute Engineの料金は、従量課金制
- 割引には継続利用割引と確約利用割引の2種類が存在

26 マシンタイプ ～用途別にまとめられた仮想的なハードウェア

インスタンスで使えるvCPUなどのリソースは、インスタンスの作成時に選択するマシンタイプによって変わります。インスタンスを何に使うのか、用途を明確にしてから選ぶようにしましょう。

マシンタイプとは

マシンタイプとは、インスタンスとして使用できる仮想的なハードウェア（メモリサイズやvCPU数など）が用途にあわせてまとめられたもので、インスタンス作成時に選びます。マシンタイプは、汎用的なものから専門的な処理に向いているものまであるので、用途に応じて選ぶ必要があります。なお、インスタンス作成後でも、インスタンスを停止すれば、マシンタイプの変更は可能です。

■マシンタイプの種類

種別	主なマシンタイプ	説明	推奨する用途
汎用	N1、N2、N2D、C3、C3D、T2A、T2D、E2	一般的な幅広いロードワークに適合	一般的な用途（Webサーバーなど）
コンピューティング最適化	C2、H3	超高パフォーマンスでコンピューティング負荷の高いワークロードに適合	計算依存型ワークロード、ゲームサーバー、AI・機械学習
メモリ最適化	M1、M2、M3	メモリ使用量の高いワークロード向けに最大のメモリ対コンピューティング比率を実現	Redisなどのインメモリデータストア、ハイパフォーマンスDB、シミュレーション
アクセラレータ最適化	A2、A3、G2	NVDIAのGPUをベースとした高速なハイパフォーマンスコンピューティング向けに最適化	生成AIモデル、機械学習、超並列コンピューティング、自然言語処理
ストレージ最適化	Z3	ストレージ使用量の高いワークロード向けに最大のストレージ対コンピューティング比率を実現	ファイルサーバー、データベースサーバー、スケールアウト分析

マシンタイプの表記方法

マシンタイプの名称は「マシンタイプ-用途-vCPU数」という表記になります。たとえば「n2-standard-2」という表記は、マシンタイプが「N2」、用途が「standard（標準）」、vCPU数が「2」であることを表します。なお、メモリ容量は、standardでは1vCPUあたり約4GBなので、vCPU数が2の場合だと約8GBになります。

■ マシンタイプの名称

n2-standard-2

マシンタイプ　用途　vCPU数

マシンタイプのそのほかのオプション

マシンタイプには、次のようなオプションもあります。

共有コアマシンタイプ

マシンタイプには、**共有コアマシンタイプ**と呼ばれるオプションがあります。共有コアマシンタイプでは、CPUバースト機能（ベースラインを超えたパフォーマンスでインスタンスを稼働させること）が利用できます。CPUバースト機能は、バーストを利用するクレジット（CPU使用量の残高）をCPUを利用しないときに貯めておき、高負荷時にそのクレジットを利用してバーストします。コスト効率がよいため、主に開発やテストに適しています。

GPUの割り当て

一部のマシンタイプを使うと、GPUを割り当てたインスタンスを作成できます。作成する際は事前に、GoogleにGPUの割り当て申請が必要です。なお、GPUは、生成AIモデルや機械学習を利用したい場合に適しています。

スポット

インスタンスには**スポット**と呼ばれるオプションがあります。スポットはCompute Engineの余剰リソースを利用するオプションで、リソースの状況によっては、稼働中のインスタンスを強制停止される可能性があります。しかし、通常のインスタンスに比べて安く利用できるので、複数の処理を一連の流れで行うバッチジョブのようなユースケースに適しています。

■ スポットの制約

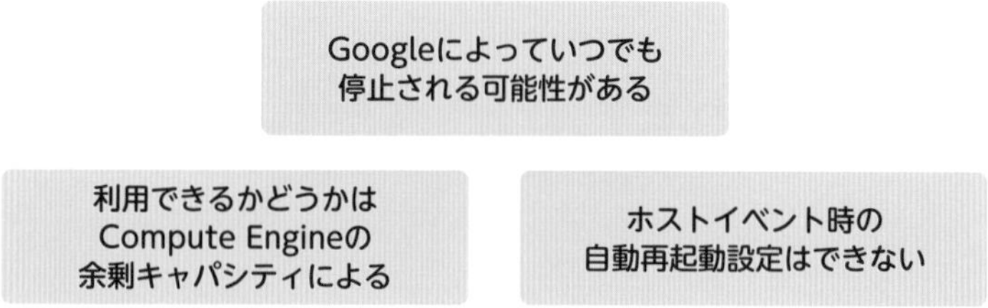

Googleによっていつでも
停止される可能性がある

利用できるかどうかは
Compute Engineの
余剰キャパシティによる

ホストイベント時の
自動再起動設定はできない

インスタンス削除の防止

インスタンスの削除を防止するオプションがあります。このオプションを使うと、Google Cloudコンソールで誤ってインスタンスを削除してしまうといったミスを防止できます。

インスタンスのカスタマイズ

Compute Engineには、これまで紹介したマシンタイプのほかに、**カスタムマシンタイプ**というタイプもあります。カスタムマシンタイプにすると、インスタンスのvCPUやメモリのサイズを、ユーザーが定義できます。また、マシンタイプをあとからカスタムマシンタイプに変更することも可能です。反対に、カスタムマシンタイプから通常のマシンタイプへの変更も可能です。カスタムマシンタイプは、たとえば、メモリはそのままでvCPUのみ増やしたいといったケースでよく使われます。

なお、カスタムマシンタイプのインスタンスは、次の制約を考慮して作成する必要があります。

- **vCPUは2の倍数でvCPUの最小許容数は2**
- **vCPUごとにメモリ容量の上限が存在**

■カスタムマシンタイプの利用例

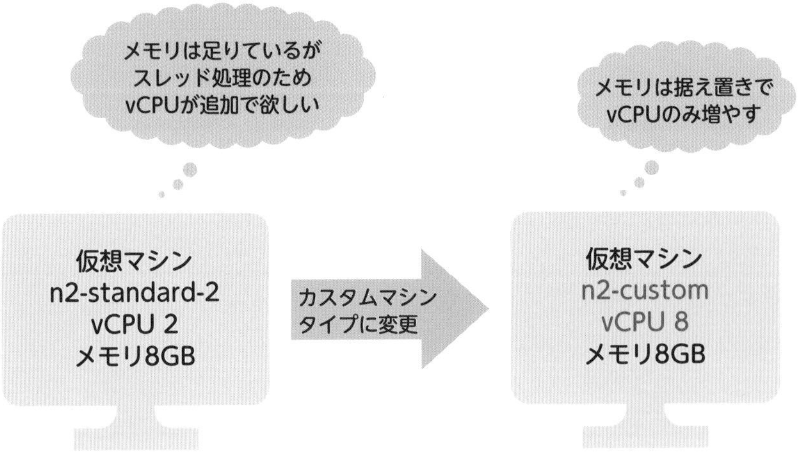

まとめ

- マシンタイプはインスタンスとして使用できる仮想ハードウェアが用途にあわせてまとめられたもの
- より安価なスポットというオプションがある
- カスタムマシンタイプは柔軟にリソースを定義可能

27 Compute Engineのストレージオプション ～利用できるストレージには種類がある

Compute Engineのインスタンスに追加できるストレージには、大きく、Persistent Disk、Hyperdisk、ローカルSSDの3種類があります。それぞれの特徴について解説していきましょう。

ストレージオプション

Compute EngineにはOSなどが入っているブートディスクがあります。ブートディスクは必ず永続ディスク（以降、Persistent Diskと表記）である必要があります。それ以外に追加のディスクを、外部ディスクとしてマウントできます。この追加するディスクを**ストレージオプション**と呼びます。Compute Engineで選べるストレージオプションには、大きく、Persistent Disk、Hyperdisk、ローカルSSDの3種類があります。

この3つのストレージオプションはいずれも、パソコンやサーバーの内蔵ディスクと同じように、インスタンスからアクセスできるストレージになります。

Persistent Disk

Persistent Diskは、後述のローカルSSDとは違い、インスタンスを停止または削除しても、データが削除されることはない点が特徴のストレージです。Persistent Diskはインスタンスとは独立して存在しているため、インスタンスを削除したあとでもほかのインスタンスに再度接続すれば、保存したデータを続けて利用できます。そのため、データを長期的に保持したいときに向いています。

Persistent Diskには、標準のPersistent Disk、SSDPersistent Disk、バランスPersistent Disk、エクストリームPersistent Diskの4つの種類があります（詳細はP.128参照）。種類によってディスク性能が異なり、性能が上がるほど利用料金が上がります。利用用途にあわせて、Persistent Diskの種類とサイズを選択しましょう。

またPersistent Diskには、信頼性という面で、**ゾーンPersistent Disk**と**リージョンPersistent Disk**という種類も存在します。ゾーンPersistent Diskは、1つのリージョン内の、1つのゾーンに存在します。対してリージョンPersistent Diskは、複数のゾーンに存在するディスクの間で、自動的にレプリケーションが行われます。

Hyperdisk

HyperdiskはPersistent Disk同様に、インスタンスを停止または削除しても、データが削除されることがないストレージです。また、Persistent Diskと比較して、パフォーマンス、柔軟性、効率が大幅に向上しています。パフォーマンスとボリュームを調整した構成が可能で、動的にサイズ変更ができます。

ローカルSSD

ローカルSSDは、Persistent Diskよりも高速にアクセスできるので、ディスクへの書き込みが非常に多いアプリケーションやミドルウェアを利用するときに使います。Persistent Diskとは違って、ローカルSSDは、**インスタンスを停止または削除した際にディスク領域のデータも削除される**ので、長期的なデータの保存には向いていません。しかし、そのトレードオフとして、非常に高いディスク性能を出すことが可能です。

■ 3種類のストレージオプション

Persistent Disk	Hyperdisk	ローカルSSD
・インスタンスを停止または削除しても、データが削除されない ・データを長期的に保存したい場合に向いている	・インスタンスを停止または削除しても、データが削除されない ・Persistent Diskよりパフォーマンス、柔軟性、効率が向上している	・インスタンスを停止または削除した際に、データが削除される ・トレードオフとして、非常に高いディスク性能を出すことが可能

■ストレージの種類

種類	概要	ディスク1つあたりの容量	ゾーン／リージョン
標準の Persistent Disk	標準的なHDDに保存される、効率的で信頼性の高いブロックストレージ	ゾーン: 10GB - 64TB、リージョン：200GB - 64TB	ゾーン・リージョン
SSD Persistent Disk	高速で信頼性の高いブロックストレージ	10GB - 64TB	ゾーン・リージョン
バランス Persistent Disk	費用対効果に優れた信頼性の高いブロックストレージ	10GB - 64TB	ゾーン・リージョン
エクストリーム Persistent Disk	IOPSをカスタマイズ可能で最高水準のパフォーマンスを実現するPersistent Diskのブロックストレージ オプション	500GB - 64TB	ゾーン・リージョン
バランス Hyperdisk	要求の厳しいワークロード向けの高パフォーマンスディスク。比較的低料金	4GB - 64TB	ゾーン
エクストリーム Hyperdisk	IOPSをカスタマイズ可能で最速のブロックストレージオプション	64GB - 64TB	ゾーン
スループット Hyperdisk	スループットをカスタマイズ可能でコスト効率に優れたブロックストレージ	2TB - 32TB	ゾーン
ローカルSSD	高パフォーマンスのローカルブロックストレージ	375GB	ゾーン

まとめ

- **ストレージオプションには大きく、Persistent Disk、Hyperdisk、ローカルSSDの3種類がある**
- **Persistent Disk や Hyperdisk は、パソコンやサーバーの内蔵ディスクと同じように、インスタンスからアクセスできるディスク**
- **ローカルSSDは、Persistent Diskよりも高速にアクセスできる**

28 Compute Engineへのアクセス方法
～アクセスするには複数の方法がある

Compute Engineインスタンスを作成したら、Compute Engineにアクセスして構築や開発が行えるようになります。インスタンスへのアクセス手段はいくつか種類があるので、代表的なアクセス手段を紹介しましょう。

gcloudコマンドを使ったアクセス

Cloud ShellでCompute Engineにアクセスする際は**gcloudコマンド**を使います。Cloud Shellとは、Google Cloudコンソールから操作できるコマンド実行環境を提供するものです。パソコンやスマートフォンなどのさまざまなデバイスで利用できます。またローカルの端末からsshで接続する際は、初回のみ「gcloud compute ssh」というコマンドを実行してログインします。これによりインスタンスにSSHキーが登録されるので、以降は、sshコマンドでリモートログインできます。なお、この方法でアクセスするにはCompute Engineに外部IPを設定する必要があります。外部IPが不要な接続方法として、「Cloud IAP」を利用する方法があります。詳細は本節最後のコラムを参照ください。

■ gcloudコマンドを使ったアクセス

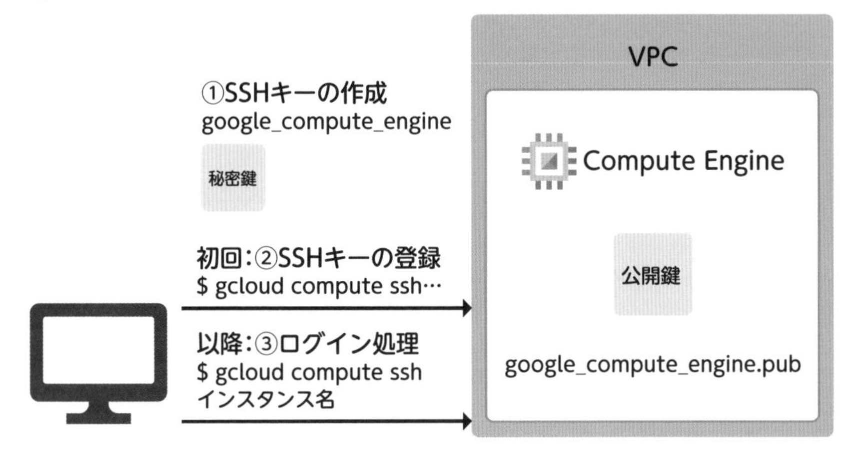

インスタンスに付与される外部IPアドレス

Compute Engineインスタンスをデフォルトの設定で作成すると、外部IP（外部からの接続に使うためのIPアドレス）として、**エフェメラル（短命）なIPアドレス**が付与されます。このIPアドレスは、インスタンス停止後の再起動などにより変わることがあります。

gcloudコマンドを実行し、SSH接続する場合は問題ありません。しかし、ターミナルやSSHクライアントからsshコマンドで接続する際や「https://」でアクセスする場合は、IPアドレスが変わると接続できなくなってしまうので不便です。そのためCompute Engineでは、IPアドレスが変わらないように、**外部IPを固定することもできます。**外部IPを固定すると「.ssh/configファイル」でSSH接続を管理したり「https://」でアクセス先をブックマークしたりすることが可能になります。

なお、IPアドレスはリージョンごとに割り振られるので、ほかのリージョンで取得したIPアドレスを、それとは別のリージョンのインスタンスに設定することはできません。また固定したIPアドレスは、使われていない場合でも課金の対象になるので、注意しましょう。

■ エフェメラルIPと固定IP（静的IP）

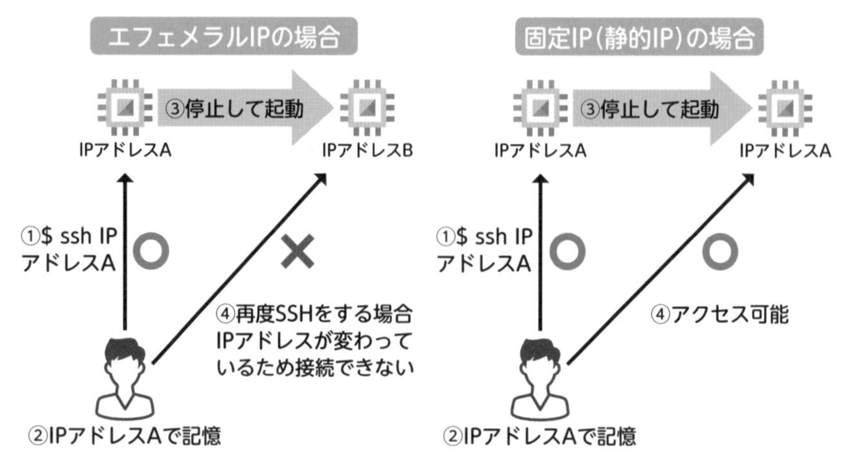

外部IPを使わずにアクセスする方法

外部IPを持たないインスタンスへのアクセスには、主に2つの方法があります。

1つ目は、内部IPを使用する方法です。同一VPC内のインスタンス間であれば、内部IPアドレスでアクセス可能です。

2つ目は、**Cloud Identity-Aware Proxy（Cloud IAP）**を使用する方法です。VPC内ではなく、インターネットを経由してインスタンスに接続したい場合に使います。Cloud IAPとは、Compute Engineなどのサービスに対するアクセスをGoogleアカウント単位のアクセスに制限して、不正アクセスから保護する機能のことです。Cloud IAPを使うと、送信元のIPアドレスではなく、接続するアカウント単位でのアクセス管理となるため、ファイアウォールに行う変更作業（IPアドレスを許可する設定の追加など）を省けます。Cloud IAPを利用すると、外部からのパブリックアクセスを遮断した上でインスタンスに入れるため、インスタンスのセキュリティが向上します。

ただし、インスタンスからインターネット経由で外部に通信する場合は、外部IPを持たないと通信できないため、Cloud NAT（P.159参照）で送信用のNATゲートウェイを構築する必要があります。

■ Cloud IAPを利用したアクセス

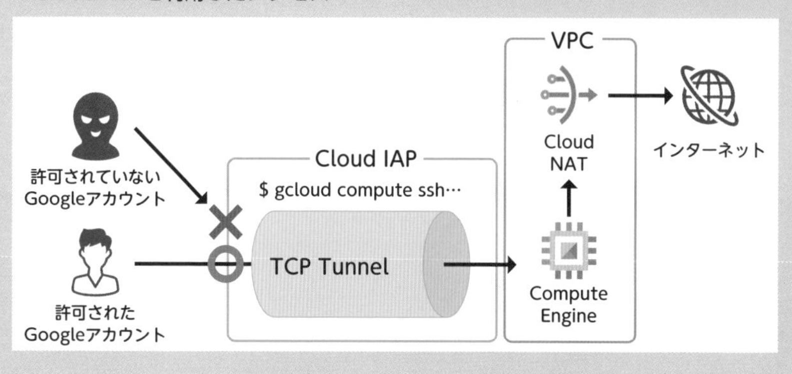

まとめ

- Compute Engineにはさまざまなアクセス方法がある
- 外部IPは固定できる

29 インスタンスのバックアップ ～インスタンスの復元に利用できる

バックアップは、障害発生時にインスタンスを復元するための有効な手段です。バックアップする方法には、スナップショット、カスタムイメージ、マシンイメージの3種類あります。それぞれの特徴について解説しましょう。

スナップショット

スナップショットとは、ある時点のPersistent Diskから、増分的にデータをバックアップしたものです。スナップショットで現在の状態を取得しておくと、それを使って新しいディスクにデータを復元できるようになります。ただし、スナップショットには仮想マシンのメタデータやタグはバックアップされません。また、スナップショットのディスクサイズは縮小できません。

スナップショットの取得は、毎時から毎週といった単位でスケジューリングが可能です。また、スナップショットが削除されるまでの期間を、日単位で指定することもできます。スナップショットを取得する頻度が高いと、ストレージ料金とネットワーク料金（バックアップの際に発生するCloud Storageへの通信コスト）がかかるので、スナップショットの取得は計画的に実施しましょう。なお、スナップショットは、インスタンスを停止することなく取得可能です。

■スナップショットの取得

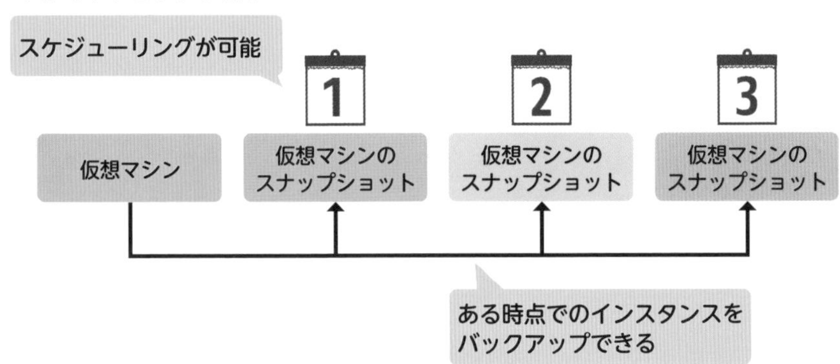

カスタムイメージ

カスタムイメージとは、ユーザーが作成したイメージのことです。既存のインスタンスやスナップショットをもとに作成できるので、既存のインスタンスの状態を保ち、ミドルウェアのインストールや設定が行われた状態で作成できます。スナップショットと違い、カスタムイメージでのバックアップは、差分バックアップではなくフルバックアップで取得されます。

また、カスタムイメージはプロジェクト間でも共有できます。たとえば、開発環境と本番環境のプロジェクトが分かれている場合は、開発環境のインスタンスをもとにカスタムイメージを作成し、それを本番環境のプロジェクトに展開するといった方法がとれます。

カスタムイメージの具体的な利用例として、ある仮想マシンを冗長構成にするケースを考えてみましょう。インスタンスを増やして冗長構成にする場合、ロードバランサの追加、インスタンスの追加、インスタンス内の環境構築といった作業が必要です。

増やしたインスタンス（図でいうと仮想マシンBとC）は、仮想マシンAと同じ環境を作るだけなので、仮想マシンAのカスタムイメージを利用すれば、ミドルウェアのインストールやアプリケーションの設定などを省略できます。このように、カスタムイメージを利用すると、環境構築の手間を省いて効率よく増設作業を行えます。

■ カスタムイメージを使った増設

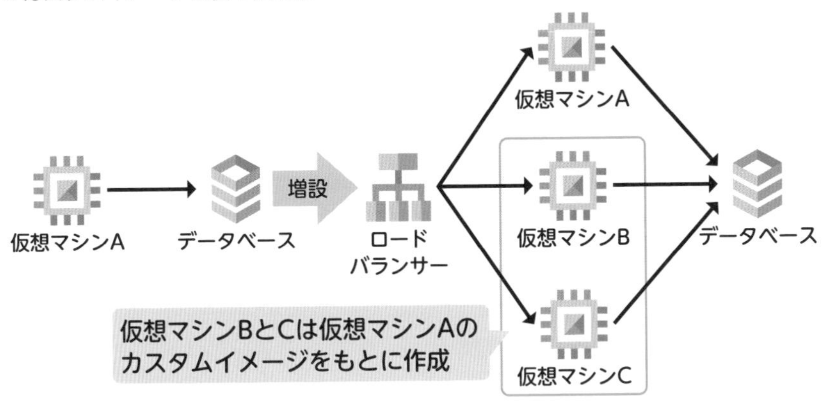

マシンイメージ

スナップショットやカスタムイメージは、個々のディスクだけをバックアップするものですが、**マシンイメージ**では、インスタンス全体をバックアップします。そのため、インスタンスに接続した複数ディスクをまとめてバックアップできます。また、ディスクの内容だけではなく、インスタンスの構成（マシンタイプやインスタンスメタデータラベル、ネットワークタグ、メンテナンスポリシーなど）もバックアップされます。ファイアウォール（P.148参照）の設定もそのまま引き継げるため、起動後にターゲットタグ（P.151参照）などの設定をする必要もありません。

■ マシンイメージ

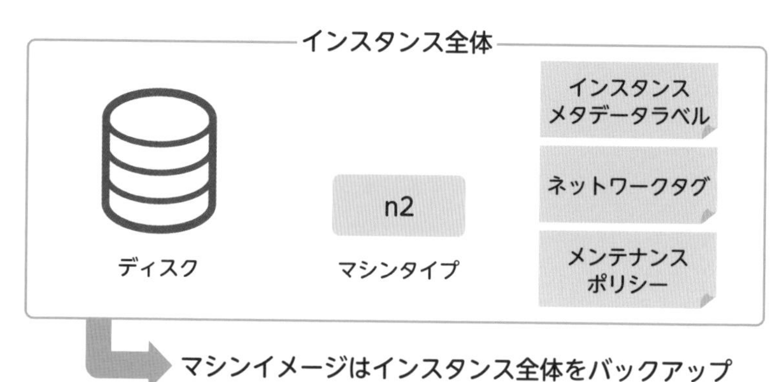

- インスタンスのバックアップはスナップショット、カスタムイメージ、マシンイメージの3種類存在する
- スナップショットは、ある時点のPersistent Diskから、増分的にデータをバックアップしたもの
- カスタムイメージとは、ユーザーが作成したイメージのこと
- マシンイメージは、スナップショットやカスタムイメージと違い、インスタンス全体をバックアップできる

5章

ネットワークサービス「VPC」

Google Cloudではさまざまなネットワークサービスが提供され、セキュアかつ柔軟なネットワークを構成できます。デフォルトのネットワークも提供されているので、複雑な初期設定をせずに、すぐに使い始められます。

Google Cloudのネットワーク ～安全で高速なネットワーク

Google CloudのネットワークサービスであるVPCを学ぶ前に、まずはGoogle Cloudのネットワーク全体の特徴を理解しておきましょう。Google Cloudのネットワークには、いくつか特徴があります。

Google Cloudの巨大なネットワーク

Google検索やGmail、YouTubeといったGoogleのサービスを支える巨大なネットワークインフラは、毎年巨額の投資が行われており、より高いパフォーマンスを目指して日々進化を続けています。Google Cloudのネットワークには、Googleのサービスを支えるネットワークと同じものが使用されています。Google Cloudのネットワークには、次のような特徴があります。

より安全により高速に

第2章でも触れたGoogle独自の技術によって最適化された、グローバルでハイパフォーマンスなネットワークを、安全に利用できます。

拡張性と柔軟性

Googleのネットワークは多くの機能が、ソフトウェアによってネットワークを定義する技術であるSDN（Software Defined Network）によって実現されており、高い拡張性と柔軟性があります。

■ Google Cloudのネットワーク

グローバルで
ハイパフォーマンス

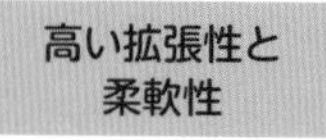

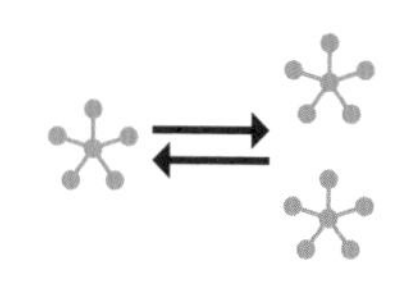

Google Cloudのネットワークサービスを理解するには

本章の内容を理解するには、**第3章の「リージョンを選ぶポイント」を押さえておく必要があります。**多くのGoogle Cloudのサービスは、初期設定時にリージョンやゾーンを指定する必要があります。「エンドユーザーから物理的に最も近いリージョンはどこか」「海外のリージョンを利用してもよいのか」といった内容を事前に調査して、「どのリージョン・ゾーンでホストするのか」を決める必要があります。

COLUMN Google Cloudにおけるデフォルトの設定

Google Cloudでは何らかのサービスを利用する際、いきなり高度なネットワーク設定をユーザーに求めることはありません。リソースの作成と同時に、ネットワークの設定を裏側で行ってくれるサービスがほとんどです。ユーザーがよりスピード感を持って使えるよう、また注力したい部分にコストを割けるようにさまざまな工夫がされています。

「すぐ試したい」「まずは小さなスケールで検証したい」といった場合は、デフォルトの設定を使って、作りたいシステムが実現できそうかを判断するとよいでしょう。

まとめ

- **Google CloudはGmailやYouTubeと同じネットワークインフラを使用**
- **Google Cloudのネットワークには、安全で高速、高い拡張性と柔軟性などの特徴がある**
- **ネットワークサービスを理解するには、リージョンやゾーンの理解が必須**

31 VPC ～仮想ネットワークサービス

VPCは数あるGoogle Cloudのサービスの中でも、非常に重要なサービスです。さまざまなサービスと関わりが深いので、機能や特徴についてしっかり押さえておきましょう。

VPCとは

Virtual Private Cloud（以下、VPC）は、Google Cloud内に論理的に構成された仮想ネットワークを提供するサービスです。VPCは、クラウド上のリソースやサービスに、グローバルなネットワーキングを提供します。また拡張性と柔軟性に優れており、セキュアなネットワークの設定がかんたんに行えます。

ここでは、VPCに用意されている機能を紹介します。クラウドに限らず、インフラの運用経験がある人には、お馴染みの機能もあるでしょう。

■VPCの機能一覧

サービス名	概要
VPCネットワーク	Google Cloud内に構成される仮想ネットワーク
外部IPアドレス	主にインターネットへのアクセスに使うIPアドレス（外部IPアドレス）
ファイアウォール	接続の許可または拒否を行う
ルート	ルーティングの設定
VPCネットワークピアリング	VPCネットワーク同士の接続
共有VPC	異なるプロジェクトでVPCを共有
サーバーレスVPCアクセス	サーバーレスなGoogle CloudサービスからVPCへの接続
パケットのミラーリング	検査用にトラフィックのクローンを作成

VPCネットワーク

VPCネットワークとは、Google Cloud内に構成される、仮想ネットワークのことです。VPCの中心となる機能で、VPCネットワークのことを指してVPCと呼ぶ場合もあります。

VPCネットワークは、Andromedaと呼ばれるGoogle独自の技術を活用したネットワークです。VPCネットワークを使用すると、複数のサブネットをルーターで接続した、物理ネットワークと同等のグローバルネットワークが構築可能です。ただ、物理ネットワーク環境とGoogle Cloudで管理される仮想ネットワーク環境であるVPCには細かな違いがあることも留意する必要があります（ブロードキャスト、マルチキャストは使用できないなど）。なお、1つのVPCネットワークには複数のリージョンを収容できます。

■ VPCネットワーク

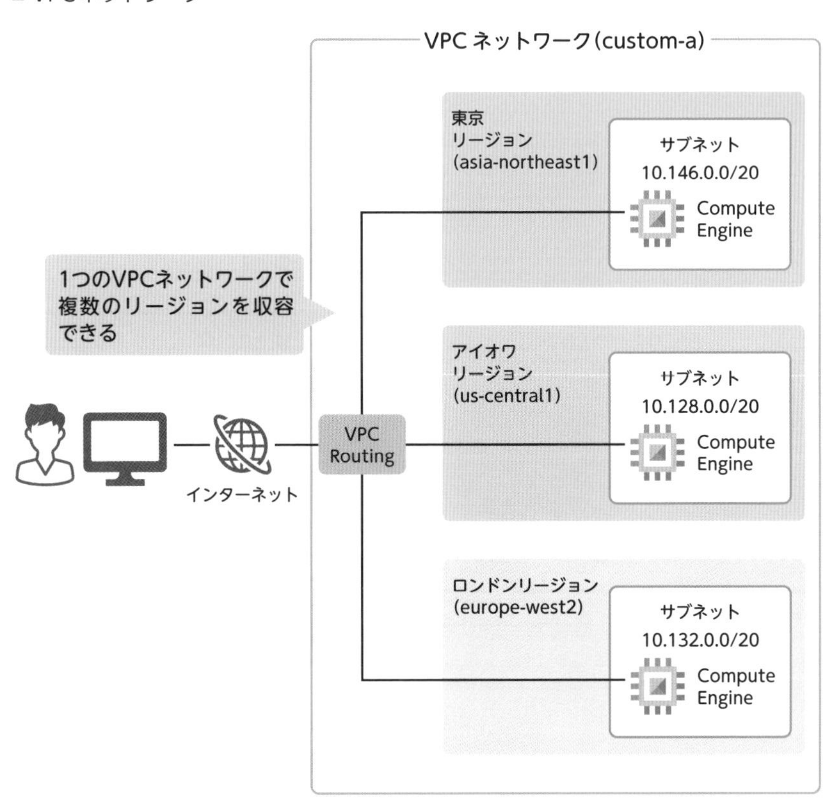

Google Cloudのコンピューティングサービスをつなぐ

VPCネットワークは主に、コンピューティングサービスであるCompute Engineインスタンスや Google Kubernetes Engine（コンテナ）、App Engineフレキシブル環境に対するネットワーキングを提供します。仮想マシンやコンテナを作成または起動すると、作成時に紐付けられたVPCネットワークのサブネットのIPアドレスから、**内部IPが自動的に割り当てられます。**この内部IPが割り当てられることで、マシン同士の通信が可能になります。なお、VPCネットワーク内の特定の内部IPを固定的に割り当てることも可能です。

■ 各リソースのネットワーキングを提供

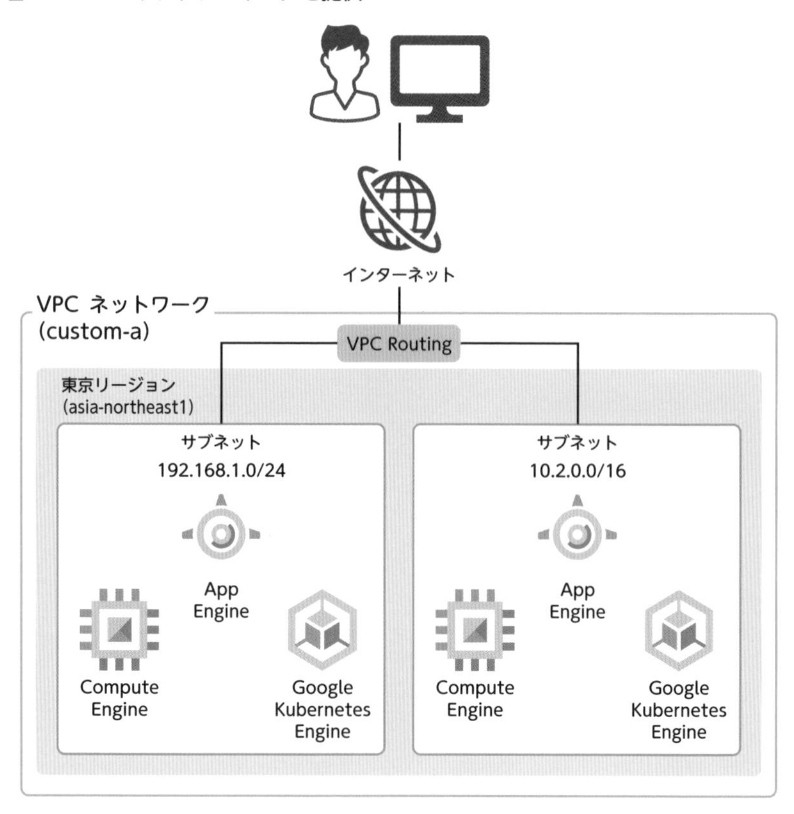

リソース同士の通信

仮想マシンなどのリソース同士は、同じVPCネットワークを使用していれば、**異なるサブネットに属していても特別なルーティングの設定なしに通信が可能**です。しかし、異なるVPCネットワーク間で通信を行いたい場合は、VPCネットワークピアリングの設定が必要です（ほかにもCloud VPNを使った接続方法などがあります）。VPCネットワークピアリングについては第36節（P.153参照）で解説します。

5 ネットワークサービス「VPC」

■ リソース同士の通信

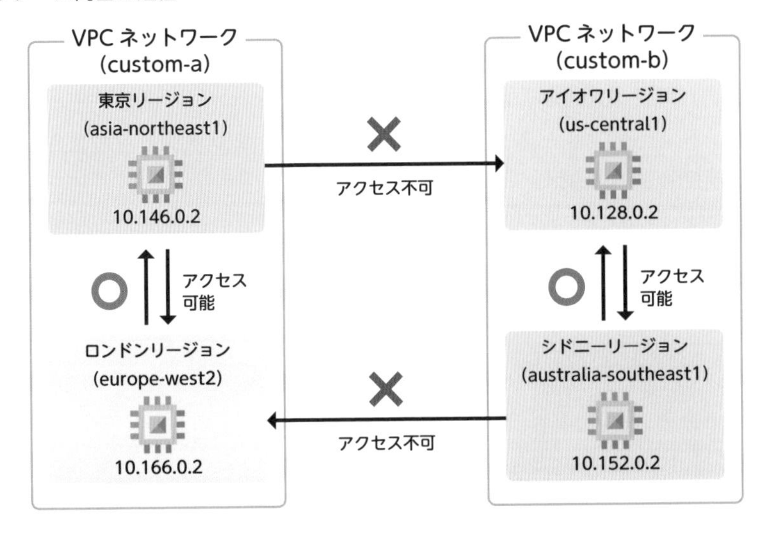

まとめ

- VPCは、Google Cloud内に論理的に構成された仮想ネットワークを提供するサービス
- VPCネットワークとは、Google Cloud内に構成される仮想ネットワークのこと
- 同じVPCネットワークを使用していれば、異なるサブネットに属していても特別なルーティングの設定なしに通信が可能

32 デフォルトネットワーク ～自動で作成されるネットワーク

実際にVPCネットワークを設定するのは大変そう、と心配になる人もいるでしょう。Google Cloudではdefaultという名前のVPCネットワークが自動で作成されるので、特別な設定をしなくてもすぐに使い始めることができます。

「default」という名前のVPCネットワーク

Google Cloudでプロジェクトを作成すると、自動で「**default**」という名前のVPCネットワーク（以下、**デフォルトネットワーク**）が作成されます。デフォルトネットワークでは、**あらかじめ各リージョンにサブネットが用意されています**。前節で述べた通り、同じVPCネットワークに属するリソースなら、異なるサブネットの間でも特別なルーティングの設定なしに通信が可能です。そのためデフォルトネットワークを使えば、リージョンをまたいだグローバルな通信がすぐに行えます。VPCをリージョンごとに作成して、各ネットワークをつなぐ（ピアリングする）といった作業は不要です。

■ デフォルトネットワーク

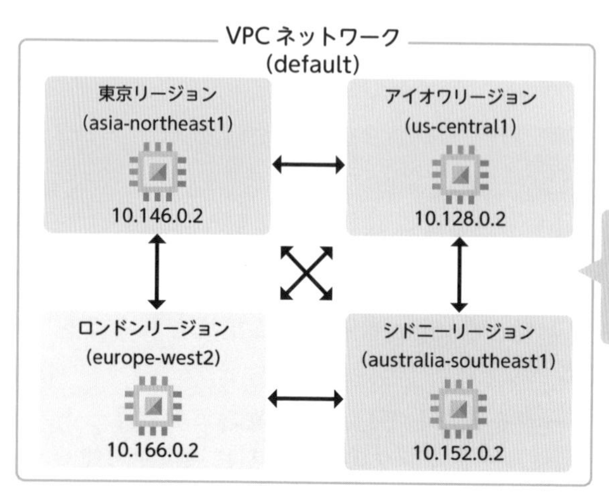

デフォルトネットワークなら初期設定が不要

Google Cloudのリソースの多くは、作成時にVPCネットワークの選択が必要です。「ひとまずGoogle Cloudのリソースを試してみたい」といった場合は、デフォルトネットワークを使用すれば、すぐに動作確認を始められます。なお、リソースを作成する際は、使用するネットワークの設定を変更しない限り、デフォルトネットワークが選択されます。ただしデフォルトネットワークは、IPアドレスが事前に割り当てられている点や、新しいリージョンができた場合も新しいIPアドレスが自動的に割り当てられるといった点で柔軟性には欠けるので、本番環境では手動でVPCネットワークを作ることをおすすめします。

■ デフォルトネットワークなら初期設定不要

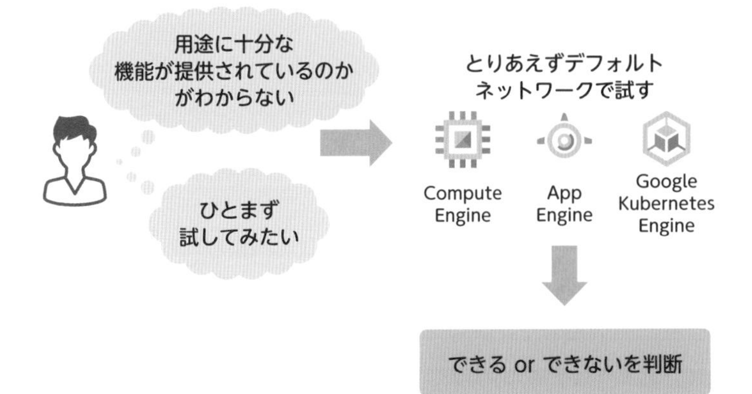

まとめ

- プロジェクトを作成するとデフォルトネットワークが作成される
- デフォルトネットワークでは、あらかじめ各リージョンにサブネットが用意されている
- ひとまず試したい場合は、デフォルトネットワークを使用するとよい

33 サブネット
〜Google Cloudにおけるサブネットの扱い

サブネットとは、あるネットワークを分割した小さなネットワークのことです。VPCを使う場合、サブネットの扱いについて押さえておく必要があります。ここでは、サブネットについて学びましょう。

サブネットとは

サブネットとは、あるネットワークを分割した小さなネットワークのことです。ネットワークの分割とは、ネットワークのIPアドレスを論理的に分割することを指し、これを「サブネット化」といいます。またサブネットは、IPアドレスのあとに「/24」といった数字を書く**CIDR表記**と呼ばれる方法で表記します。この数字によって、IPアドレスの範囲を表現します。

Google Cloudにおけるサブネット

Google Cloudでは、サブネットはVPCネットワーク内に定義します。またサブネットは**リージョンリソース**です。リージョンリソースとは、必ずどこかのリージョンに属する必要があるリソースのことです。つまり、サブネットを作成する際は必ずどこかのリージョンを指定する必要があります。また、サブネットは複数のゾーンにまたがって使用できます。

なお、サブネットは1つのVPCネットワークに複数作成できますが、同じVPCネットワークに、IPアドレス範囲が重複するサブネットは作成できません。

■ サブネットはVPCネットワークとリージョンに属する

サブネットはリージョンに依存する

作成した仮想マシンなどのリソースに適用するサブネットは、**リソースを利用したいリージョン（地域）と同じにする必要があります。** そのため、リソースを配置したいリージョンと同じリージョンに紐付くサブネットを、リソースを作成する前に用意しておく必要があります。たとえば、日本に住む人をメインターゲットにしたアプリケーションを構築する場合を考えてみましょう。仮想マシンに保存するデータも日本に置きたい場合は、東京リージョンか大阪リージョンにデータを置くことになります。そのため東京リージョンか大阪リージョンに、事前にサブネットを作成する必要があります。

ただし、前節で紹介したデフォルトネットワークを使用すれば、各リージョンにサブネットが自動で作成されているので、すぐに試すことができます。もし、デフォルトネットワークを使用しない場合は、VPCネットワークを作成する際に、利用目的に応じてサブネットを作成するモード（次節参照）を選択する必要があります。

■ データを保存したいリージョンにサブネットを作る必要がある

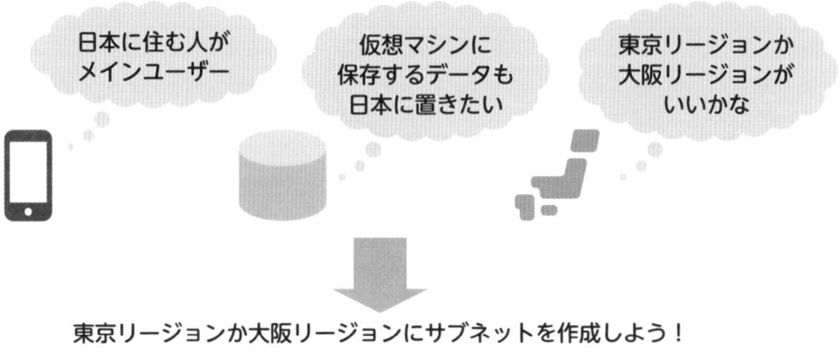

日本に住む人がメインユーザー

仮想マシンに保存するデータも日本に置きたい

東京リージョンか大阪リージョンがいいかな

東京リージョンか大阪リージョンにサブネットを作成しよう！

まとめ

- サブネットはVPCネットワーク内に定義する
- サブネットはデータを保存したいリージョン（地域）と同じにする必要がある

34 VPCネットワークの2つのモード ～サブネットを作成する2つの方法

VPCネットワークを作成する際、サブネットを自動で作成するかカスタマイズするかを選べます。目的に応じて適切な方法を選べるようになるために、それぞれの特徴やユースケースを理解しておきましょう。

VPCネットワークには2つのモードがある

VPCネットワークには、各リージョンのサブネットを自動で作成する**自動モードVPCネットワーク**と、ユーザーがサブネットの範囲を決めカスタマイズする**カスタムモードVPCネットワーク**があります。VPCネットワークを作成する際、どちらかのモードを選択する必要があります。Google Cloudのサービスをすぐに試したい場合は、自動モードVPCネットワークを利用するとよいでしょう。また、本番環境の構築には、カスタムモードVPCネットワークが推奨されます。

なお、一度カスタムモードVPCネットワークを選択すると、自動モードVPCネットワークに変更することはできないので注意しましょう。自動モードVPCネットワークに変更するには、そのVPCネットワークを削除して、作り直す必要があります。

■ サブネットを作成する2つの方法

自動モードVPCネットワーク	カスタムモードVPCネットワーク
各リージョンのサブネットを自動で作成する	ユーザーがサブネットの範囲を決めカスタマイズする

自動モードVPCネットワークの使いどころ

自動モードVPCネットワークのユースケースを紹介します。

- **各リージョンにサブネットが自動で作成されると便利な場合**

自動モードにしておけば、Google Cloudに新リージョンが追加されても、自分でサブネットを追加する手間を省けます。

- **特定のIPアドレスの範囲を使用する予定がない場合**

特定の目的（オンプレミスの環境に接続するなど）でIPアドレス範囲を確保する必要がないなら、自動モードで問題ないでしょう。

- **手軽にGoogle Cloudを始めてみたい場合**

サブネットが自動で作られるので、手軽にGoogle Cloudを始められます。

カスタムモードVPCネットワークの使いどころ

カスタムモードVPCネットワークのユースケースを紹介します。

- **各リージョンにサブネットを自動的に割り当てる必要がない場合**

特定のリージョンのみ使う際は、カスタムモードにするのも1つの方法です。

- **割り当てるIPアドレス範囲を、カスタマイズする必要がある場合**

高度なネットワーク設定を行いたい場合（本番環境など）には適しています。

- **VPCネットワーク間を接続したい場合**

自動モードVPCネットワークのように、同じIPアドレス範囲を利用しているVPC同士は接続できないため、VPCネットワーク間を接続したい場合は、カスタムモードを使います。

まとめ

- **VPCネットワークには、自動モードVPCネットワークとカスタムモードVPCネットワークがある**

35 ファイアウォール ～通信制御を行うしくみ

ネットワーク通信を制御するには、ファイアウォールは必須ともいえるサービスです。Google Cloudでも、ファイアウォールを使ってリソース間の通信制御を行えます。ファイアウォールを設定する際の項目や、対象と紐付ける方法についても解説します。

ファイアウォールとは

ファイアウォールとは、コンピュータやネットワークとの通信を、管理者などが設定したポリシーに従って、許可または拒否するセキュリティ機能のことです。たとえば、クラウドの外からアクセスしてくるユーザーの端末と仮想マシン（Compute Engine）間のネットワーク通信を制御できます。あるいは、仮想マシンや、仮想マシン上で稼働するサービス（Google Kubernetes Engineクラスタや App Engine フレキシブル環境など）といったリソース間のネットワーク通信を制御することもできます。

■ファイアウォールの概要

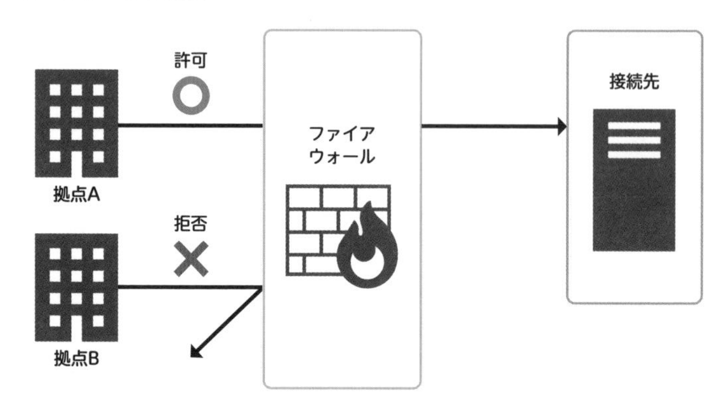

ファイアウォール ルール

Google Cloudでは、ユーザーが定義した**ファイアウォール ルール**を利用して、Compute EngineやGoogle Kubernetes EngineといったGoogle Cloudのサービスへのアクセスを制御できます。制御対象のプロトコルには、TCP、UDP、ICMP、AH、ESP、SCTPなどが指定できます。プロトコルとは、送受信の方法やデータの表現方法といった、通信する際のルールのことです。なお、Google Cloudではファイアウォール ルールの有無に関係なく、外部IPアドレスのTCPポート25（SMTP）を宛先とする通信は通常許可されません。

■ ファイアウォール ルール作成時の入力項目

項目	説明
名前	ファイアウォール ルールの名前
説明	ファイアウォール ルールの説明
ログ	Cloud Loggingにログを出力するかどうかを設定する
ネットワーク	対象のVPCネットワーク
優先度	ほかのファイアウォール ルールとの優先度
トラフィックの方向	トラフィックの上り／下り
一致した時のアクション	トラフィックの許可／拒否
ターゲット	ファイアウォール ルールの対象範囲（すべての仮想マシン、指定されたターゲットタグ、指定されたサービスアカウント）
送信元／宛先フィルタ	特定のIPアドレス範囲にルールを適用するフィルタのこと。上りトラフィックのファイアウォール ルールにはソースタグ、サービスアカウントも選択可能
プロトコルとポート	ルールを適用するプロトコルとポート番号

なお、最近では新しいファイアウォールの機能として、**ファイアウォールポリシー**が使えます。これからもファイアウォール ルールは使い続けられますが、より高度な機能などはファイアウォールポリシーで提供されているので、今後、Google Cloudを導入する場合は、検討してみるとよいでしょう。

ファイアウォール ルールには優先度を設定できる

ファイアウォール ルールは、複数設定することが可能、かつ、優先度を設定できます（優先度の値が小さいほど優先されます）。

たとえば以下の2つのルールが存在している場合を考えてみましょう。

- **特定IPアドレス（AAA.AAA.AAA.AAA、BBB.BBB.BBB.BBB）からのSSHを拒否（優先度の値は1000）**
- **特定IPアドレス（AAA.AAA.AAA.AAA）からのSSHを許可（優先度の値は100）**

ファイアウォールには「まずすべてのアクセスを禁止した上で、その上で必要なものを個別に許可する」という考え方があります。

上記の場合、拠点Aと拠点Bからのアクセスを拒否するルールがありますが、先に優先度100のルールが評価されるので拠点Aからはアクセスできます。

■ ファイアウォールの優先度の評価

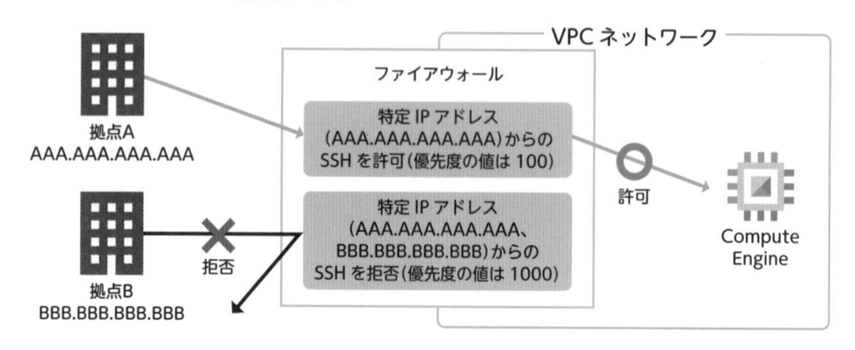

ファイアウォール ルールでは上りか下りかを指定する

Google Cloudのファイアウォール ルールを作成する場合、トラフィックの上り（外部からリソースに対してのアクセス）か下り（リソースから外部に対してのアクセス）を指定します。送受信のそれぞれにルールを設定する場合は、上りのルールと下りのルールを個別に作成します。

ファイアウォール ルールと対象の紐付け

ファイアウォール ルールと対象の仮想マシンを紐付けるには、**ターゲットタグ**を使います。ファイアウォール ルールで指定するターゲットタグとして、対象の仮想マシンのネットワークタグ（P.114参照）を設定することで、紐付けができます。また、対象の仮想マシンの役割ごとにネットワークタグを用意して、ファイアウォールを使い分けることが可能です。1つの仮想マシンに対して複数のネットワークタグが定義でき、同様にファイアウォールにおいても複数のターゲットタグを指定できます。また、VPCネットワーク上のすべての仮想マシンに適用したり、指定のサービスアカウントに適用したりといった指定も可能です。

■ ターゲットタグにネットワークタグを指定して紐付け

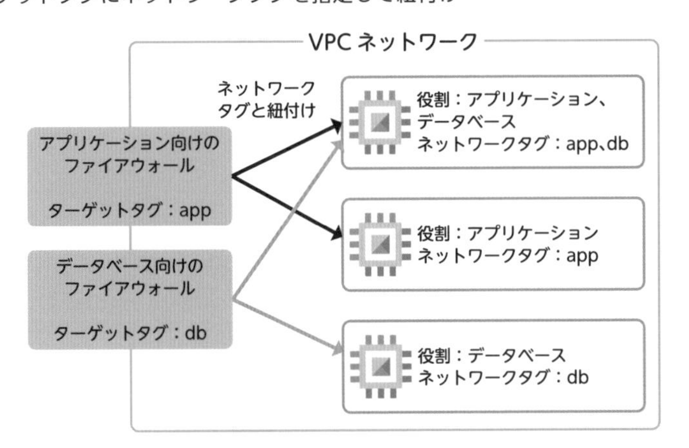

送信元／送信先フィルタ

送信元／送信先フィルタでは、特定のIPアドレス範囲を送信元／送信先としたルールを適用するフィルタを設定します。送信元／送信先のIPアドレスを指定する「IP範囲」や、上りのファイアウォール ルールの場合は、タグの付いたソースからのトラフィックのみ許可する「ソースタグ」を指定して、設定します。

デフォルトのファイアウォール

プロジェクトを作成した際に作成されるデフォルトネットワークには、デフォルトのファイアウォール ルールが存在します。このルールには、上りに対して優先度が一番低く設定された以下のルール名が存在します。

■ デフォルトのファイアウォール ルール

ルール名	ターゲット	プロトコルとポート	概要
default-allow-ssh	すべてに適用	TCPポート22	SSH接続の許可
default-allow-rdp	すべてに適用	TCPポート3389	リモートデスクトップ接続の許可
default-allow-icmp	すべてに適用	ICMP	ICMPプロトコルの許可
default-allow-internal	すべてに適用	TCPポート0～65535、UDPポート0～65535、ICMP	内部IPに対しての許可ルール

内部IP同士の通信許可である「default-allow-internal」というファイアウォール ルール以外は、任意の送信元である「0.0.0.0/0」がIP範囲として定義されています。これは広い範囲での許可となり、セキュリティの脅威になります。アクセスを制限するためにもユーザー自身でファイアウォール ルールの定義を行い、デフォルト定義のファイアウォールを無効化することをおすすめします。

まとめ

- ファイアウォールは、コンピュータやネットワークとの通信を、ポリシーに従って許可または拒否するセキュリティ機能
- ユーザーが定義したファイアウォール ルールを利用してアクセス制御できる

36 VPCネットワークの拡張 ～VPCネットワークの相互接続や共有

同じVPCネットワーク内であれば、異なるサブネットでも通信できることは解説しました。次は、異なるVPCネットワークを相互接続したり、VPCを共有したりする方法について、解説していきましょう。

VPCネットワークを拡張する方法

VPCネットワークをほかのネットワークとつないだり、ほかのプロジェクトと共有したりするには、主に次のサービスを使います。

- **VPCネットワークピアリング**
- **共有VPC**
- **Cloud VPN**
- **Cloud Interconnect**

VPCネットワークピアリング

VPCネットワークピアリング（以下、VPCピアリング）は、2つのVPCネットワークを内部IPで接続できる方式です。たとえば、異なるプロジェクトのVPCネットワークをつなぐ場合などに使用します。

VPCネットワークが2つあるということは、論理的に2つに分かれたネットワークリソースがある、ということです。つまり、VPCピアリングやファイアウォール ルールの設定は、2つのVPCネットワークそれぞれで「別々に」管理されています。そのため、VPCピアリングでGoogle Cloudプロジェクトのリソース間を接続する場合は、互いにピアリングの設定を行う必要があります。片方のVPCネットワークだけ設定を行っても動作しません。そして、互いの内部IPからのアクセスをファイアウォールで許可すると、内部IPでアクセスできるようになります。

VPCピアリングの特徴

またVPCピアリングには、次の特徴もあります。

- **Comute Engine（仮想マシン）、Google Kubernetes Engine（コンテナ）、App Engine フレキシブル環境（PaaS）で動作する**
- **ピアリングされたVPCネットワーク（ファイアウォールやVPNなども含む）の管理はそれぞれ別々に行う**
- **1つのVPCネットワークに複数のVPCネットワークを接続できる**

■VPCピアリング

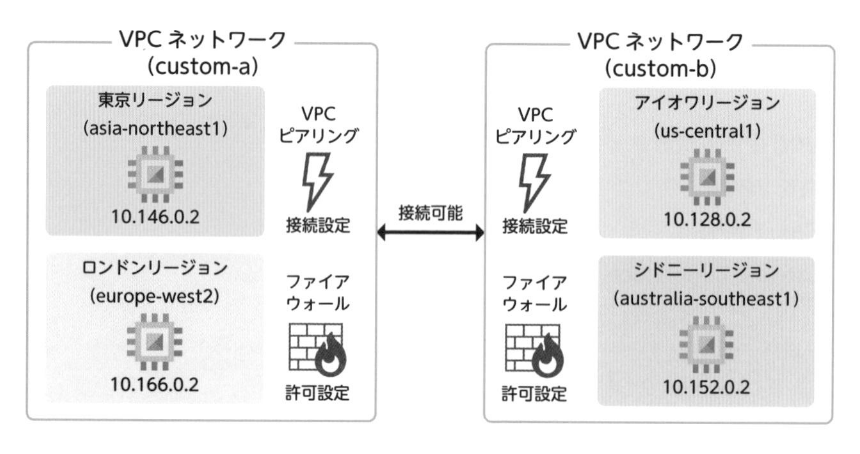

またVPCピアリングでは、互いのVPC内のサブネットに設定されている内部IPアドレス範囲が重複してないことが必要です。VPCピアリングを利用する予定があるVPCはカスタムモードを使用し、サブネットに設定する内部IPアドレス範囲を管理することをおすすめします。

VPCピアリングには、ほかにも特筆すべき点がいくつかあります。より高度な設定を行う場合は、以下のページを確認することをおすすめします。

- **VPCネットワークピアリングの仕様**
  https://cloud.google.com/vpc/docs/vpc-peering?hl=ja#specifications

共有VPC

共有VPCとは、異なるGoogle Cloudプロジェクト間でVPCを共有する機能のことです。中央集権的にVPCを管理する**ホストプロジェクト**と、そのVPCに参加する**サービスプロジェクト**の2つが存在します。共有VPCを使うと、1つのホストプロジェクトで複数のサービスプロジェクトのサブネットを管理することが可能です。たとえば、開発環境と本番環境で、それぞれネットワークを一元的に管理するといったユースケースが考えられます。

なお、共有VPCを使用しない、いままでのネットワーク例は**スタンドアロンVPCネットワーク**と呼びます。

■ 開発環境と本番環境のネットワークを一元的に管理する

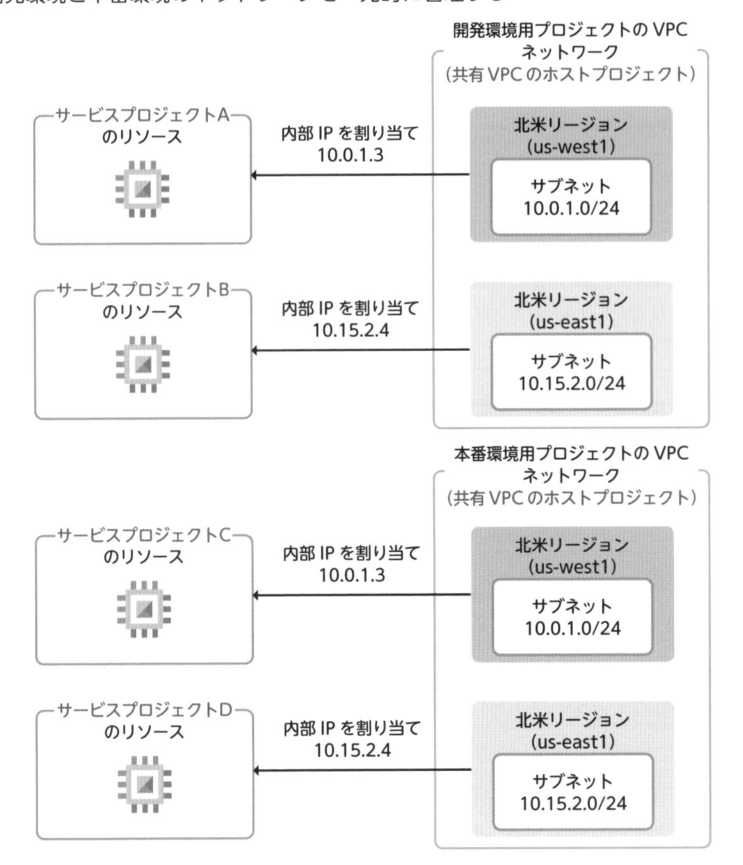

Cloud VPN

Cloud VPNとは、Google Cloudが提供するVPNサービスのことです。一般的なIPsec-VPNの技術を用いて、外部のネットワークとGoogle Cloud上のVPCネットワークを安全に接続できます。接続には、Cloud VPNによって作成された外部IPを使用します。

■ Cloud VPN

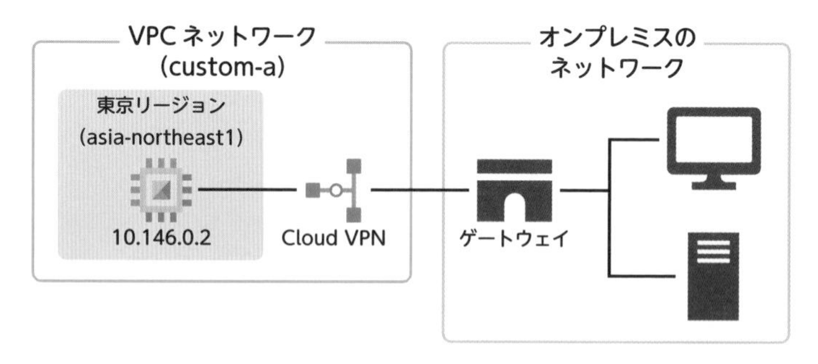

Cloud Interconnect

専用線でハイブリッドクラウドを実現するサービスに、**Cloud Interconnect**があります。Cloud Interconnectを用いると、オンプレミスのネットワークとGoogle Cloudを、インターネットを介さずに接続できます。Google Cloudとオンプレミスネットワークを直接接続するDedicated Interconnectや、パートナーのサービスプロバイダを介して接続するPartner Interconnectで構成されています。

Dedicated Interconnect

Dedicated Interconnectは、オンプレミスネットワークとGoogle Cloudのネットワークを「直接」接続します。そのため、高速なデータ転送を行うことが可能です。データ転送を高速化したい場合、公共インターネットのネットワーク帯域幅を追加購入するよりも、コスト効率がよい手段です。

Partner Interconnect

Partner Interconnectは、パートナーとなっているサービスプロバイダのネットワークを経由し、オンプレミスネットワークとGoogle CloudのVPCネットワークを接続します。Dedicated Interconnectほど帯域が必要ない場合や、物理的にアクセスが難しい場所にデータセンターを持っている場合などに有効です。パートナーとなっているサービスプロバイダを探す場合は、以下のページを参照してください。

- **パートナーサービスプロバイダ**
  https://cloud.google.com/network-connectivity/docs/interconnect/concepts/service-providers?hl=ja

Cross-Cloud Interconnect

Cross-Cloud Interconnectは、Google Cloudと別のクラウドサービスプロバイダのネットワークとの間で、高帯域幅の専用物理回線による接続を提供します。この接続を使用して、「サポートされているクラウドサービスプロバイダ」がホストするネットワークとGoogle CloudのVPCを相互に通信できるようにできます。

サポートされているクラウドサービスプロバイダは、Amazon Web Services（AWS）、Microsoft Azure、Oracle Cloud Infrastructure（OCI）、Alibaba Cloudです。

まとめ

- **異なるVPCネットワークの接続にはVPCピアリングを使用**
- **プロジェクト間でVPCを共有するときは共有VPCを使用**
- **外部のネットワークとGoogle Cloud上のVPCネットワークを接続するときは、Cloud VPNやCloud Interconnectを使用**

37 ルーティングとNAT ～セキュアなネットワークを構築する

独自のネットワークポリシーを持つ場合や、より閉鎖的なネットワークを構成する場合は、経路情報の設定やCloud NATを使用します。これらのサービスを使うと、より柔軟かつセキュアなネットワークを構築できます。

経路情報とは

経路情報の設定（**ルーティング**）は、ネットワークを構築する上で欠かせない要素です。経路情報とは、ネットワーク上でデータを相手に届けるための宛先情報のことです。Google Cloudでは、手動で経路情報を設定（後述の静的ルーティング）することは少ないので、経路情報については概要の説明に留めます。

VPCネットワークとサブネットを構成すると**デフォルトルート**と**サブネットルート**という2種類の経路情報が自動で登録されます。デフォルトルートは、VPCネットワークからインターネットに接続する、インターネットゲートウェイへの経路情報です。サブネットルートは、サブネットワーク同士で通信するための経路情報です。

経路情報を設定する方法

経路情報の設定には、自動での登録以外にも方法があります。

動的ルーティング

動的ルーティングは、Cloud VPNやCloud Interconnect、Cross-Cloud Interconnectでオンプレミスネットワークなどの外部のネットワークと接続した際、動的に経路情報を交換することを指します。VPCネットワークやオンプレミスネットワークの構成に更新があった場合も変更が動的に交換されるので、手動での経路情報の設定が不要です。

静的ルーティング

静的ルーティングは、宛先がCompute Engineインスタンス、内部ロードバランサなどになっている経路を手動で設定することを指します。より高度なネットワーク構成を実現できますが、手動での設定が必要なため、変更の多くないネットワークで利用されます。

Cloud NAT

基本的に、**インターネットへのアクセスには外部IPが必要です。**しかし、外部からアクセスできない（インターネットに公開しない）セキュアな環境を構築するために、たとえばデータベース用のCompute Engineインスタンスなどでは、通常、外部IPを持たせません。それでも、ツールやデータのダウンロード、ソフトウェアの更新などのために、VPCネットワークからインターネットへの外向きの接続だけは許可したい場合があります。そのような際は**Cloud NAT**を使います。Cloud NATは、Google Cloudで提供されるNATサービスです。

NAT（Network Address Translation）とは、プライベートIPをパブリックIPに変換する技術のことです。イメージとしては、外部（インターネット）へ出るための門（ゲートウェイ）だと考えてください。NATは、外部からのアクセスを遮断しつつ、内部からの通信を可能にします。

Cloud NATを使うと、外部IPを持たないCompute EngineインスタンスやGoogle Kubernetes Engineクラスタが、インターネットに向けてパケットを送受信できるようになります。

■ Cloud NAT

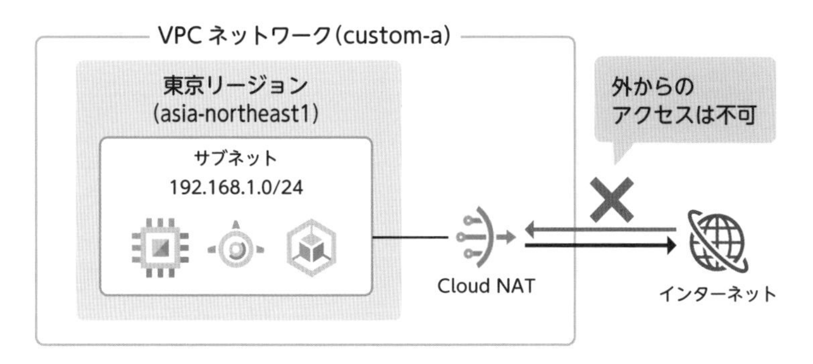

Cloud NATのメリット

Cloud NATを使用するメリットには、次の点が挙げられます。

- **セキュリティ**
  個々の仮想マシンに外部IPを割り振る必要がなくなるので、より堅牢なネットワークを構成できます。
- **可用性**
  単一の仮想マシンや物理ゲートウェイに依存しないので、高い可用性を実現できます（Cloud NATのSLAは99.99%）。
- **スケーラビリティ**
  利用状況に応じて自動的にスケーリングするように設定でき、高いスケーラビリティとパフォーマンスを実現できます。

Cloud NATとファイアウォール ルール

前述のように、NATはプライベートIPとパブリックIPを相互変換する技術です。そのため、ファイアウォール ルールを設定する際は、変換されたパブリックIPを指定すると思うかもしれませんが、必要ありません。プライベートIPに対するルールで正しく動作します。興味のある方は、公式ドキュメントも参照することをおすすめします。

- **Cloud NATの概要**
  https://cloud.google.com/nat/docs/public-nat?hl=ja#specs-routes-firewalls

まとめ

- **高度にネットワークを設定する場合は、経路情報の設定やCloud NATを使用**
- **Cloud NATはGoogle Cloudで提供されるNATサービス**

38 Cloud Load Balancing ～負荷分散サービス

システムの安定したパフォーマンスを実現するには、負荷分散が必要です。Google Cloudでは負荷分散を行うサービスが提供されています。負荷分散を行う場所と使用するプロトコルによって、ロードバランサの種類は異なります。

Cloud Load Balancingとは

Cloud Load Balancingは、複数のCompute EngineやCloud Storageのバケット、マネージドサービスに対して、トラフィックを負荷分散するサービスです。複数のリージョン、複数のゾーンにまたがって負荷分散を行うこともでき、高パフォーマンス、低レイテンシを安定して提供します。また、ユーザーやトラフィックの増加に応じて自動でスケールアウトするため、予期せぬアクセス数の増加が発生した場合も対応できます。自動スケーリングはプレウォーミング（事前のスケーリング）などは不要で、トラフィックがゼロの状態からフル稼働の状態まで、数秒でスケールアウトが行われます。

■ Cloud Load Balancing

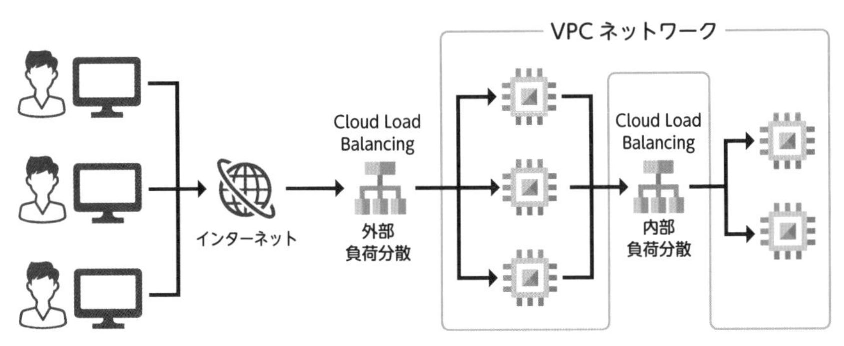

ロードバランサの種類

Cloud Load Balancingはロードバランサの種類やデプロイモードを組み合わせたタイプを選択し、作成することが可能です。

■ ロードバランサの種類

種類	説明
アプリケーションロードバランサ	HTTP(S)プロトコルに特化した、HTTP(S)のヘッダ情報を活用し、トラフィックを分散できるロードバランサ
プロキシネットワークロードバランサ	TCPまたはUDPレベルでのトラフィックを分散できるロードバランサ
パススルーネットワークロードバランサ	クライアント接続を終端しないロードバランサ。ロードバランシングされたパケットは、パケットの送信元、宛先、ポート情報が変更されずにバックエンドVMに送られる。バックエンドVMのレスポンスは、ロードバランサを経由せず、クライアントに直接送信される

■ ロードバランサのデプロイモード（外部または内部）

デプロイモード	説明
外部	インターネットからのトラフィックに対して、ロードバランサを設定したVPC内部のサービスに分散する
内部	ロードバランサを設定したVPC内部、ネットワークピアリング、Cloud VPN、Cloud Interconnect経由のトラフィックを分散する

■ ロードバランサのデプロイモード（リージョン）

デプロイモード	説明
グローバル	ロードバランサは、すべてのリージョンにトラフィックを分散する
リージョン	ロードバランサは、リージョン内の複数のゾーンにトラフィックを分散する
クロスリージョナル	ロードバランサは、複数のリージョンにトラフィックを分散する

■ アプリケーションロードバランサの種類

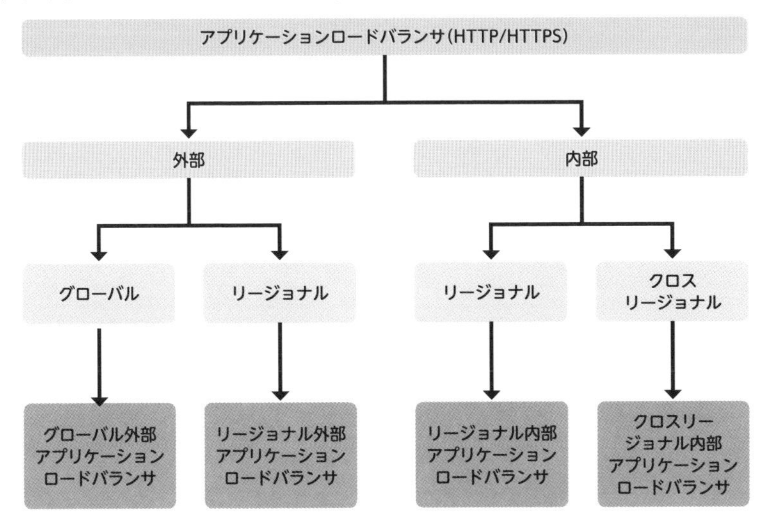

■ ネットワークロードバランサの種類

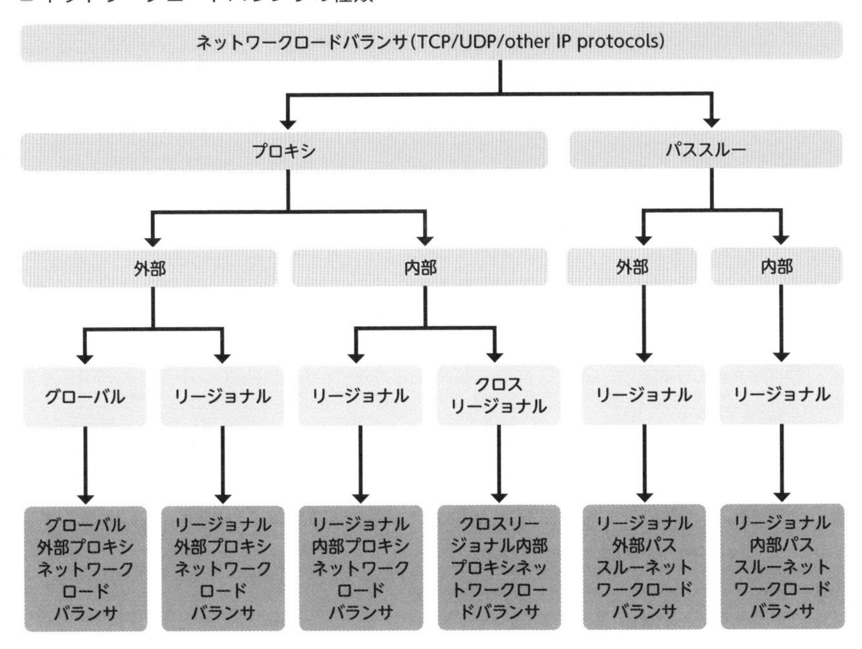

グローバル外部アプリケーションロードバランサ

ここからは、ロードバランサの中でも使用頻度の高い、「グローバル外部アプリケーションロードバランサ」と「リージョナル外部パススルーネットワークロードバランサ」について解説します。

グローバル外部アプリケーションロードバランサは、Webブラウザなどの端末からWebアプリケーションにアクセスする際、もしくは、Web APIへアクセスする際に使用するHTTP/HTTPSプロトコル専用のロードバランサです。複数のリージョンやゾーンにまたがった負荷分散に対応しており、アクセス元のクライアントから近いリージョンにアクセスを振り分けることができます。

Webプロキシとして動作するしくみになっているので、Compute Engineのインスタンスなどで稼働するバックエンドのアプリケーションは、ロードバランサが使用する特定範囲のIPアドレスからリクエストを受け取ります。

なお、ビデオ会議などで、HTTP/HTTPS以外のプロトコルを使用する必要がある際は、この次に説明するリージョナル外部パススルーネットワークロードバランサを使用します。

■グローバル外部アプリケーションロードバランサ

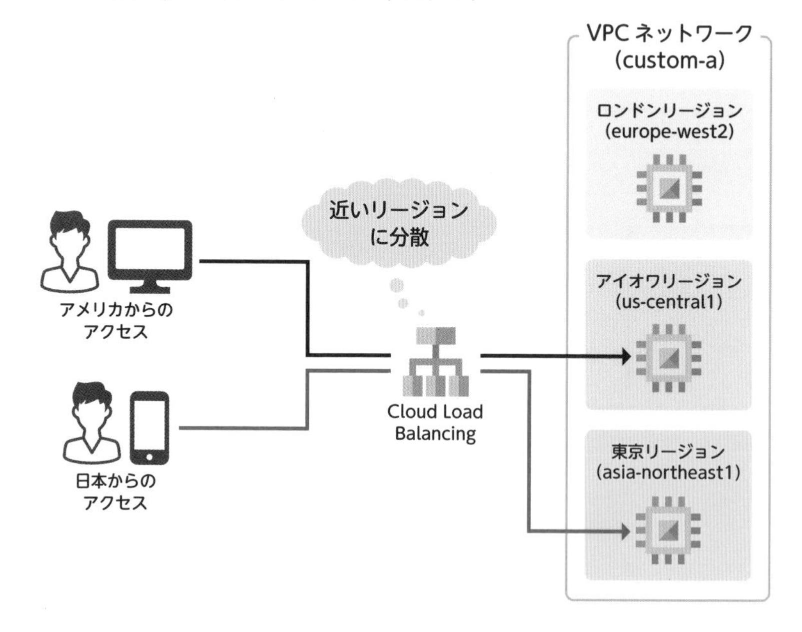

リージョナル外部パススルーネットワークロードバランサ

リージョナル外部パススルーネットワークロードバランサは、UDP、TCPだけでなくESP、GREなどさまざまなプロトコルによる一般的な通信を負荷分散します。リージョンごとに作成するロードバランサを用いて、同じリージョン内で負荷分散を行います。グローバル外部アプリケーションロードバランサとは異なり、プロキシとしての機能は持たず、クライアントからのリクエストをそのままの形で、バックエンドのアプリケーションに転送します。また、アプリケーションからの応答パケットは、ロードバランサを介さずに、直接クライアントに送信されます。

HTTP/HTTPSプロトコルによるアクセスの場合も、リージョナル外部パススルーネットワークロードバランサを使用することができます。しかしSSL証明書による認証など、HTTPSプロトコルに特有の機能は提供されないため注意が必要です。

■ リージョナル外部パススルーネットワークロードバランサ

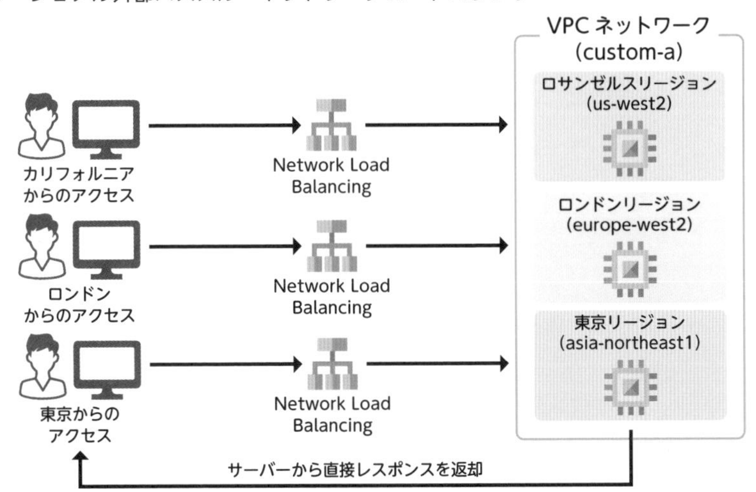

まとめ

- Cloud Load Balancingはトラフィックの負荷分散機能を提供

39 Cloud CDN ～表示速度を向上させるしくみ

Google Cloudでは、CDNサービスも提供されています。Googleのグローバルネットワークを利用してコンテンツを配信するので、世界中どこでもWebコンテンツの表示速度を向上させることができます。

CDNとは

CDN（Content Delivery Network）とは、Webコンテンツの配信を高速化するしくみのことです。CDNでは、キャッシュサーバーに画像やHTMLファイルといった静的ファイルのキャッシュを配置します。ユーザーからのアクセスに対して、もともとのコンテンツを持つサーバー（オリジンサーバー）ではなく、キャッシュサーバーがコンテンツを配信します。サーバーとユーザーの物理的な距離が縮まるので、コンテンツの読み込みが高速になります。

■CDNとは

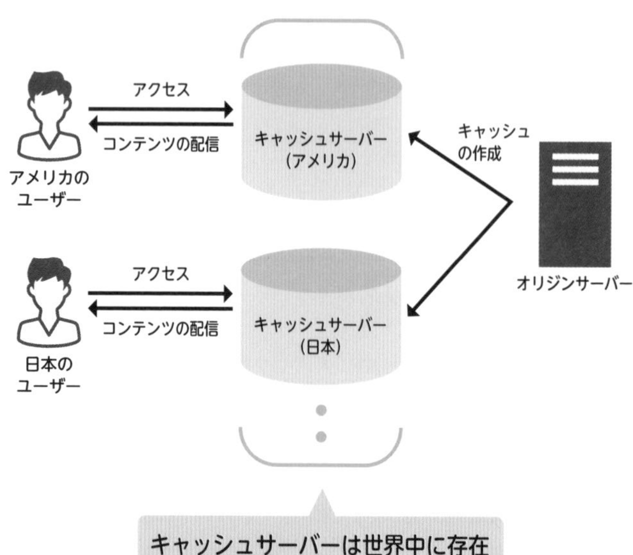

Cloud CDNとは

Cloud CDNとは、Google Cloudで提供されているCDNサービスのことです。コンテンツの配信をGoogleのグローバルネットワークを利用して行います。

Cloud CDNはすぐに利用できます。グローバル外部アプリケーションロードバランサを設定して、オリジンサーバー（インスタンスグループや、Cloud Storageバケット、ネットワークエンドポイントグループなど）を構成すれば、すぐに有効化できます。

■ Cloud CDNとは

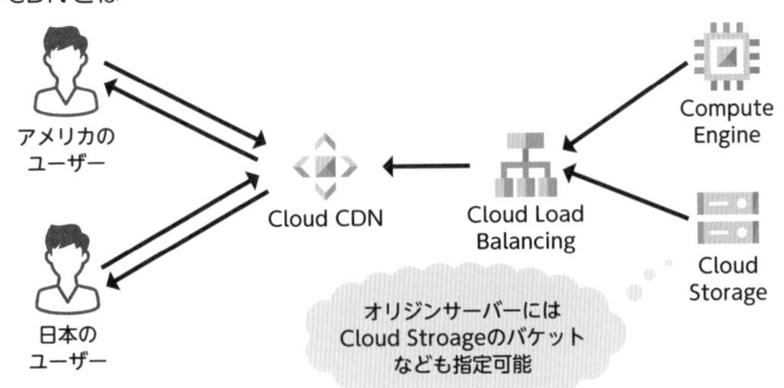

Cloud CDNのメリット

Cloud CDNを利用するメリットには、次の点が挙げられます。

- **サーバーが処理するべきアクセスをCDNが代替するため、オリジンサーバーの負荷が軽減**
- **ユーザーに物理的に近いCDNからコンテンツを配信するので、Webサイトの表示速度が改善（世界中どこでも表示速度が向上）**

Cloud CDNのデメリット

デメリットには、次の点が挙げられます。

- **オリジンサーバーでのWebページ解析ツールに、アクセス結果が反映されない。ただし、HTTP(S)ロードバランサのログにはCloud CDNのアクセスも含むので、それでアクセス分析はできる**
- **更新頻度の高いコンテンツをキャッシュさせないなど、コンテンツの性質にあわせたキャッシュの管理が必要になる**

Cloud CDNのキャッシュモードの種類

Cloud CDNでは、次のキャッシュモードが存在します。なお、キャッシュの有効期間は、ユーザーが設定することが可能です。

静的コンテンツをキャッシュする

「静的コンテンツをキャッシュする」は、Cloud CDNのデフォルトの設定です。privateやno-store、no-cacheといったディレクティブで明示的にキャッシュを拒否するコンテンツを除き、すべての静的コンテンツをキャッシュします。有効期間（TTL）の設定だけで利用でき、送信元での変更は特に必要ありません。

Cache-Controlヘッダーにもとづいて送信元の設定を使用する

「Cache-Controlヘッダーにもとづいて送信元の設定を使用する」は、送信元でであるオリジンサーバーで設定した、Cache-Controlヘッダーにもとづいてキャッシュします。利用するにあたり、送信元でヘッダーの設定が必要です。

すべてのコンテンツを強制的にキャッシュする

「すべてのコンテンツを強制的にキャッシュする」は、privateやno-store、no-cacheといったディレクティブを無視し、送信元から提供されるコンテンツをすべてキャッシュします。

まとめ

- **Google CloudのCDNサービスとしてCloud CDNが存在**

40 Cloud DNS ～DNSサービス

システムに対して、IPアドレスではなくドメイン（URL）でアクセスできるようにするには、DNSの設定が必要です。Google Cloudでは、DNSサービスも提供されています。

DNSとは

DNSとは、IPアドレスとドメインを結び付けるしくみのことです。たとえばDNSで、仮想マシンのIPアドレスやロードバランサのIPアドレスを特定のドメイン（example.comなど）に結び付けると、IPアドレスではなくそのドメインを指定してアクセスできるようになります。

■ DNSとは

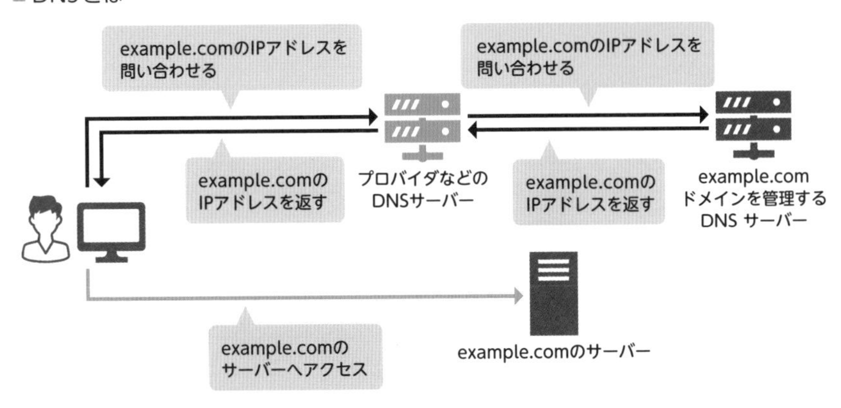

Cloud DNSとは

Cloud DNSは、Google Cloudで提供されているDNSサービスです。Cloud DNSには、次の特徴があります。

権威DNSサーバー機能

ドメイン名とIPアドレスを変換するという、DNSの基本的な機能を提供します。数百万のレコードを登録できますが、百万単位のゾーンやDNSレコードを管理する場合は事前申請が必要です。

高可用性と低レイテンシ

Googleが所有する世界的なネットワークを利用しているため、世界中からのアクセスに対して、高可用性、低レイテンシを実現します。また、Cloud DNSの権威ネームサーバー（ドメイン名の問い合わせに対してIPアドレスを回答するサーバー）は100%の可用性を保証しています。

スケーラビリティ

Cloud DNSは数百万のレコードを登録できます。また、大量のクエリ処理を行うために、自動でスケーリングされます。

Cloud DNSへの移行

ほかのDNSプロバイダの既存ドメインを、Cloud DNSへ移行できます。Cloud DNSへ移行するには、次の手順を行い、最後にDNS伝播の確認が必要です。

- **ゾーン（マネージドゾーン）の作成**
- **既存DNSのエクスポート**
- **gcloudコマンドを使用してCloud DNSマネージドゾーンへのインポート**
- **上位のDNSに対し、移行するドメインのDNSサーバ登録（NSレコード）をCloud DNS に変更**

まとめ

- **Cloud DNSは、Google Cloudで提供されているDNSサービス**

サービスを保護するVPC Service Controls

Google Cloudで提供するサービスを保護するには、IAMで特定のリソースに対する各種アクションを許可する方法があります。**VPC Service Controls（以下、VPC-SC）**はそれに加えて、Cloud StorageやBigQueryといったGoogle Cloudのサービスに対してセキュリティ境界を設置して、プロジェクト内サービスへのアクセスや外部とのやりとりを制限するサービスです。通常、Compute Engineをはじめとした仮想マシンを使うサービスでは、ファイアウォール ルールでネットワークのアクセス制御をします。しかし、ファイアウォール ルールによる保護では、パスワードなどの認証情報漏洩によって発生しうる機密データへのアクセスなどに対応できません。

VPC-SCは、ファイアウォール ルールによる保護では対応できない情報漏洩を防ぎます。さらに、認証情報に加えてアクセス元の情報を使うことで、Google Cloudのサービスとのやりとりをセキュアにできます。

■VPC-SCによってブロックされる例

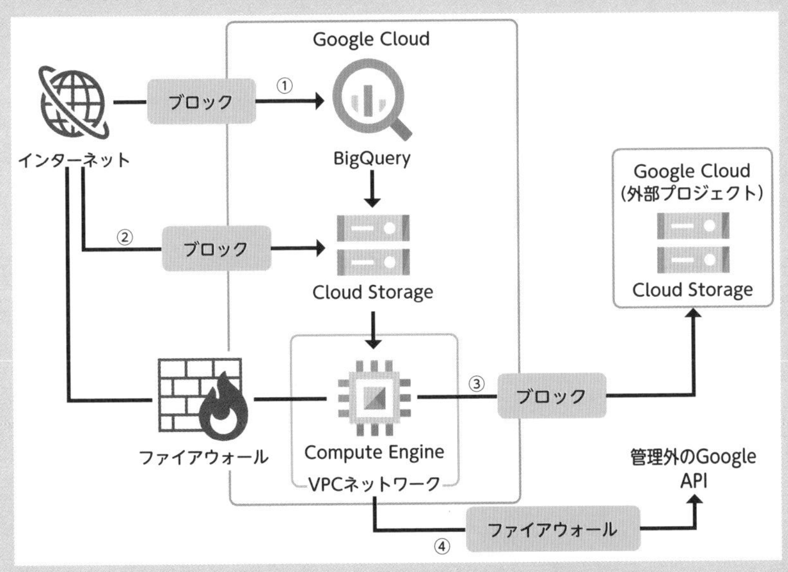

①認証情報の漏洩による機密データアクセス
②IAMポリシー（P.096）の誤設定による意図しないファイル公開
③サーバーにログインできる内部犯による外部へのデータ公開
④内部からGoogle APIをコールすることで不正なデータ流出が発生

プライベートサービスアクセス

プライベートサービスアクセスは、VPCネットワークとGoogleまたはサードパーティが所有するネットワークとのプライベート接続です。わかりやすい例で説明すると、Google Cloudがマネージドサービスとして提供するデータベースCloud SQLのインスタンスとVPCネットワーク上のVMインスタンスとを接続したい場合に、プライベートサービスアクセスを使用すると、内部IPアドレスを使用して直接接続することが可能になります。そのため、DBインスタンスやVMインスタンスに外部IPアドレスを設定する必要がなくなり、インターネットからの不正アクセス防止を強化できます。

以下は、Cloud SQLのDBインスタンスを作成した際に作成されるプライベートサービスアクセスの構成図です。DBインスタンスはユーザーのVPCネットワーク配下に作成されるのではなく、DBインスタンスを作成したユーザー専用のGoogleが管理するVPCネットワーク配下に作成され、プライベート接続（VPCピアリング）を通して、内部IPアドレスを用いて、直接アクセスできるようになります。

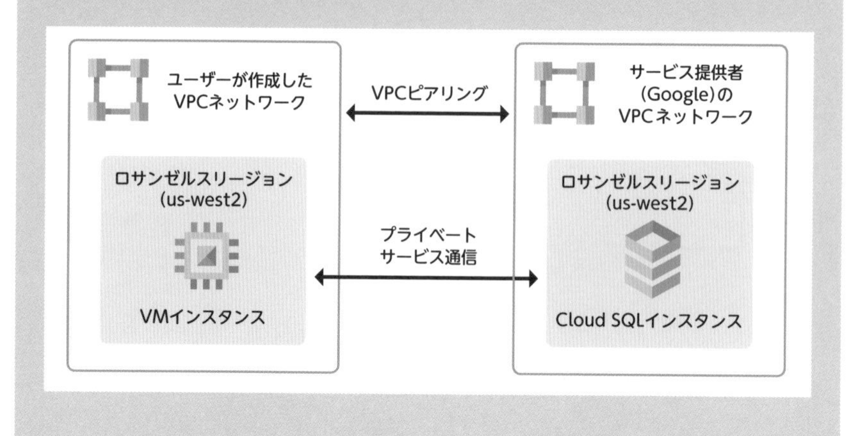

6章

ストレージサービス「Cloud Storage」

Google Cloudには、データ容量が無制限で、耐久性が高いストレージである「Cloud Storage」というサービスがあります。使用頻度が高いサービスなので、特徴をしっかり押さえておきましょう。

Cloud Storage ～安全で信頼性が高いストレージサービス

Cloud Storageは耐久性が高いストレージサービスです。実際にシステムを構築する際、Google Cloudのほかのサービスと組み合わせてよく使われるので、概要や特徴を押さえておきましょう。

Cloud Storageとは

Cloud Storageは、データ容量が無制限で、耐久性が高いストレージサービスです。Google Cloudの数あるサービスの中でも、10年以上の歴史があるサービスです。Cloud Storageは、もともとはGoogleが公開しているGoogle Codelabsというサービス内で、2010年5月にGoogle Storage for Developersという名称で一般公開されたものでした。その後、2011年10月に「Google Cloud Storage（現在はCloud Storage）」という名称で、正式なサービスとして提供が開始されました。

Cloud Storageは、各種データのバックアップやアーカイブ、Compute Engineの複数のインスタンスからアクセスするための共有ストレージとしてなど、幅広い用途で利用可能です。またデータ分析（P.268参照）でも、分析用の未加工のデータを蓄積する場所として、よく使われます。

■ Cloud Storage

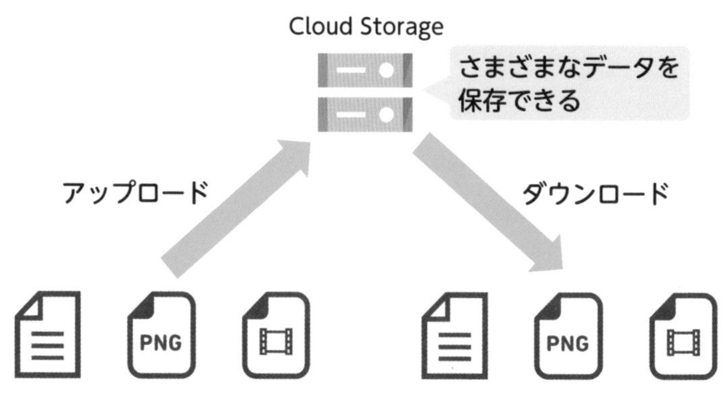

Cloud Storageはオブジェクトストレージサービス

Cloud Storageは安全で信頼性の高い**オブジェクトストレージ**サービスです。オブジェクトストレージとは、データを「オブジェクト」と呼ばれる単位で管理するストレージのことです。ここでいうオブジェクトは、一般的なファイルと考えて差し支えないでしょう。オブジェクトは「バケット」と呼ばれる入れ物に格納されます。

■ オブジェクトストレージサービス

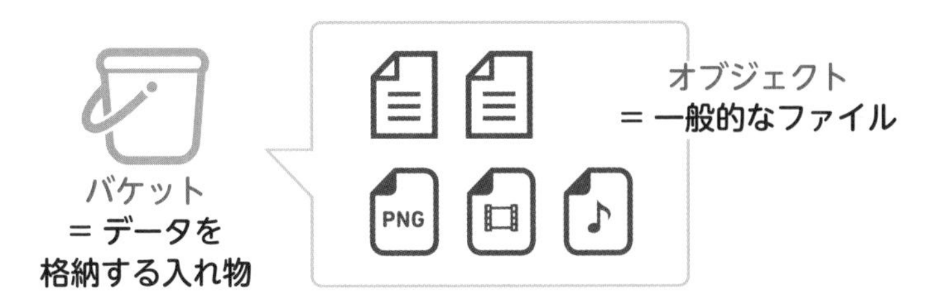

Cloud Storageの特徴

Cloud Storageには、次のような特徴があります。

データ容量が無制限

データ容量が無制限です。アップロードするデータサイズの下限もありません（0byteのオブジェクトを作成することが可能）。また、バケットに格納するオブジェクト数にも制限がありません。ミニマムでスタートでき、容量を気にせずに保存できます。ただし、1つのオブジェクトのサイズは最大5TiBになります。

非常に高い耐久性

99.999999999%（イレブンナイン）の耐久性（年間0.000000001%の確率でしかデータが損失しない）があります。また構成によって異なりますが、99.0%～99.95%の可用性がSLAとして提示されています。なお可用性とは、サービスが障害やエラーなどなく稼働できる度合いのことです。

データを保護できる

データのアップロードやダウンロードを行う際に、ネットワーク経路を暗号化するTLS（Transport Layer Security）で接続するため、安全に転送できます。また、保存されるデータもデフォルトで暗号化されます。さらに、**バケットロック**と呼ばれる、バケットのデータを保護する機能を活用すると、オブジェクトの変更を制限することも可能です。

なお、バケット作成時にデータを格納するロケーションとしてマルチリージョンあるいはデュアルリージョンのオプションを選択すると、複数の地域でデータが冗長化されます。

柔軟かつ容易なアクセス管理

Identity and Access Management（IAM）を使うと、Cloud Storageリソースに対して柔軟なアクセス管理がかんたんにできます。また、「きめ細かい管理」と呼ばれる機能を使うと、個々のバケットやオブジェクトに対してアクセス制御することも可能です。

低レイテンシでアクセスできる

どのストレージクラス（ストレージの種類のこと）のオブジェクトも低レイテンシでアクセスできます。ストレージクラスは、データへのアクセス頻度によって使い分けますが、**利用するストレージクラスによって、レスポンスが急激に下がるといったことがありません。**つまり、オンプレミスのテープ装置のように、アーカイブデータを取り出すのに長時間待たされるといった不便さはありません。

豊富なアクセス方法

Cloud Storageへのアクセス方法は、いくつも用意されています。Google Cloudコンソールや REST API、gcloudコマンド（CLI）、各種言語に対応したライブラリといった方法があるので、用途によって最適な方法を選択できます。なお、ストレージクラスが異なっていてもAPIの内容は同じなので、**一貫した方法でアクセス可能です。**

料金体系

Cloud Storageでは、ストレージ、オペレーション、ネットワークそれぞれに、料金がかかります。

■ Cloud Storageの料金

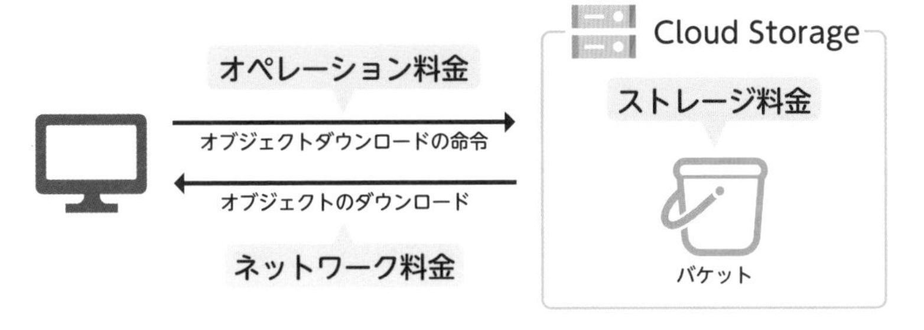

ストレージ料金

ストレージ料金は、バケットに格納されるデータの量で決定されます。ストレージクラスとバケットのリージョンによって料金は変わります。

オペレーション料金

オペレーション料金は、Cloud Storageで実行した操作（オブジェクトのダウンロードなど）の回数によって決定されます。無料の操作もあります。

ネットワーク料金

ネットワーク料金は、バケットから読み取ったデータ量、またはバケット間で移動したデータ量によって決定されます。上り（外部からGoogle Cloudへ転送）の料金は無料です。

まとめ

- **Cloud Storageは、データ容量が無制限で、耐久性が高いオブジェクトストレージサービス**

42 Cloud Storageを使う流れ ～ストレージを使うまで

Cloud Storageにデータを保存するには、バケットを作成する必要があります。また、Cloud Storageを操作する方法はいくつか種類があるので、それぞれの特徴を理解しておきましょう。

Cloud Storageを使う流れ

バケットの作成やオブジェクトのアップロードといった**基本的な操作は、Google Cloudコンソールで行えます。**Cloud Storageを使う際は、まずバケットを作成します。作成したバケットにオブジェクトをアップロードするには、Google Cloudコンソールを使えばドラッグアンドドロップで可能です。なお、オブジェクトのストレージクラスを変更するなど一部の操作については、Google Cloudコンソール上では操作できません。

■ Cloud Storageを使う流れ

①Google Cloudコンソールにログイン
- Google Cloudコンソールにログイン
- プロジェクトを選択する
- メニューからCloud Storageを選択する

↓

②バケットを作成する
- バケットを作成する。バケット名やその他オプションを設定する

↓

③オブジェクトをアップロードする
- ブラウザにファイルをドラッグ＆ドロップしてアップロードする

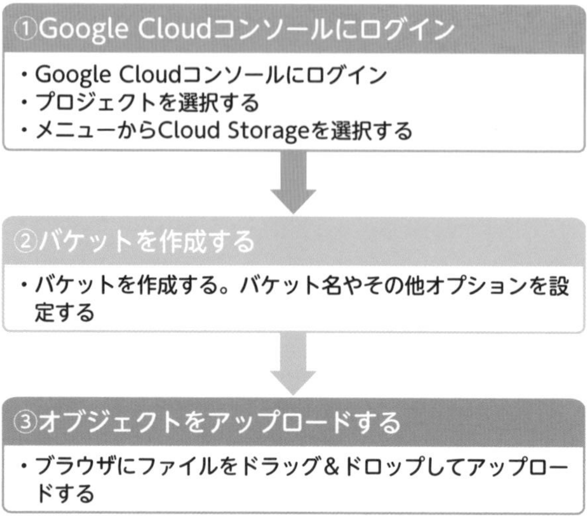

Cloud Storageを操作できるツール

Cloud Storageを操作する方法は、Google Cloudコンソール以外に、ターミナルから利用する**gcloudコマンド(CLI)**もあります。繰り返し作業を行う際や、大量のオブジェクトをアップロード・ダウンロードする際は、gcloudコマンドを使ったほうが便利です。

そのほかにも、オブジェクトのアップロードやダウンロードの操作をより便利にするツールとして、Google CloudのCloud Storage Transfer ServiceやTransfer Appliance、サードパーティのツールを活用できます。Transfer Applianceは物理的なストレージを利用してGoogleアップロード施設からデータをアップロードできるサービスです。ペタバイト規模のデータをアップロードする場合で、特にネットワーク帯域幅や接続が制限されている環境に適しています。用途にあわせて使い分けましょう。

■ Cloud Storageを操作できるツール

ツール名	内容
Google Cloud コンソール	WebブラウザでデータをmanagementするためのGUIが用意されている。ドラッグアンドドロップでオブジェクトのアップロードが可能
gcloud	Cloud Storageを操作するためのコマンドラインツール
クライアントライブラリ	任意のプログラミング言語(C++、C#、Go、Java、Node.js、PHP、Python、Rubyなど)を使用してデータを管理できる
REST API	JSONまたはXML APIを使用してデータを管理できる

まとめ

- **Cloud Storageにデータを保存するには、バケットを作成する必要がある**
- **Cloud StorageはGoogle Cloudコンソールで操作可能**
- **Cloud Storageを操作する方法は、Google Cloudコンソール以外にgcloudコマンド(CLI)などがある**

43 ストレージクラス
～用途に応じて選べるストレージ

Cloud Storageには4つのストレージクラスがあり、それぞれ可用性や料金が異なります。ワークロードに応じて使い分けることで、パフォーマンスには影響なくコストを抑えることが可能です。

ストレージクラスとは

Cloud Storageでは、ストレージの種類によって、データの保存や取得、操作にかかる料金や可用性が異なります。この種類のことを**ストレージクラス**と呼びます。ストレージクラスにはStandard Storage、Nearline Storage、Coldline Storage、Archive Storageの4種類があります。Archive Storageは2020年に一般公開されました。

アクセス頻度が高いデータには、Standard Storageを使用します。4種類のクラスの中で一番高い可用性が提供されます。アクセス頻度が低く、やや低い可用性でも許容できるデータはNearline StorageやColdline Storage、Archive Storageを使用します。データの容量に対する費用が安価になるため、バックアップやアーカイブデータの格納に向いています。また、Standard Storage以外は最低保持期間が決められており、それより早くデータを削除しても、最低保持期間分保存したと仮定した料金（早期削除料金）がかかります。

■ストレージクラス

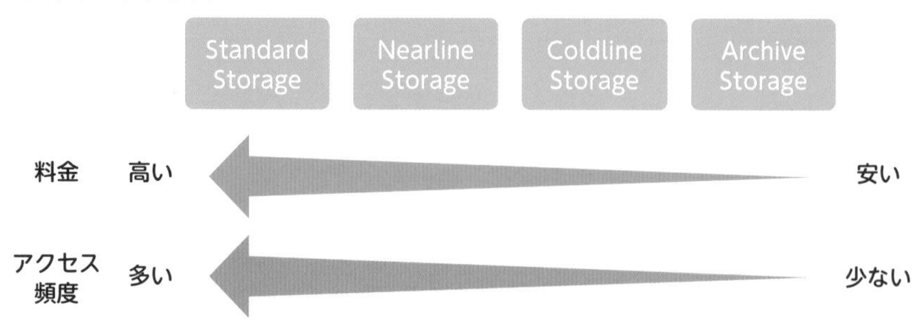

ストレージクラスの種類

ストレージクラスにはそれぞれ特徴があるので、ワークロードに応じて適切なものを選択する必要があります。それぞれの特徴についてまとめます。

■ ストレージクラスの種類

ストレージクラス	概要
Standard Storage	Webサイトやストリーミング動画など、アクセス頻度が高い「ホット」なデータの格納に適している。高可用性が求められる場合にも向いている
Nearline Storage	Standard Storageよりも低料金のクラス。最小保持期間が30日のため、30日以上保持する必要のあるデータで、月に1回程度アクセスする場合のデータの保持に適している
Coldline Storage	ストレージ料金は非常に低い。少なくとも90日間は保存されるため、数カ月に1回程度アクセスするデータ（障害復旧用のデータなど）に適している
Archive Storage	4つのクラスの中で、ストレージ料金が一番低い。各種規制・法令に関するアーカイブなど、少なくとも365日間保存する必要があるデータに向いている。オペレーション料金はほかのクラスに比べて高い

早期削除料金とは

早期削除料金は、早期にデータを削除したときに適用されるストレージ料金です。オブジェクトを削除するときに、保存期間が所定の日数以下の場合、実際に所定の日数保存したとして計算されるので注意しましょう。

たとえば、Nearline Storageの所定日数は30日ですが、アップロードから1日後に削除しても、30日間保存したのと同じだけの料金がかかります。

まとめ

- ストレージクラスは、ストレージの種類のこと
- ストレージクラスはワークロードに応じて適切なものを選択する

オブジェクトとバケット
～ファイルと保存する入れ物

ここでは、Cloud Storageにおけるオブジェクトとバケットについて解説します。あまり馴染みがない言葉かもしれませんが、Cloud Storageを理解するのに重要な用語です。

オブジェクトとバケット

Cloud Storageにおけるオブジェクトは、**オブジェクトデータ**と**オブジェクトメタデータ**という2つのコンポーネントで構成されています。オブジェクトデータは通常、Cloud Storageに保存するファイルのことです。オブジェクトメタデータは、オブジェクトのさまざまな性質を記述した名前と値のペアの集合です。なお、オブジェクトにはサイズの上限（5TiB）がありますが、1バケット内に保存できるオブジェクトの数に上限はありません。Cloud Storage内に保存するオブジェクトはすべて、バケットに格納する必要があります。

バケットは、オブジェクトの整理やアクセス制御に使用します。

■ オブジェクトとバケット

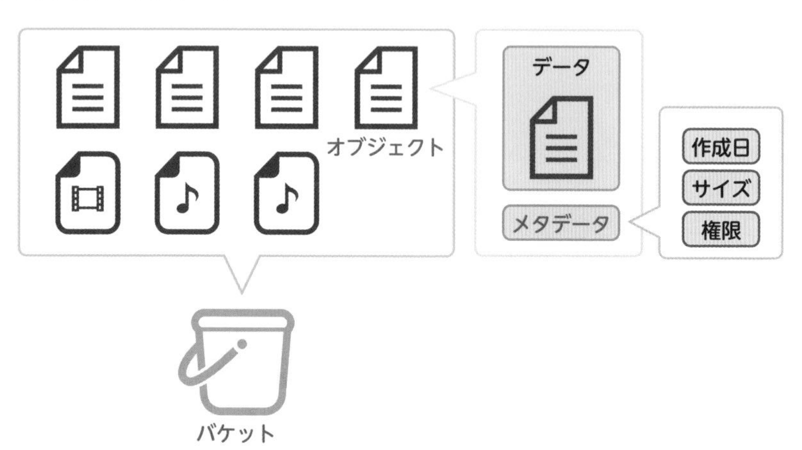

なお、ディレクトリやフォルダとは異なり、バケットの中にバケットを作成することはできませんが、ファイル名を「/」記号で区切るとフォルダに相当する機能が利用できます。たとえば「gs://my-bucket/my-folder/file.txt」というパスを指定すると、「my-bucket」という名前のバケットに「my-folder/file.txt」という名前のファイルが作成されます。その際、Google Cloudコンソールの画面上では、「my-folder」というフォルダ内に「file.txt」というファイルがあるかのように表示されます。

バケットの作成

Cloud Storageを使うには、まずバケットを作成する必要があります。バケットの作成には、**バケット名**や**リージョン**、**ストレージクラス**の指定が必要です。

バケット名のルール

バケット名のルールは、次のようになっています。

- **バケット名に使用できる文字は、アルファベットの小文字、数字、ダッシュ、アンダースコア、ドット（有効なドメインの場合のみ使用可）**
- **先頭と末尾は、数字かアルファベットにする必要がある**
- **長さは3～63文字**
- **バケット名の先頭に「goog」は使用できない**
- **バケット名に「google」や「google」に類似する表記は含められない**

■バケット名の例

開始が数字か
アルファベット

終了が数字か
アルファベット

nekosan-example_bucket1729

3文字以上63文字以内

また、バケット名はグローバルでユニークである必要があります。プロジェクトが異なっていたとしても、同じ名前のバケットは作成できません。なお、バケットは、用途やアクセス制限の種類、配置するリージョンなどによって分けることがほとんどです。どのようなデータをアップロードするのかを考え、必要に応じて作成しましょう。

COLUMN

バケットやオブジェクトの名前に注意

Cloud Storageへアクセスする際は、バケット名とオブジェクト名を指定します。そのため、第三者がアクセスし、エラーレスポンスからバケットやオブジェクトの存在を確認できます。たとえば、新製品の名前をバケット名に使用していて、そこから未発表の製品の名称が漏れるという可能性もあります。一般公開しないバケットは、推測されにくい名称を用いて、かつ名称の一部に機密情報を含めないようにしてください。

バケットのリージョン

バケットの作成時に指定するリージョンは、ユーザーやアプリケーションに最も近いリージョンにします。日本国内からの利用であれば、asia-northeast1リージョン（東京）かasia-northeast2リージョン（大阪）を選べば問題ないでしょう。

また、データを地理的に冗長化したい場合は、**マルチリージョン**あるいは**デュアルリージョン**を指定します。マルチリージョンの場合は、決められたあるエリア（地域）内のデータセンターのうちのいくつかにデータが配置されます。デュアルリージョンの場合は、2つのリージョンで冗長化されます。デュアルリージョンは配置するリージョンが把握できるため、データの近くにワークロードを置く必要性がある場合などに有用です。

■ マルチリージョンとデュアルリージョン

マルチリージョン

リージョンA　リージョンB　リージョンC

ある決まった地域内の
リージョンで冗長化される

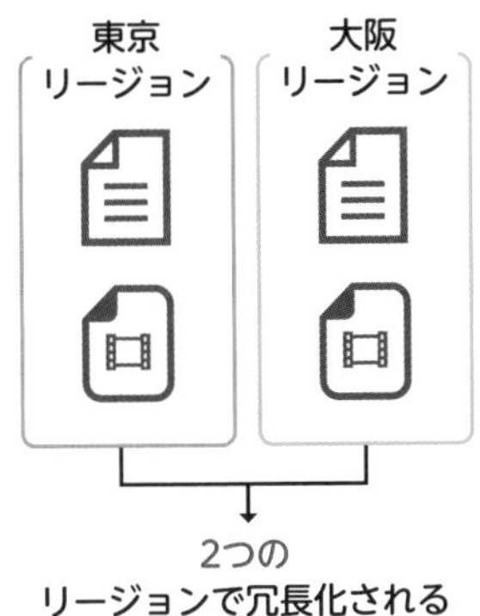

■ マルチリージョン

マルチリージョン名	説明
ASIA	アジア内のデータセンター
EU	欧州連合の加盟国内のデータセンター
US	米国内のデータセンター

■ 事前定義のデュアルリージョン

デュアルリージョン名	説明
ASIA1	asia-northeast1（東京）とasia-northeast2（大阪）
EUR4	europe-north1（フィンランド）とeurope-west4（オランダ）
EUR5	europe-west1（ベルギー）とeurope-west2（ロンドン）
NAM4	us-central1（アイオワ）とus-east1（サウスカロライナ）

バケットロック

バケットには、バケット内のオブジェクトの保持期間を制御するデータ（**保持ポリシー**）を構成できます。**バケットロック**という機能は、この保持ポリシーを変更できないようにする機能です。バケットロックを使用すると、保持期間が終了するまで、そのオブジェクトを削除できなくなります。

COLUMN オブジェクトのストレージクラスを変更する

オブジェクトのストレージクラスは、保存するバケットで指定されたストレージクラスが適用されますが、あとから変更も可能です。オブジェクトを書き換えて、バケット内のオブジェクトのストレージクラスを変更する場合、gcloudコマンドなどを利用します。Google Cloudコンソールからは変更できません。また、オブジェクト自体がどのストレージクラスになっているかは、オブジェクト一覧の表示オプションを用いてストレージクラスを表示して確認できます。

なお、ライフサイクル管理を使用すると、オブジェクトを書き換えずにストレージクラスを変更できます。こちらは別節（P.193参照）で解説します。

また、**Autoclass機能**を利用すると、各オブジェクトのアクセスパターンにもとづいて自動で適切なストレージクラスに移動することができます。Autocalss機能を利用することでデータのコスト削減を簡素化することが可能になります。

ストレージクラスを指定してオブジェクトを書き換える例

```
gcloud storage objects update --storage-class=nearline gs://aaaaaabbbbbbbbbb/test.txt
Rewriting gs://aaaaaabbbbbbbbbb/test.txt...
  Completed 1
```

まとめ

- オブジェクトは、オブジェクトデータとオブジェクトメタデータで構成されている
- バケットの作成には、バケット名、リージョン、ストレージクラスの指定が必要
- バケットロックは、保持ポリシーを変更できないようにする機能

45 アクセス制限 ～データの機密性を守るしくみ

Cloud Storageに保存するデータの中には、機密性が高いものもあるでしょう。その場合、そのデータへのアクセスを制限したいケースがあります。ここでは、Cloud Storageのアクセス管理について学びましょう。

アクセス管理の方法

アクセス制限には、IAM（Identity and Access Management）を使った**均一なバケットレベルのアクセス**と、IAMとACL（Access Control Lists）を併用した**きめ細かい管理**の2種類があります。一見すると「均一なアクセス管理」より「きめ細かい管理」ができたほうがいいと考える人が多いかもしれませんが「きめ細かい管理」は管理が複雑になるので、設定ミスの可能性が高くなります。そのため、原則としては「均一なバケットレベルのアクセス」のみでアクセス制限を行うことが推奨されています。

均一なバケットレベルのアクセス（推奨）

「均一なバケットレベルのアクセス」は、IAMのみを使用して権限を管理する方式です。IAMを使うと、バケット内のすべてのオブジェクト、あるいは、共通の名前の接頭辞を持つオブジェクトのグループに権限を適用できます。個人を特定できる情報など、機密性の高いデータを含むオブジェクトがある場合は、権限の管理が容易な「均一なバケットレベルのアクセス」を有効にしたバケットにデータを保管するとよいでしょう。

Cloud Storageのアクセス制御のために事前定義されたIAMのロールがあるので、それをユーザーあるいはGoogleグループに付与します。事前定義されたロールだけでは管理しづらい場合は、カスタムロールを定義することもできます。

きめ細かい管理

「きめ細かい管理」を使うと、IAMとACL（Access Control Lists）を併用して権限管理できます。ACLとは、AWSのストレージサービスであるAmazon S3と、互いにやりとりできることを目的に設計されたシステムのことです。「きめ細かい管理」は、バケットレベルとオブジェクトレベルの両方で、アクセス権限を指定できます。そのため、オブジェクトごとに権限を設定したい場合など、複雑な権限設定が必要な場合に利用します。ただし、その分管理も複雑になるので、注意が必要です。基本的には、前述の「均一なバケットレベルのアクセス」を使用することをおすすめします。

■「均一なバケットレベルのアクセス」と「きめ細かい管理」の違い

アクセス制限:均一
バケット単位で管理
hanako
taro
読取書込権限:hanako
読取書込権限:taro

アクセス制限:きめ細かい管理
バケット単位ではなくオブジェクト単位で管理できるので設定が複雑になりやすい
hanako
taro
読取書込権限:hanako
読取書込権限:taro

まとめ

- **アクセス制限の方法は「均一なバケットレベルのアクセス」と「きめ細かい管理」の2種類がある**
- **「均一なバケットレベルのアクセス」のほうがかんたんに管理できて、設定ミスの心配が少ない**

46 オブジェクトのアップロードとダウンロード ～さまざまなアップロード方法を提供

Cloud Storageのオブジェクトのアップロードとダウンロードには、さまざまな方法が提供されています。扱うファイルのサイズやエラー発生時の対応などに、それぞれ特徴があります。

オブジェクトのアップロード

Cloud Storageへオブジェクトをアップロードする方法には、いくつか種類があります。ファイルのサイズや、アップロード失敗時に再開可能にするかどうかといった観点で、適切な方法を選択します。また、アプリケーションからのアップロード時には、ストリーミングも利用できます。

■ アップロードの種類

アップロードの種類	概要
単一のリクエストのアップロード	ファイルのサイズが小さく、接続エラーの発生時にファイル全体の再アップロードが可能な場合に使用する。エラー発生時は最初からやり直す必要がある。転送途中の状態からアップロードの再開はできない
マルチパートアップロード	AWSのストレージサービスであるAmazon S3と互換性のあるアップロード方法
再開可能なアップロード	信頼性の高い転送を行う場合に使用する。特に、ファイルサイズが大きい場合に使用する。アップロードごとに1つのHTTPリクエストを送信するので、サイズの小さなファイルでも利用できる。再開可能なアップロードとしてストリーミング転送の使用も可能
並列複合アップロード	1つのファイルが最大で32チャンク（データの断片）に分割され、これらのチャンクが並列して一時オブジェクトにアップロードされる。オブジェクトのサイズが大きいときに特に効果的
ストリーミングアップロード	プロセス（アプリケーション）からアップロードデータを生成する場合や、状況に応じてオブジェクトを圧縮する場合など、アップロードの開始時に最終的なサイズがわからないデータをアップロードする際に使用する

オブジェクトのダウンロード

Cloud Storageからオブジェクトをダウンロードする方法にも、いくつか種類があります。ファイルのサイズやダウンロードを再開可能にするかどうかといった観点で、適した方法を選択します。

■ダウンロードの種類

ダウンロードの種類	概要
シンプルダウンロード	オブジェクトを宛先にダウンロードする
ストリーミングダウンロード	オブジェクトをプロセス（アプリケーション）にダウンロードする
スライス化されたオブジェクトのダウンロード	オブジェクトをチャンクに分けて並行でダウンロードする
認証によるWebブラウザでのダウンロード	GoogleアカウントでWebブラウザからダウンロードする

なお、1つのオブジェクトをアップロードまたはダウンロードする場合に「並列複合アップロード」や「スライス化されたオブジェクトのダウンロード」を使うと、オブジェクトがチャンクに分かれて並列で処理され、処理が完了したら1つのオブジェクトになります。そのため、ファイルサイズが大きいときにはこれらの方法が便利です。

COLUMN マルチスレッド、マルチ処理を利用した
アップロード・ダウンロード

gcloud storageコマンドを利用すると、複数のオブジェクトをアップロードまたはダウンロードする際に、マルチスレッド、マルチ処理で複数のファイルを同時に転送できます。

最適なスレッド数・プロセス数は、ネットワーク速度やCPUの数、使用可能なメモリなど、さまざまな要因によって異なります。

- **多くのファイルのバケットへのコピー**
  https://cloud.google.com/storage/docs/working-with-big-data?hl=ja#copy-files

各ツールで可能な動作

オブジェクトのアップロード・ダウンロードはGoogle Cloudコンソール、gcloudコマンド、各種クライアントライブラリ、REST APIで行えます。それぞれのツールで対応している、アップロードとダウンロードの種類は異なります。

■ 各ツールで可能な動作

ツール	アップロード	ダウンロード
Google Cloudコンソール	自動的に管理される「再開可能なアップロード」機能を備えた、「単一のリクエストのアップロード」	シンプルダウンロード、認証によるWebブラウザでのダウンロード
gcloudコマンド	自動的に管理される「再開可能なアップロード」機能を備えた「単一のリクエストのアップロード」、並列複合アップロード、ストリーミングアップロード	シンプルダウンロード、ストリーミングダウンロード、スライス化されたオブジェクトのダウンロード
クライアントライブラリ	プログラミング言語によって異なる	プログラミング言語によって異なる
REST API	単一のリクエストのアップロード、マルチパートアップロード、再開可能なアップロード、ストリーミングアップロード	シンプルダウンロード、ストリーミングダウンロード

まとめ

- **オブジェクトのアップロードとダウンロードには種類があるので、要件にあったものを選択する**
- **各ツールで対応しているアップロードとダウンロードの種類は異なる**

47 バージョニングとライフサイクル管理 ～オブジェクトの履歴を管理する方法

Cloud Storageには、バージョン管理や、オブジェクトの自動削除などができるライフサイクル管理の機能も備わっています。これらの機能を有効活用すれば、ストレージにかかる料金を最適化できます。

バージョニング

バージョニングとは、オブジェクトを削除または上書きする際に過去バージョン（現行バージョン以外の履歴すべてのこと）のコピーを保持することです。バージョニングを設定しておけば、誤ってオブジェクトを上書き、あるいは削除してしまっても、過去のバージョンを指定して復元できます。なお、**バージョニングの設定はバケットに対して行うものであり、オブジェクトに対して個別に設定することはできません。**

たとえば、以下の図の場合、現行バージョン以外に4つのバージョンがあり、トータルで5つのオブジェクトがあることになります。このバージョニングされたオブジェクトにはIDが付与されます。そのIDを使うと、gcloudコマンドなどで、過去バージョンの中からある特定のバージョンを取得したり削除したりできます。ただし、バージョニングしておくと、各世代分のストレージ料金がかかります。そのためライフサイクル管理を使って、必要な世代分だけを保持しておくのが一般的です。

■ バージョニング

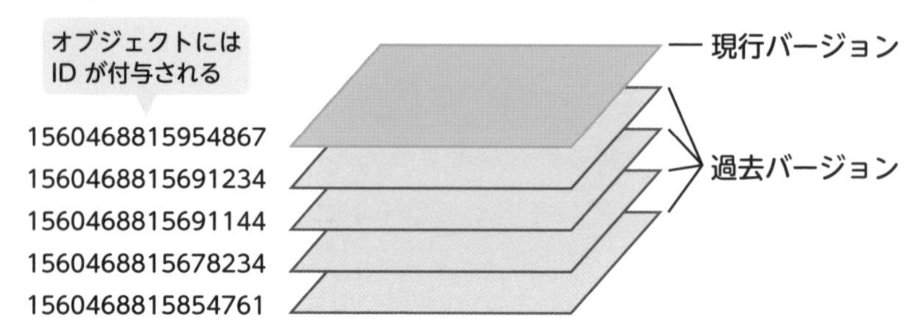

ライフサイクル管理

ライフサイクル管理は、バケットに対するアクションを、定期的に実行したり日付指定で実行したりできる機能です。ライフサイクル管理を使うと、バージョニングで必要な世代分だけを保持したり、より低料金なストレージクラスへ自動で変更したりすることが可能です。なお、ライフサイクル管理もバケットに対して設定するものであり、オブジェクトに対して個別に設定することはできません。

具体的なユースケースには、次のようなものがあります。

- **アップロードから90日以上経過したオブジェクトのストレージクラスを、低料金なColdline Storageに変更する**
- **特定の日付より前に作成されたオブジェクトを削除する**
- **バージョニングが有効になっているバケット内の各オブジェクトで、全部で3世代分のみを保持する**

■ライフサイクル管理を利用した過去バージョンの削除

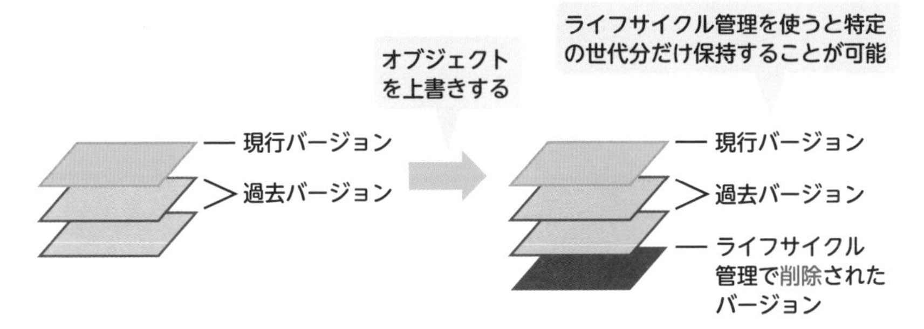

ライフサイクルでオブジェクトに対して可能な操作

ライフサイクルの操作には、DeleteアクションとSetStorageClassアクションという2つのアクションがあります。

Deleteアクションを指定すると、ライフサイクル管理で指定したすべての条件を満たしたときに、オブジェクトが削除されます。

SetStorageClassアクションを指定すると、ライフサイクル管理で指定されたすべての条件を満たしたときに、オブジェクトのストレージクラスが変更されます。

■ DeleteアクションとSetStorageClassアクション

なお、SetStorageClassアクションで変更できるストレージクラスは、元のストレージクラスによって異なります。

■ 変更できるストレージクラス

元のストレージクラス	変更可能なストレージクラス
Standard Storage	Nearline Storage、Coldline Storage、Archive Storage
Nearline Storage	Coldline Storage、Archive Storage
Coldline Storage	Archive Storage
Archive Storage	なし

まとめ

- **バージョニングとは、オブジェクトを削除または上書きする際に過去バージョンのコピーを保持すること**
- **ライフサイクル管理を使うと、バージョニングで必要な世代分だけを保持することが可能**

7章

コンテナとサーバーレスのサービス

近年、「コンテナ」関連の技術は、目まぐるしいスピードで発展しています。Google Cloudでは開発・運用に関わる人が、コンテナ技術のもたらすさまざまなメリットを、よりかんたんに得られるサービスを提供しています。

48 コンテナとは
～アプリケーション単位で仮想化する技術

まずは「コンテナ」とは何か説明しましょう。コンテナについて詳しく掘り下げ過ぎると、もう1冊本が書けてしまうので、Google Cloudを利用するのに必要なポイントに絞って紹介します。

コンテナとは

コンテナは、アプリケーション単位で仮想化する技術のことであり、コンテナ専用のランタイム（実行に必要なプログラム）によって実現されています。これは**コンテナ型仮想化技術**とも呼ばれ、Compute Engineで使われているハイパーバイザ型仮想化技術とは異なる技術です。何が違うのかというと、ハイパーバイザ型の仮想化は、ゲストOSが動作する仮想マシンを提供するのに対して、コンテナ型仮想化技術は、開発したアプリケーションのみが動作する空間上で仮想化を実現している点です。つまり、コンテナは**アプリケーションを動かすことに特化した箱**のようなものです。

■コンテナ

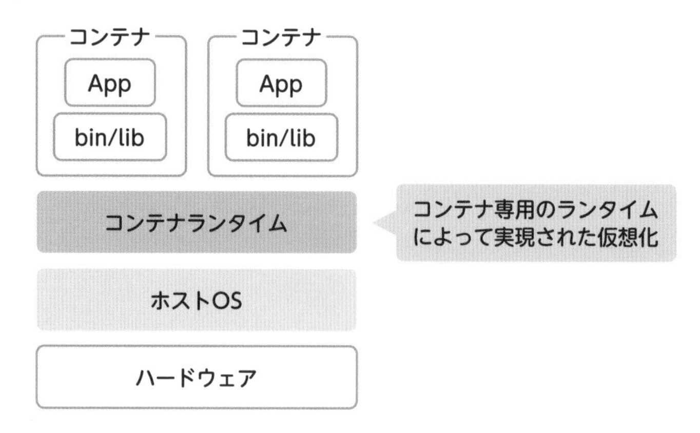

コンテナのメリット

コンテナにはさまざまなメリットがありますが、代表的なものは、ポータビリティの向上とリソースコストの削減です。

ポータビリティの向上

仮想マシンにアプリケーションを構築する際は、各種のライブラリを手動でインストールします。一方、コンテナで稼働するアプリケーションは、専用のツールを用いて、設定ファイル（有名な例ではDockerfileなど）から自動で構築します。同じ設定ファイルから構築すれば、同一のランタイム上では、基本的には「同じ動作」をさせることができます。そのため、開発工程の中でありがちな「開発環境では動くけど、本番環境では動かない」といった状況を防げます。このような性質を**ポータビリティ**が高い、または再現性が高いと表現します。この性質により、開発者はよりアプリケーション開発に集中できます。また、アプリケーションのビルド処理もコンテナの中で行われるので、1つの環境に複数の言語やバージョンをインストールする必要がなく、パッケージの依存関係も複雑になりにくいこともメリットといえるでしょう。

■ ポータビリティの向上

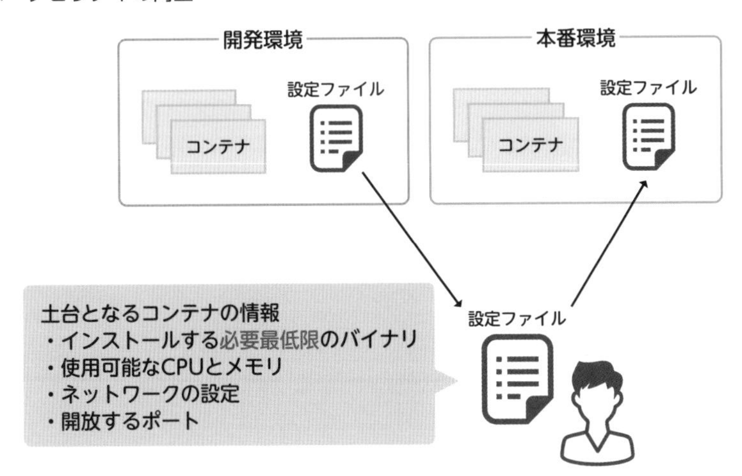

リソースコストの削減

コンテナはアプリケーションの実行に特化しており、必要最低限の機能しか搭載されていないので、とても軽量です。ホストOSのリソースを不必要に圧迫することなく、アプリケーションを動かせます。また、コンテナを扱うためのプラットフォームは、CPUやメモリの割り当てが設定できるので、これらの機能と組み合わせることでより高い効果を発揮します。また、その軽量さが転じて、起動がとても速い、というのもメリットの1つです。

これらの理由により、コンテナは幅広い開発者に支持され、大小さまざまなプロジェクトで使用されています。今や、クラウドを語る上でも避けて通れないスタンダードな技術です。

ほかの仮想化技術とコンテナは何が違うのか

コンテナには、ポータビリティを向上させ、リソースコストを削減するといったメリットがあると説明しました。コンテナは、なぜこれらのメリットを実現できるのでしょうか？　ハイパーバイザ型の仮想化技術と比較すると、その理由を説明できます。たとえば、ホスト型ハイパーバイザの場合、ホストOS上で稼働するハイパーバイザの機能で仮想マシンを作成して、さらにその中でゲストOSを稼働します。そのため、ゲストOSの設定や、ゲストOSにインストールされたライブラリなどによって、ゲストOS内で実行するアプリケーションの動作が変わることがあります。

一方、コンテナの場合は、アプリケーションの実行に必要な最低限のバイナリをホストOS上のコンテナ内で実行します。つまりコンテナでは、ゲストOSのオーバーヘッドを削減するとともに、アプリケーションの動作に影響を与える環境要因を取り除いているのです。

■ホスト型ハイパーバイザとコンテナの違い

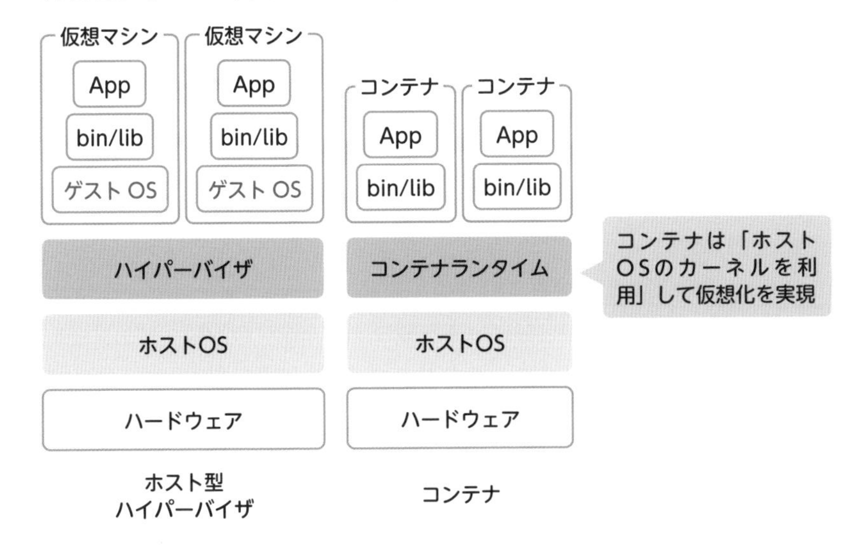

ただし、このような内部のしくみは、このあとで解説するGoogle Kubernetes Engineを扱う上で必ずしも理解する必要はありません。ひとまず「コンテナだと扱う階層が少ないんだな」と思っておけばよいでしょう。

Compute Engineはハイパーバイザ型

第4章でも紹介しましたが、Compute Engineで使われている仮想化技術は、ハイパーバイザ型（ネイティブ・ハイパーバイザ、またはベアメタル・ハイパーバイザともいわれる）で、コンテナ型仮想化技術とは異なります。ハイパーバイザ上で、仮想マシンが複数実行されています。具体的には、ハイパーバイザとしてLinuxのKVM（Kernel-based Virtual Machine）のしくみを使っています。

コンテナを使った開発に必要なもの

コンテナを使って開発するには、いくつか必要なものがあります。それは、コンテナを動かすツールとコンテナイメージ、そして、コンテナイメージの保存先です。

コンテナを動かすツール

コンテナを動かすための有名なツールには、DockerやKubernetesなどがあります。コンテナイメージと呼ばれる圧縮ファイルをダウンロードし、それをもとにコンテナを動作させることができます。

コンテナイメージ

コンテナイメージは、アプリケーションに必要なライブラリやそのほか必要最低限の機能をファイルにまとめたものです。アプリケーションのベースとなる最小限のOS機能のみがインストールされたものや、Webサーバーがすでにインストール済みのものなど、さまざまなコンテナイメージが存在します。それらのイメージを土台にして、必要なアプリケーションをコンテナの中に配置し、もう一度コンテナイメージとして保存します。

コンテナイメージを作成することを**ビルド**するといいます。Dockerにはビルド機能が標準で含まれています。Dockerでは、コンテナイメージを作る手順を記述した設定ファイル（Dockerfile）を作成し、そのファイルをもとにビルドします。

コンテナイメージの保存先

作成したコンテナイメージは**イメージレジストリ**と呼ばれるサービスに保存し、必要なときにダウンロードして使用します。イメージレジストリとしては、**Docker Hub**が有名です。

コンテナのエコシステム

コンテナを使った開発に使用するこれらのサービス・ツールをまとめて、コンテナにおける**エコシステム**と呼びます。

Google Cloudでは、これらに対応したサービスが提供されています。コンテナを動かすツール、コンテナイメージのビルド、イメージレジストリはGoogle Cloudではそれぞれ、Google Kubernetes Engine(GKE)、Cloud Build、Artifact Registryというサービスが該当します。

■ コンテナにおけるエコシステム

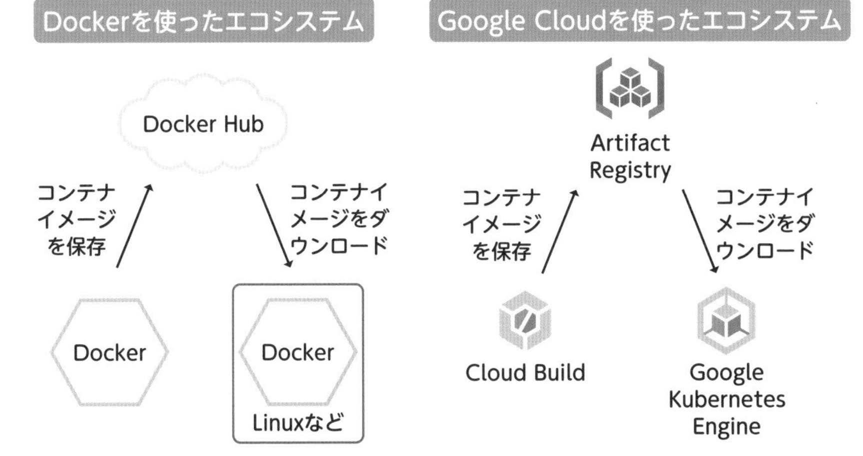

- **コンテナはアプリケーション単位で仮想化する技術**
- **コンテナには、ポータビリティの向上やリソースコストの削減といったメリットがある**
- **コンテナを使用するためには、コンテナを動かすツールとコンテナイメージ、コンテナイメージの保存先が必要**
- **Google Cloudではコンテナ開発・運用をサポートするサービスが提供されている**

49 Kubernetes (K8s) ～コンテナを管理するツール

前節でコンテナを動かすツールとして触れた、Kubernetesについて解説します。Kubernetesは、Google Cloudでコンテナを使うのに必要不可欠な知識なので、概要を理解しておきましょう。

Kubernetesとは

Kubernetes（以下、K8s）は2014年にGoogleから発表され、現在も活発なコミュニティによって目まぐるしい進化を遂げている、高機能な**コンテナオーケストレーションツール**です。コンテナオーケストレーションツールとは、コンテナの起動や停止、デプロイ、ネットワーク設定などを統合的に自動化するツールのことです。K8sは主に、大規模な環境でコンテナを管理するのに使用されます。逆に、運用するシステムが小さい場合は「そこまでの機能は不要」という理由で採用されないこともあります。

K8sの代表的な機能

K8sには、コンテナのヘルスチェックやオートスケール、デプロイなど、魅力的な機能がたくさんあります。これらの機能は、**マニフェスト**と呼ばれるYAML形式のファイルに設定を記述して利用します。K8sは、柔軟性が高く自動化に特化した機能が支持され、幅広く使われています。

■ K8sの代表的な機能

コンテナのヘルスチェック	コンテナのオートスケール	コンテナのスケジューリング
フレキシブルなデプロイ	ロールアウト・ロールバック	サービスディスカバリ

コンテナの異常を検知できる

K8sは「アプリケーション（コンテナ）で障害が発生した際は自動で復旧する」という考え方で設計されており、コンテナに障害が発生したかどうかは、**ヘルスチェック**と呼ばれる機能で監視しています。コンテナに異常があると、設定ファイルをもとにコンテナは再作成されます。その間、異常があるコンテナにはトラフィックが流れず、正常なほかのコンテナへ流れます。コンテナの再起動後、コンテナが正常に動作していれば、復帰したコンテナへ再度トラフィックが流れるようになります。

コンテナをオートスケールできる

K8sは柔軟な**オートスケール**を実現します。コンテナにおけるオートスケールとは「コンテナを自動で増減すること」であり、コンテナが使用するCPU利用率などを指標にして行います。コンテナの起動の速さを活かし、K8sはリソースの空いているマシンへコンテナをすばやくデプロイし、コンテナが正常に起動して利用可能になれば、そこへトラフィックを流し始めます。

■ コンテナのオートスケール

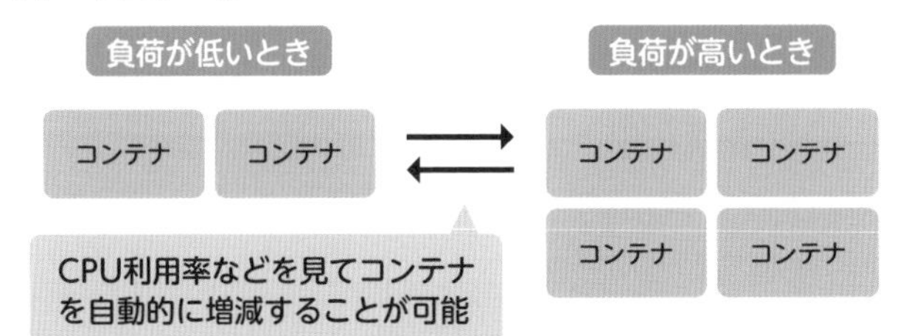

まとめ

- K8sはコンテナの管理を自動化するツール
- ヘルスチェック機能によってコンテナの異常を検知できる
- コンテナをオートスケールできる

Google Kubernetes Engine (GKE) ～Google Cloudで使えるKubernetes

Google Cloudでは、K8sをかんたんに使えるようにしたGoogle Kubernetes Engineが提供されています。一からK8sを構築するのは手間がかかりますが、Google Kubernetes Engineならすぐ使い始めることができます。

Google Kubernetes Engineとは

前節で紹介したK8sはとても便利なツールですが、一から構築・運用すると学習コストが高くなります。このK8sをGoogle Cloudで「かんたんに使える」ようにしたサービスが**Google Kubernetes Engine（以下、GKE）**です。

K8sを使うには、コンテナの基礎的な知識に加え、そのコンテナをコントロールするためのさまざまな上位概念を学ぶ必要があるので、初心者にはとっつきにくい面があります。また、K8sの環境構築にはインストールからネットワークの設定に至るまで、さまざまな工程があります。そのため初心者が一からK8sの環境を構築しようとすると、その時点で挫折してしまう場合もあるでしょう。

そこで登場したのがGKEです。GKEはクラスタ（大量のサーバーをまとめた集合体のこと）の作成からネットワーク設定までをワンクリック、またはワンライナー（1行）のコマンドで一気通貫に実施できます。これにより、K8sの機能にいきなり触れることができます。

■ GKEの代表的な機能やメリット

自動修復機能	自動アップグレードが可能	Dockerイメージのサポート
マルチゾーンクラスタ／リージョンクラスタによる高可用性を提供	Cloud Buildといった Google Cloudのサービスと組み合わせやすい	ハイブリッドクラウド／マルチクラウドをサポートするGKE Enterpriseエディションで使用されている

クラスタの作成がGKEならかんたん

クラスタの作成はかんたんです。クラスタ名の入力とロケーション指定を行うだけで作成できます。Google Cloudコンソールから作成する場合、いずれもデフォルト値が指定されており、そのまま作成も可能です。クラスタ作成時にカスタマイズを行うこともでき、たとえばクラスタを一般公開するかどうか、利用するネットワーク、セキュリティに関する設定などを行えます。

GKEには2種類のオペレーションモードがある

GKEには2種類のオペレーションモードが存在します。クラスタとコントロールプレーンを自動で管理する**標準モード**と、標準モードの機能に加えワーカーノードも自動で管理する**Autopilotモード**があります。コントロールプレーンは、K8sにおける司令塔のようなノード（サーバー）のことです。本書では、標準モードを前提にしてGKEの解説を進めます。

マルチクラスタを管理できるGKE Enterpriseエディション

サービスが成長してくると、単一のクラスタを実行するだけでは不十分になってきます。その際、複数のGKEクラスタを管理する必要が出てきますが、これらを個別に管理するのは手間がかかります。

GKEでは、複数のクラスタをかんたんに管理できる、**GKE Enterpriseエディション**が用意されています。なお、従来のGKEはStandardエディションとして提供されています。

GKE Enterpriseエディションでは、第2章で説明したハイブリッドクラウドやマルチクラウドの環境でクラスタを管理することもできます。**フリート(Fleet)**という単位で複数のクラスタを管理し、一貫した構成やセキュリティポリシーなどを設定できます。また、GKE Enterpriseエディションの一部機能のみ個別に購入することも可能です。

GKEの料金

GKEを利用すると「クラスタの管理料金」がかかりますが、無料枠があります。標準モードでは、コンピューティング料金として「ノードの料金」が追加されます。ノードの料金は、Compute Engineと同じ料金計算が適用されます。

一方、Autopilotモードは、「vCPUの料金」「ポッドメモリの料金」「エフェメラル（一時的に利用する）ストレージの料金」の合計です。ポッドについては後ほど紹介します。

また、Enterpriseエディションは、Standardエディションと比べると、クラスタ管理料金はかかりませんが、GKE利用料金が時間単位ではなくvCPUの利用時間（1時間）あたりで課金されるようになります。

■ GKEの料金

エディション	モード	クラスタ管理料金	GKE利用料金	コンピューティング料金
Standard	標準	時間単位	時間単位	ノードの料金
Standard	Autopilot	時間単位	時間単位	vCPUの料金 ポッドメモリの料金 エフェメラルストレージの料金
Enterprise	標準	-	vCPUの利用時間（1時間）あたり	ノードの料金
Enterprise	Autopilot	-	vCPUの利用時間（1時間）あたり	vCPUの料金 ポッドメモリの料金 エフェメラルストレージの料金

まとめ

- **GKEはK8sをGoogle Cloudで「かんたんに使える」ようにしたサービス**
- **GKEには、標準モードとAutopilotモードという2種類のオペレーションモードがある**
- **GKE Enterpriseエディションはマルチクラスタを管理する**

51 GKEのアーキテクチャ ～コンテナを管理するしくみ

GKEはK8sをコアコンポーネントとするマネージドサービスであり、GKEのアーキテクチャについて学ぶことは、K8sについて学ぶこととほぼ同義です。本節では基本的なK8sの概念と、GKEならではのポイントを解説しましょう。

ノード（Node）とは

K8sを使うと、大量のコンテナを効率よく管理・運用できます。まずは、このコンテナを載せるサーバーについて解説しましょう。

K8sの環境を構成する個々のサーバー（物理サーバーや仮想マシン）のことを**ノード**と呼びます。K8sには、コントロールプレーンとワーカーノードという2種類のノードが存在します。

コントロールプレーンは、クラスタ全体を監視・管理するノードです。クラスタに対する操作はすべて、このコントロールプレーンを経由して行われます。ただし、普段意識することはあまりないので「裏側に司令塔がいるんだ」ぐらいに覚えておきましょう。

ワーカーノードは、コンテナ化されたアプリケーションが実際にデプロイされるノードです。ワーカーマシン、あるいは単にノードと呼ばれることもあります。本書では「ワーカーノード」と表記します。コンテナ内で使用できるCPUやメモリといった各リソースの最大値は、デプロイされるノードに搭載されたリソース量を超えることはできません。

なお、コントロールプレーンによってデプロイされるコンテナがどのワーカーノードに配置されるかは、作業者が個別に指定する必要はありません。YAML形式のマニフェストファイルによって定義された大まかなルールに従って、コントロールプレーンがリソースの空いているワーカーノードへ自動的にデプロイします。逆にいうと、コンテナがどのワーカーノードにデプロイされるかは、作業者にはわからないということになります。

クラスタ (Cluster) とは

クラスタは、K8sにおける最も大きな概念です。すべてのノードを1つにまとめた集合体だと考えてください。K8sを構築するときはクラスタという単位で作成する必要があります。

■ K8sにおけるノードとクラスタ

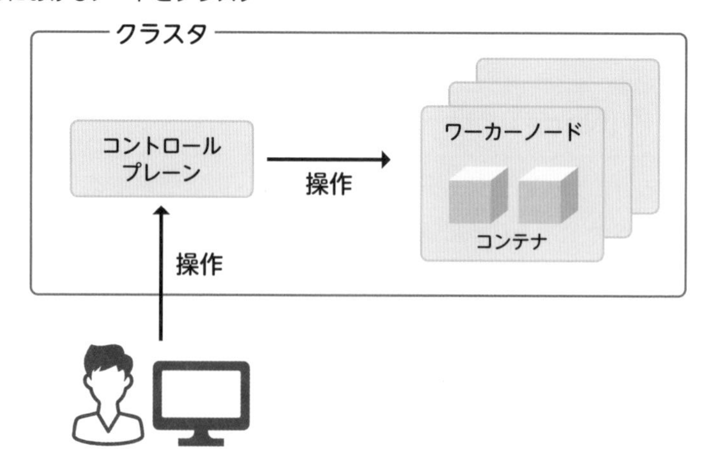

COLUMN ワーカーノードが自動で管理されるAutopilotモード

前節で紹介したAutopilotモードは、ワーカーノードが自動で管理されるモードです。GKEにおけるワーカーノードの実態はCompute Engineインスタンスですが、標準モードでコンテナをデプロイするとき、作業者は事前にこのワーカーノードのリソース情報を含んだ設定を定義しておく必要があります。

一方、Autopilotモードでは、ワーカーノードの定義は不要で「コンテナが要求するリソース分」のワーカーノードが自動で用意されます。つまり、作業者がワーカーノードの管理をしなくても、オートスケールを実現できます。

- **Autopilotの概要**
  https://cloud.google.com/kubernetes-engine/docs/concepts/autopilot-overview?hl=ja

ポッド（Pod）とは

ポッドとは、**K8sでコンテナをデプロイする際の最小単位のまとまり**です。通常、サーバーにデプロイしたアプリケーションは、ストレージやネットワーク、そのほかの必要なリソースを使用して動作します。ポッドはアプリケーションが使用するリソースの情報を設定ファイルでテンプレート化するので、デプロイされるたびに、同等の実行環境が用意されて、常に同じ振る舞いをするようにできます。つまり、コンテナのポータビリティはここでも活かされているのです。

なお、ここまでで紹介したクラスタ、ノード、ポッド、コンテナは、それぞれ入れ子のような関係になっています。

■ クラスタ・ノード・ポッド・コンテナの関係

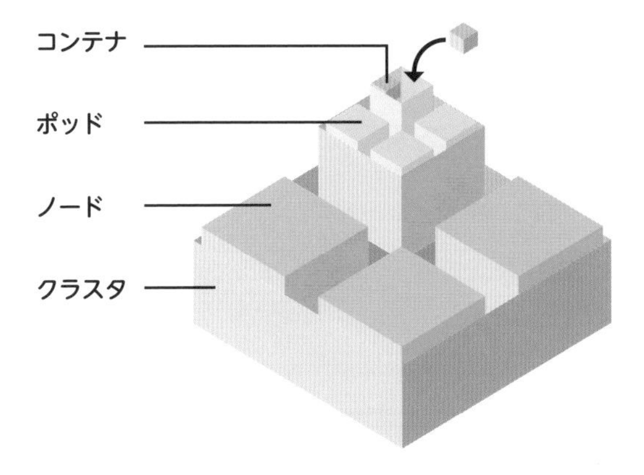

複数のコンテナを1つのポッドに積むこともある

ポッドにはコンテナを1つ以上含むことができます。もし関連する機能を持った2つのコンテナをペアにしてデプロイしたい場合は、複数のコンテナを含んだポッドを定義してデプロイします。たとえば、同じポッドの中に補助的な役割を担うコンテナを積むことがあり、このパターンをサイドカーコンテナと呼びます。

サービスとは

ノードの解説で「どのワーカーノードにコンテナ（ポッド）がデプロイされるかわからない」という点に触れました。では、ポッドへはどのようにアクセスすればよいのでしょうか？　その疑問を解決するのが**サービス**と呼ばれる機能です。なお、本書ではCompute Engineといったサービスと、K8sの「サービス」を区別するために、K8sにおける「サービス」を「サービス（K8s）」と表記しています。これは、あくまで本書における表記なので注意してください。

サービス（K8s）は、負荷分散のために複数個デプロイされた同じ種類のポッドを、**1つのリソースにグループ化したもの**です。サービス（K8s）に割り当てられたIPアドレスにリクエストを送ると、サービス（K8s）は、受けたリクエストをポッドに振り分けます。これにより、**どのノードにポッドがデプロイされたのかを意識することなく**アプリケーションへリクエストを送れます。

IngressやGatewayを使った外部負荷分散

クラスタ外からクラスタ内のサービス（K8s）にHTTP（S）トラフィックをルーティングするには**Ingress**や**Gateway**を作成します。IngressやGatewayを使用すると、GKEでは、Cloud Load Balancing（P.161参照）と連携して、外部または内部のロードバランサを作成します。

Ingressは、外部負荷分散に従来のアプリケーションロードバランサを使用しますが、1つのリソースをデプロイするだけでかんたんにロードバランサを作成できます。Gatewayは、Ingressの進化版で、第5章で説明したアプリケーションロードバランサも選択できます。どちらもURLマップに応じて転送するサービス（K8s）を振り分けます。

■ IngressやGatewayによる負荷分散

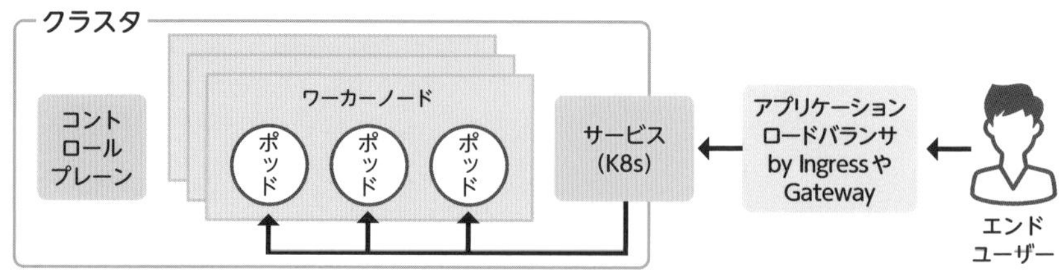

GKEでのデプロイ

K8sおよびGKEの機能を語る上で外せないのが、便利なデプロイ機能です。「ポッドは最小単位のまとまり」と説明しましたが、ポッドだけではデプロイ周りのメリットを享受できません。K8sのデプロイ機能を活用するには、レプリカセット（ReplicaSet）とデプロイメント（Deployment）という、ポッドの上位にあたる概念を知っておく必要があります。

レプリカセット（ReplicaSet）

レプリカセットは、期待するポッドの数を定義するためのリソースです。たとえば、ある特定のポッドについて、クラスタ全体で「3つのポッドを維持してください」とレプリカセットで設定すれば、K8sはその設定をもとに、同一のポッドを合計3つ起動します。

デプロイメント（Deployment）

デプロイメントは、レプリカセットのさらに上位の概念にあたるリソースです。名前の通り、このリソースこそがK8sのデプロイ機能を司ります。デプロイメントリソースを設定すると、自動的にレプリカセットとポッドが作成され、デフォルトでローリングアップデート（稼働中のシステムを停止せずに、システムを更新すること）が行われます。デプロイの機能を持ったK8sのリソースはほかにもありますが、ひとまずはデプロイメントについて押さえておきましょう。

■ デプロイメントとレプリカセット

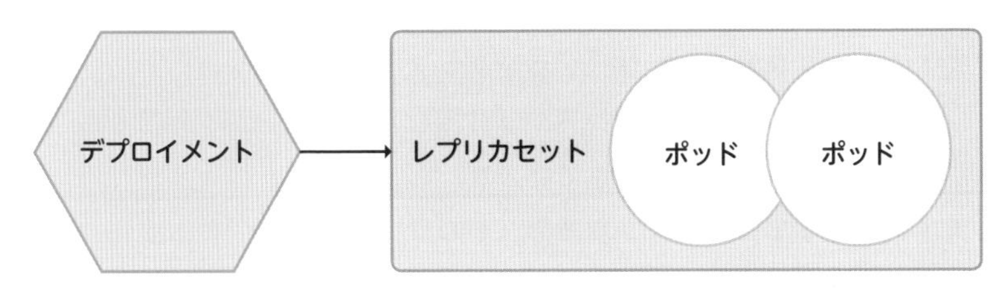

GKEがもたらす高可用性

GKEはアプリケーションの高い可用性を提供します。この可用性を支えるしくみには、ヘルスチェックと、マルチゾーン／リージョンクラスタがあります。

ヘルスチェック

K8sには、デフォルトでコンテナの監視機能があります。コンテナの起動に失敗したときや突然コンテナが停止したときなど、さまざまな要因でコンテナに異常が発生したとき、ポッドの設定情報をもとにして、**新しいコンテナを一から起動し直し**ます。コンテナが起動して正常な状態に戻るまで、そのポッドはサービス（K8s）の対象から外れるので、リクエストが送られることはありません。

K8sには、コンテナの稼働状態を確認するヘルスチェック機能が用意されており、開発者は、アプリケーションにあわせた監視方法を「ヘルスチェック用エンドポイント」として実装できます。

マルチゾーンクラスタとリージョンクラスタ

GKEでは、複数のゾーンにノードをデプロイすることで、クラスタ全体の可用性を高めることができます。

ワーカーノードが複数のゾーンにまたがって作成されるクラスタのことを**マルチゾーンクラスタ**と呼びます。複数のゾーンにデプロイされているので、あるゾーンに大きな障害が発生した場合、リクエストはほかのゾーンへ送られます。そのため、システムをダウンさせることなく運用できます。

マルチゾーンクラスタの機能に加え、コントロールプレーンも複数のゾーンに作成するクラスタのことを**リージョンクラスタ**と呼びます。普段、コントロールプレーンがどこにデプロイされるかは意識しませんが、コントロールプレーンはどこかのゾーンに必ず存在しています。もし、コントロールプレーンがデプロイされているゾーンが1つの場合、そのゾーンに障害が発生すると、GKEを操作できなくなります。リージョンクラスタを使用すると、コントロールプレーンの可用性を高めることが可能です。

なお、コントロールプレーンとワーカーノードが、単一のゾーンにデプロイされるクラスタのことは**シングルゾーンクラスタ**と呼びます。

■ マルチゾーンクラスタとリージョナルクラスタがもたらす高可用性

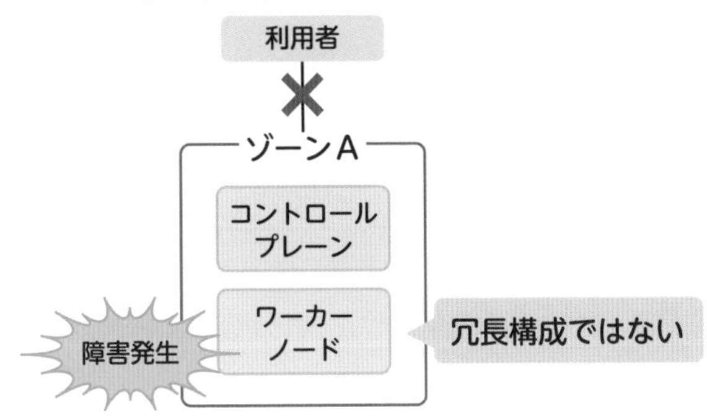

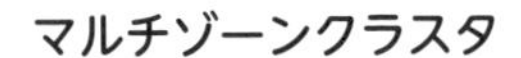

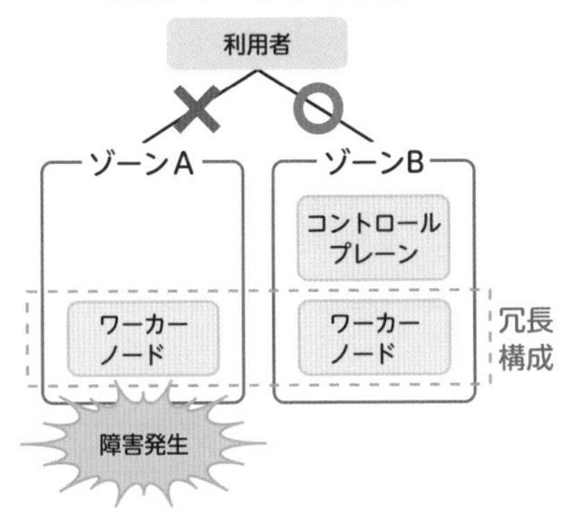

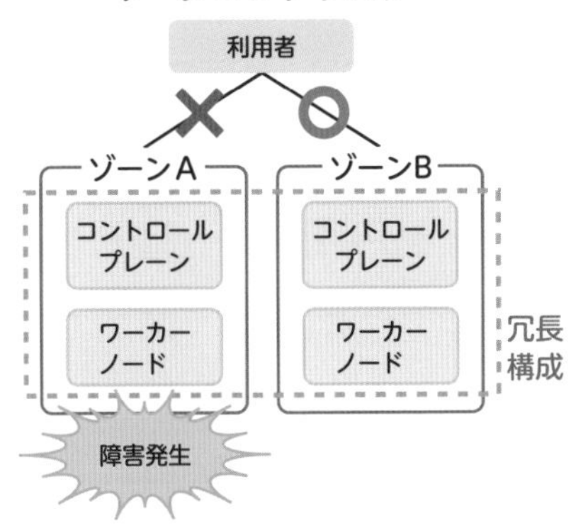

まとめ

- クラスタにはコントロールプレーンとワーカーノードが存在
- ポッドはK8sでコンテナをデプロイする際の最小単位のまとまり
- デプロイ機能を活用するには、レプリカセットとデプロイメントが必要

52 GKE／K8sを使うメリット ～GKEとCompute Engineの比較

GKE／K8sにはほかにも、ローリングアップデートやロールバックといった、さまざまな機能があります。同じことをCompute Engineで行う場合と比較しながら、GKEを選ぶメリットを明確にしていきましょう。

ローリングアップデート

前節で紹介したデプロイメントがどのようにしてローリングアップデートを実現しているのか、Compute Engineでローリングアップデートを実現した場合と比較して考えてみましょう。Compute Engineでローリングアップデートを実現する場合は、新しいバージョンのアプリケーションをインストールしたインスタンスを新規作成して、ロードバランサの向き先を切り替えるという手順を自分で行う必要があります。しかし、GKEの場合は、デプロイメントの設定ファイルに書かれたポッドの情報を書き換えるだけで「Compute Engineの場合」に示した手順が、すべて自動で行われます。

■ローリングアップデートの手順を比較

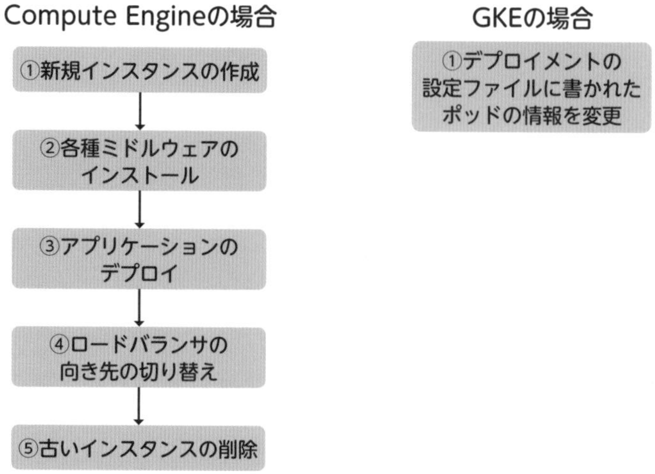

Compute Engineの場合

①新規インスタンスの作成
↓
②各種ミドルウェアのインストール
↓
③アプリケーションのデプロイ
↓
④ロードバランサの向き先の切り替え
↓
⑤古いインスタンスの削除

GKEの場合

①デプロイメントの設定ファイルに書かれたポッドの情報を変更

GKEでローリングアップデートを行う際、内部的には、デプロイメントがレプリカセットをうまく使って新旧のバージョンを入れ替えています。コンテナは「起動が速い」というメリットもあるため、ローリングアップデートにおける入れ替えや巻き戻しにかかる時間も、仮想マシンを用いた運用に比べて圧倒的に速くなります。もう少しイメージしやすいように、K8sの内部的なローリングアップデートのフローを図で紹介します（厳密にはもう少し細かい処理を行っています）。

■ K8sのローリングアップデート

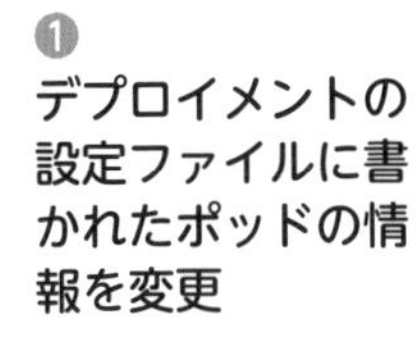

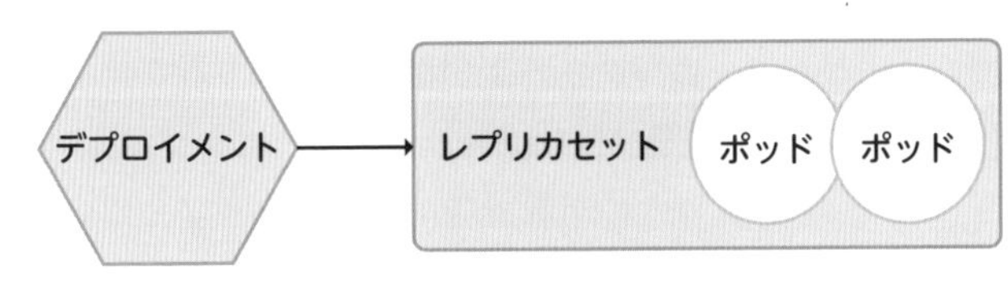

❷
新たなレプリカセットが作成され、その管理下にポッドが作成される

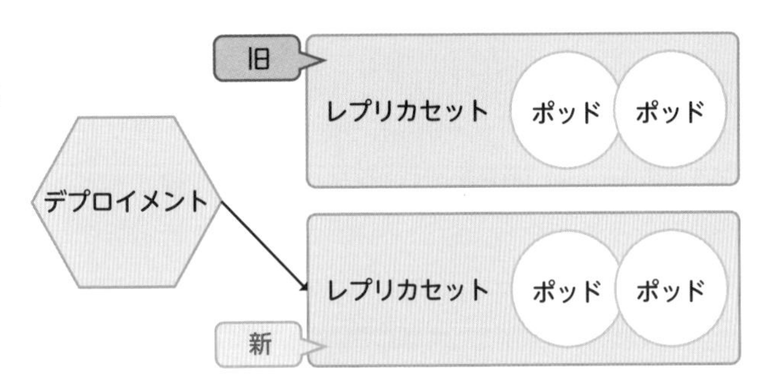

❸
新しいポッドが作成されると古いレプリカセットとポッドが削除される

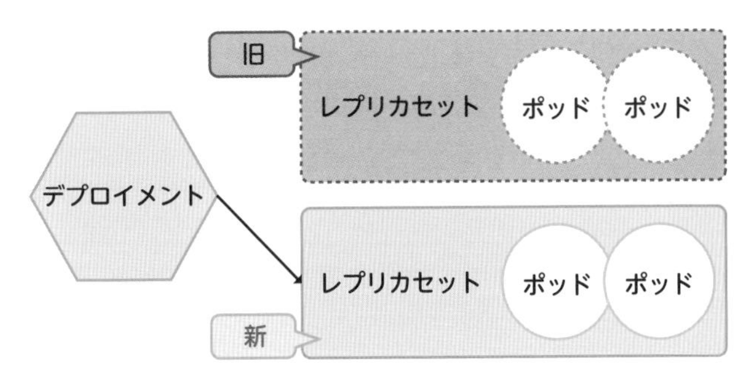

ロールバック

　コントロールプレーンはマニフェスト（設定ファイル）の履歴を持っています。そのため、ローリングアップデートと同じ方法でコンテナを古い設定のものに入れ替え、巻き戻すことができます。これを**ロールバック**と呼びます。

オートスケール

　GKEには、クラスタに含まれるワーカーノードを自動的に増減するオートスケールと、ワーカーノード上で稼働するポッドを自動的に増減するオートスケールという、2種類の意味でオートスケールの機能があります。GKEの場合、ワーカーノードは、Compute Engineの仮想マシンが使われているので、Compute Engineの機能でオートスケールを行えます。**Node Pool**と呼ばれるノードのリソース情報（マシンスペックなど）を定義したリソースで「自動スケーリングを有効化」するだけで、ワーカーノードのオートスケールに必要な設定がすべて自動で行われます。

　ポッドのオートスケールは、ポッドのオートスケール設定を担う**Horizontal Pod Autoscaler（HPA）**というリソースを定義すると、実現できます。コンテナの起動の速さから、仮想マシンを用いたオートスケールよりも高速にアプリケーションをスケールできます。

　つまりGKEでは、**ノードとポッドの両方のオートスケールがかんたんに利用できます。**

> **COLUMN　オートスケールに必要なこと**
>
> 　Compute Engineでオートスケールするには、インスタンステンプレートやステートレス構成についての理解が必要になります。GKEはこれらの設定をすべて自動で行いますが、内部的には同じものです。本書では詳細を割愛しますが、Compute Engineでのオートスケールについては、公式ドキュメントも参照することをおすすめします。

Compute EngineとGKEの比較

GKEを使うと、ローリングアップデートやロールバック、オートスケールが、Compute Engineよりかんたんに行えます。Compute EngineとGKEはほかにもさまざまな違いがあるので、まとめて紹介します。

■ Compute EngineとGKEの比較

項目	Compute Engine	GKE
インスタンスのダウン	自動起動機能がある	自動起動機能がある
アプリケーションのダウン	systemdであればプロセスのみ自動起動ができる	動作環境そのものを一から再起動させる
外部負荷分散と内部負荷分散	Cloud Load Balancingなどを使用する	サービス（K8s）とIngress（またはGateway）を定義する（内部的にはCloud Load Balancingが動作）
プロセス監視	自身で監視基盤を構築、又は設定する	GKEが状態を管理する
ヘルスチェック	自身で監視基盤を構築、又は設定する	Probeを設定する
ゾーンの障害	自身でリージョンマネージドインスタンスグループの構築	リージョンクラスタまたはマルチゾーンクラスタを作成する
デプロイ	CD（継続的デリバリー）ツールなどを使用、又はマニュアルで操作	ポッドやデプロイメントを定義する
ローリングアップデート・ロールバック	CD（継続的デリバリー）ツールなどを使用、又はマニュアルで操作	デプロイメントのデフォルト機能
オートスケール	マネージドインスタンスグループなどの構築	ノードのオートスケールを有効化し、HPAを定義

まとめ

- **GKEを使うと、ローリングアップデートやロールバック、オートスケールが、Compute Engineよりかんたんに行える**

53 GKEを使用する流れ ～GKEでコンテナを動かすまで

ここまでGKEのメリットを紹介してきました。GKEが「いろいろ自動で便利そう」ということを感じてもらえたと思います。では、実際にGKEを使う際はどのような手順が必要になるのか、大まかな流れを見てみましょう。

GKEでコンテナを動かす手順

GKEを実際に使い始める際、どういった流れで何をするべきなのかがわかりづらいことがあります。ここでは、GKEでコンテナを動かすのに必要な手順を紹介しましょう。

①クラスタを作成

GKEでコンテナを動かすには、まずクラスタを作成する必要があります。クラスタは、Google Cloudコンソールから作成できます。検証の段階では、クラスタのゾーンはデフォルトの「シングルゾーンクラスタ」で十分です。

② kubectlのインストール

K8sを操作するために、コマンドラインツールである**kubectl**を使います。kubectlはK8sを操作する端末にインストールしますが、apt-getやyum、HomeBrewなどさまざまなパッケージマネージャでかんたんにインストールできます。Cloud Shellの環境には最初からインストールされているので、GKEのクラスタを操作する際は、Cloud Shellを使用することをおすすめします。

③コンテナイメージをビルドする

Cloud Buildなどを使って、コンテナイメージをビルドします。コンテナイメージをビルドするツールには、さまざまなものがあります。Dockerを使用する人も多いと思いますが、Cloud BuildではDockerfile（Dockerでイメージをビルドする際に使う設定ファイル）がサポートされており、Dockerとほとんど同じ手順でビルド可能です。作成したコンテナイメージを、Artifact Registryなどに保存すれば、いつでもビルド済みのイメージを使用して、クラウド上にアプリケーションをデプロイできます。

④ポッドとサービス（K8s）をデプロイする

ポッドとサービス（K8s）をデプロイします。サービス（K8s）を設定すると、サービス（K8s）のIPアドレスでポッドへのアクセスが可能になります。

⑤インターネットからのアクセスを可能にする

IngressやGatewayを使用して、Google Cloud上に外部アプリケーションロードバランサを立てると、インターネットからポッドへのアクセスが可能になります。

■ GKEでコンテナを動かす流れ

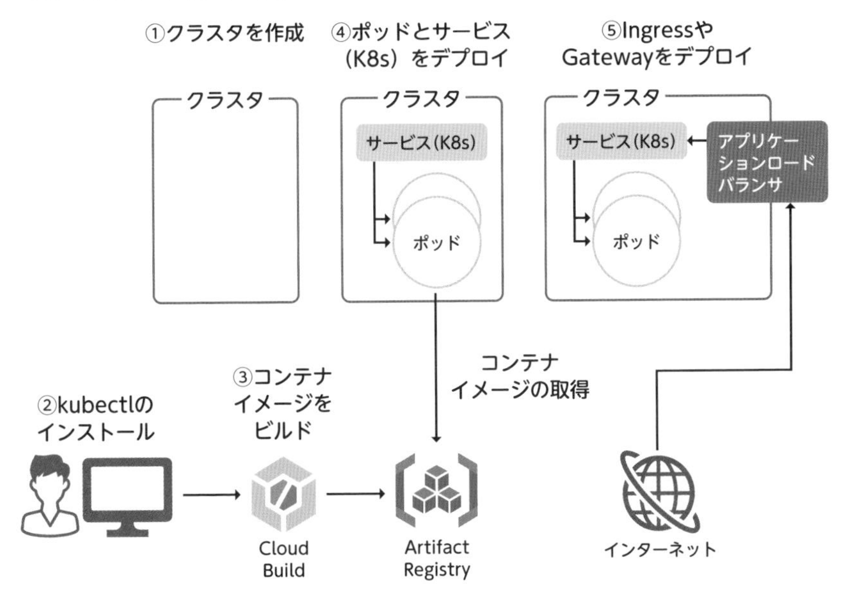

GKEのユースケース

ここまでGKEのメリットや使い方を解説してきました。しかし実際はどのようなシステムやシーンで使用するべきなのか、悩む場合もあるでしょう。ここでは、GKEのユースケースを紹介します。GKEのユースケースは、主に3つあります。

ローカルの開発環境がコンテナ

1つ目は、ローカルの開発環境がコンテナである場合です。開発者にコンテナに関する知識があると、GKEの導入に対するコストが低いので、GKEの恩恵を受けやすくなります。

オートスケールを実現したい

2つ目は、システムをオートスケールさせたい場合です。前述した通り、GKEはオートスケールに強みがあるので、導入を検討すべきです。ただし、コンテナに関する知識があるかどうかで、導入のハードルは大きく変わります。

マイクロサービス化を検討している

3つ目は、マイクロサービス化を検討している場合です。**マイクロサービス**とは、アプリケーションの各機能を互いに独立したサービスに分割する開発手法のことです。マイクロサービスでは、個々のサービスをコンテナでデプロイすることが多いので、GKEの利用が適しています。またマイクロサービスには、インフラと開発の境界を明確に分けることで、作業者がより自分のタスクに集中できるというメリットがあります。

なお、マイクロサービスの反対は**モノリシック・アーキテクチャ**という表現をします。モノリシック・アーキテクチャとは、すべての機能を1つのサービスで実装する開発手法のことです。

■モノリシック・アーキテクチャとマイクロサービス

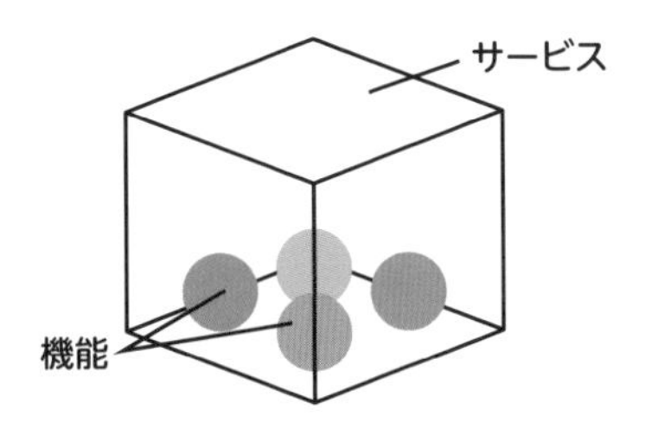

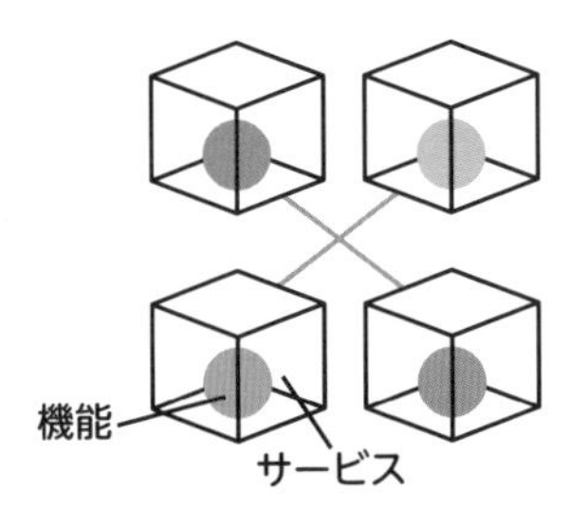

GKE利用時の注意点

ここまでコンテナやGKEのメリットを紹介してきましたが、GKEの利用には、注意点もあります。ここでは、2つの注意点を紹介します。

サーバーチューニングの自由度が下がる

サーバー本体に対する高度なチューニングが必要なアプリケーションの場合、GKEを採用するのは難しいことがあります。GKE／K8sは、汎用的なサーバー上に多数のコンテナをデプロイして、サーバーリソースを効率的に利用することを目指して設計されています。特定のアプリケーション専用にサーバーをチューニングするといった使い方には向いていません。

特殊な動作環境が必要なアプリケーションの場合は一度立ち止まって、本当にGKE／K8sを使用するべきかを考えるべきでしょう。

オートスケールでも負荷試験は必要

「オートスケールするから」といって、負荷試験をおろそかにしてよい理由にはなりません。K8sは内部構造が複雑なため、想定外の部分で性能上の問題が発生する恐れがあります。筆者個人の経験ですが、30万人のアクティブユーザーを想定したスマートフォンアプリの負荷試験を実施した際、何百ものポッドが起動した結果、K8s内部のDNSリソースが枯渇してアプリケーションが応答しなくなったことがあります。このように、従来のアプリケーション環境では遭遇しないような問題に出会うことがあります。想定する数以上の負荷をかけ、次に現れるボトルネックがどこなのかを、確実に把握しておきましょう。

このように、GKEには注意点もあります。そのためGKEを利用する際は、GKEのメリットとデメリットを理解して、ユースケースが自分に当てはまるかの検討が必要になります。

まとめ

- **GKEでコンテナを動かすには、クラスタの作成やコンテナイメージのビルドといった手順が必要**
- **GKEはオートスケールを実現したい場合やマイクロサービスに向いている**
- **マイクロサービスは、各機能を独立したサービスに分割する開発手法**
- **GKEのメリットとデメリットを理解して、ユースケースが自分に当てはまるかの検討が必要**

54 サーバーレスサービス ～サーバーを意識する必要がないしくみ

本節からはサーバーレスサービスを紹介します。サーバーレスはコンテナと同様に、注目度が高い技術です。ここではまずサーバーレスサービスとは何かを見ていきましょう。

サーバーレスサービスとは

サーバーレスサービスとは、開発者がサーバーインフラを意識することなく、コーディングに専念してアプリケーション開発ができるサービスのことです。従来のようにサーバーを構築したりミドルウェアをインストールしたりすることなく、コードを動かせます。たとえばCompute Engineを使ってWebシステムを作ると、Nginxなどを自分でインストールして、Webコンテンツを返すように実装する必要があります。一方サーバーレスサービスの場合は、実装したコードやコンテナをデプロイするだけで、Webシステムとして機能させることができます。

ただし、サーバーインフラを気にしなくてよい反面、利用する上での制約もあります。そのため、どのような制約があるのかを理解し、自分が作りたいシステムにあったサーバーレスサービスを選ぶことが大切です。

■ サーバーインフラを気にする必要がない

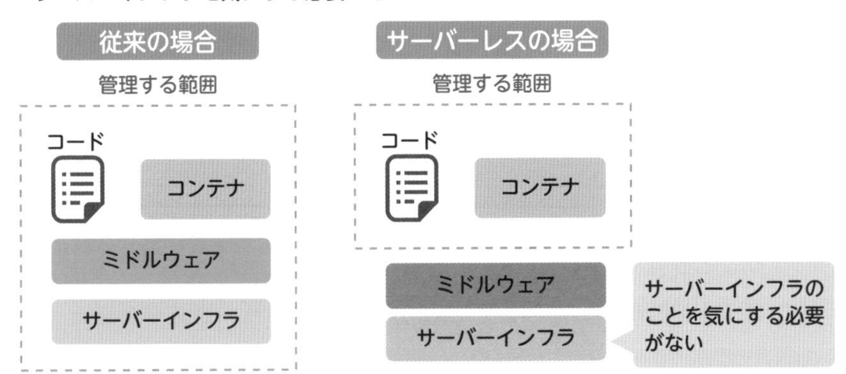

Google Cloudのサーバーレスサービス

Google Cloudはほかのクラウドサービスに先駆けて、サーバーレスサービスを公開しています。2008年にWebアプリケーションをサーバーレスで構築可能なApp Engineをリリースし、ソフトウェア業界に大きなインパクトを与えました。インフラを自分で用意することなく、コードを書くだけでGoogleのインフラ上に自分のアプリケーションを動かせるこのサービスは、従来のインフラ構築・運用の作業負担を大きく減らすことができるため、非常に魅力的でした。当初は、使用できるプログラミング言語やライブラリが少ないといった制約がありましたが、アップデートを重ねることでその制約が少なくなってきています。

App Engineのほかにも、関数を実行できるCloud Functionsや、コンテナを実行できるCloud Runといったサーバーレスサービスがリリースされています。実はGoogle Cloudのサーバーレスサービスの多くは、コンテナによって実現されています。ただし利用の際には、コンテナの存在はそれほど意識する必要はありません。

まとめ

- **サーバーレスサービスを利用するとサーバーインフラを意識する必要がない**
- **サーバーレスサービスにどのような制約があるのかを理解することが重要**
- **Google Cloudにはさまざまなサーバーレスサービスがある**

55 App Engine ～Webアプリケーション開発のサービス

サーバーレスサービスの1つであるApp Engineは、Google Cloudで最初に公開されたこともあり、知名度が高いサービスです。本節では、App Engineについて解説します。

App Engineとは

App Engineは、Webアプリケーションを開発できるサーバーレスサービスです。トラフィックの増減にあわせて自動でスケールするWebアプリケーションやモバイルバックエンドを、かんたんに構築できます。App Engine上にコードをデプロイする際も、設定ファイル（YAML形式）を書き、コマンドを1つ実行するだけです。なお、App Engineには、**スタンダード環境**と**フレキシブル環境**の2種類が用意されています。どちらもApp Engineのサービスですが、使用できるプログラミング言語や無料枠の有無などの違いがあります。

■ App Engine

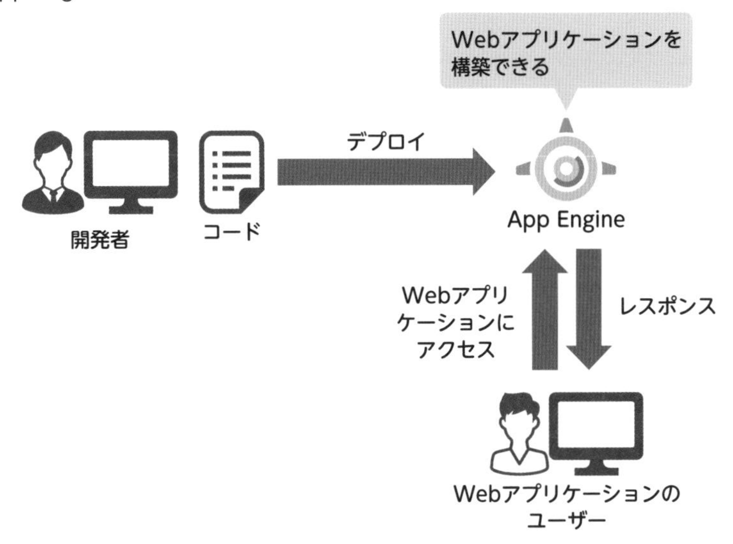

スタンダード環境とフレキシブル環境の違い

スタンダード環境とフレキシブル環境はどちらもWebアプリケーションを作成できるサービスですが、向き不向きや使用できるプログラミング言語に違いがあります。

スタンダード環境は、無料または低コストで運用することを目的とした環境です。制限は多くありますが、トラフィックがない場合にインスタンス数を0にスケールインさせて、料金をかからないようにできます。

フレキシブル環境はCompute Engineに似ており、任意のプログラミング言語を使用したり、SSHで接続したりすることが可能です。また、Websocketに対応しており、常時接続アプリケーションの開発を行えます。

■ スタンダード環境とフレキシブル環境の違い

項目	スタンダード環境	フレキシブル環境
インスタンス起動時間	秒	分
リクエストの最大タイムアウト	ランタイムとスケーリングタイプによって異なる	60分
最小インスタンス数	0	1
無料枠	1日あたり28時間分のインスタンス料金（インスタンスクラスよって異なる）	なし
ローカルディスクへの書き込み	/tmpのみ書き込み可能（一部のランタイムでは書き込み不可）	全ディレクトリ書き込み可能
SSH接続	不可能	可能
使用可能言語	Python、Java、Node.js、PHP、Ruby、Go	Python、Java、Node.js、PHP、Ruby、Go、.Net。カスタムランタイムを使うと任意の言語を使用可能

デプロイのバージョン管理が可能

App Engineには、デプロイのバージョンを管理する機能があります。デプロイは**Blue-Greenデプロイメント**にもとづいて行われます。Blue-Greenデプロイメントとは、稼働中のアプリケーションと同じ環境を新しく作成し、既存の環境を残したまま新しい環境にコードを反映する方法のことです。デプロイしてアプリケーションを更新しても、古い環境が残るのが特徴です。

App Engineでは、デプロイ時にアプリケーションに対してバージョンを割り振ります。デフォルトでは最新のバージョンにリクエストを流しますが、どのバージョンにどれくらいリクエストを流すかを指定することもできます。これにより、問題発生時にすぐに1つ前のバージョンに戻すロールバックを行ったり、リクエストを複数のバージョンに振り分けてABテスト（2つの施策を比較するテストのこと）を行ったりすることが可能です。

■ デプロイのバージョン管理

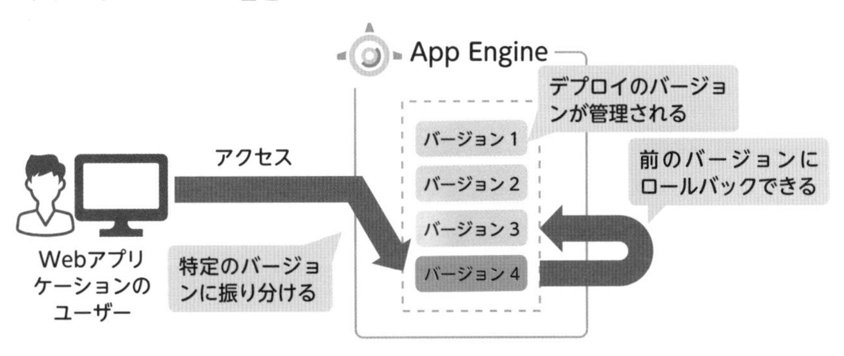

まとめ

- App EngineはWebアプリケーション作成に特化したサーバーレスサービス
- スタンダード環境とフレキシブル環境の2種類が用意されている
- バージョン管理によってロールバックやABテストが容易

56 Cloud Functions ～関数を実行できるサーバーレスサービス

Cloud Functionsは関数を実行できるサーバーレスサービスで、シンプルなシステムの構築に向いています。ほかのサービスと組み合わせてさまざまな処理を実現できますが、利用上の制約もあるので注意が必要です。

Cloud Functionsとは

Cloud Functionsは、HTTPリクエストやGoogle Cloudの各種サービスのイベントをトリガーに、関数を実行するサーバーレスサービスです。関数単位での実行になるため、シンプルなシステムの構築に向いています。イベントと関数を組み合わせることでさまざまな処理を行える反面、特定のプログラミング言語しかサポートしておらず、利用する上での制約が多いのが特徴です。

トリガーにはいくつかの種類があります。たとえば「Cloud Storageへのファイルアップロード」を、トリガーとして登録できます。関数作成時にこのトリガーを指定すると、Cloud Storageにファイルがアップロードされたときに、ファイルを使った処理（画像のリサイズなど）を行うといったことが可能です。

Cloud Functionsに関数をデプロイする方法は、いくつか用意されていますが、Google Cloudコンソール上の専用エディタを使うと、関数を直接書いてデプロイできるので、かんたんに使用可能です。

■ Cloud Functionsのユースケース

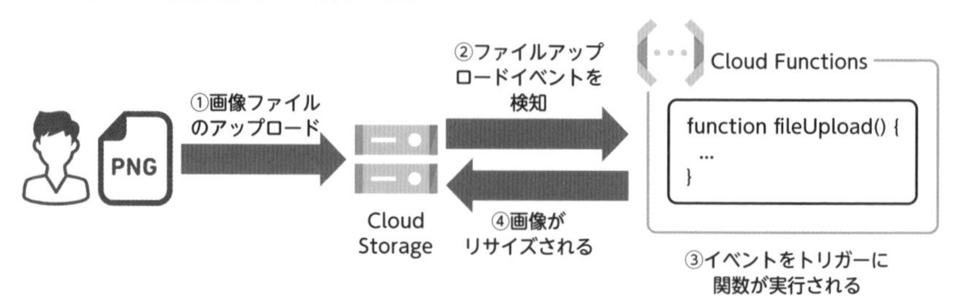

Cloud Functionsのバージョン

Cloud Functionsには、**Cloud Functions（第1世代）とCloud Functions（第2世代）の2つのバージョンがあります。**これから新規でCloud Functionsを使う場合は、Cloud Functions（第2世代）を選択することが推奨されています。

Cloud Functions（第2世代）は、Cloud Runをベースに構築され、第1世代と比べると、機能の強化と柔軟性が増しています。たとえば、リクエストのタイムアウトの最大値が大きくなったり、トリガーできるサービスが増えたりしています。

■ Cloud Functionsのバージョン比較

項目	第1世代	第2世代
タイムアウト	最大9分	HTTPトリガーの場合は最大60分 イベントトリガーの場合は最大9分
インスタンスのサイズ	最大8GBのRAM (2 vCPU)	最大16GiBのRAM (4 vCPU)
同時実行	1件	最大1,000件
トラフィック分割	×	○
イベントトリガー	Cloud Storageなど 7つのサービス	Eventarcによる90以上のイベントタイプ

Cloud Functionsの料金

Cloud Functionsは、どちらのバージョンでも、関数の実行時間、実行回数、ネットワーク（下り）の項目でそれぞれ料金がかかります。いずれの項目にも無料枠があります。

ただし、Cloud Functions（第2世代）は、後述するCloud Runの料金が適用されるので注意しましょう。

まとめ

- **Cloud Functionsは関数を実行するサーバーレスサービス**

57 Cloud Run ～コンテナを動かせるサーバーレスサービス

Cloud Runはコンテナイメージを動かせるサーバーレスサービスです。サーバーレスサービスの中でも制約が少なく、さまざまなプログラミング言語やミドルウェアを利用できます。

Cloud Runとは

Cloud Runは、コンテナを動かせるサーバーレスサービスです。Dockerfileを用意して後述するCloud Buildを使うと、かんたんにデプロイできます。Dockerfileを使うと任意のプログラミング言語やソフトウェアでアプリケーションを作成できるため、ほかのサーバーレスサービスと比較しても制限が少ないのが特徴です。

Cloud Runの実行環境内にデータを書き込むことも可能ですが、アクセスが少なくなり余分なコンテナが削除されるときに、書き込んだデータも一緒に削除されてしまいます。そのため、キャッシュなどの一時的なデータを書き込むのに向いています。

■Cloud Run

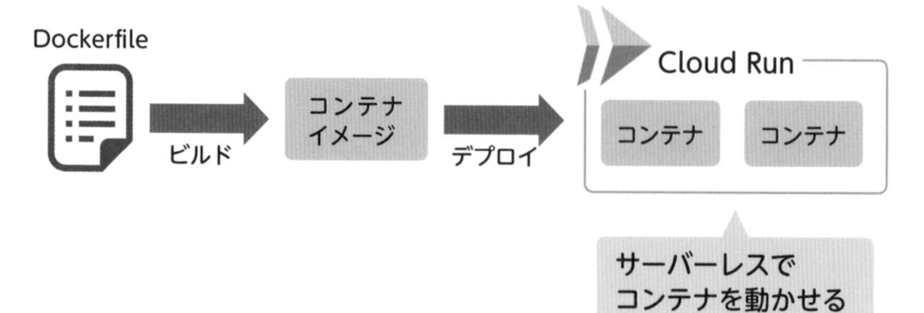

コンテナイメージだけでアプリケーションを実行可能

コンテナイメージは、Dockerfileというコンテナ構成情報を書いたファイルを使ってビルドされます。Cloud Runはコンテナイメージさえあれば動かすことができ、コンテナイメージの中身には関与しません。そのため、Dockerfileに任意のプログラミング言語やソフトウェアをインストールするように記述することで、自由に構成を作れます。あとは、Cloud Runが指定したポートでリクエストを受け取るようにすれば、Webアプリケーションとして動作させることができます。

Cloud Runのデプロイ

Cloud Runのデプロイには、コンテナイメージを格納したURLを指定する方法と、Dockerfileが含まれるソースリポジトリを指定する方法、そしてソースコードを指定する方法があります。

コンテナイメージを指定する場合は、自分でDockerfileからコンテナイメージをビルドし、Cloud Runがアクセスできるストレージにアップロードしておく必要があります。

ソースリポジトリを指定する場合は、Cloud Buildによるコンテナイメージのビルドが自動で行われます。コードの変更をトリガーにして、イメージのビルドと再デプロイの自動化もできます。ソースリポジトリにはGitHubが設定できます。

ソースコードを指定する場合は、デプロイを行いたいソースコードのフォルダパスを指定します。なお、Cloud RunにはDockerfileなしでデプロイする方法も用意されています。Googleが開発したBuildpackという仕組みを利用してソースコードを解析し、かんたんにデプロイできます。

■ ソースリポジトリを指定するデプロイ方法の場合

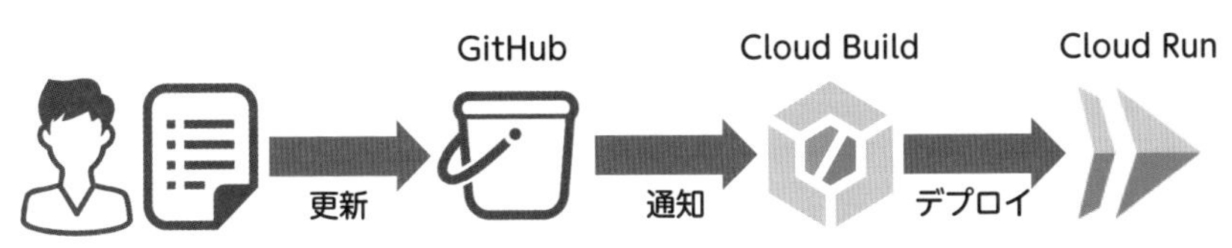

どのコンテナ・サーバレスサービスを使うか

ここまで、さまざまなコンテナサービスやサーバレスサービスを紹介しました。これらサービスは、どのように使い分ければよいのでしょうか？　それぞれのサービスの特徴にフォーカスして整理してみましょう。

■ コンテナ・サーバレスサービスの違い

サービス	概要	動作に必要なもの	ユースケース	管理の負担
GKE	フルマネージドなKubernetes	マニフェスト、コンテナイメージ	大規模で複雑なシステム	Standard：大きい Autopilot：やや大きい
Cloud Run	サーバーレスなコンテナ実行環境	コンテナイメージ	さまざまなアプリケーション	小さい
App Engine	サーバーレスなアプリケーション実行環境	アプリケーションコード	Webサイト	小さい
Cloud Functions	サーバーレスな関数実行環境	関数	特定の用途に特化した処理	小さい

Cloud Runの料金

コード実行時に使用したCPUやメモリ、下りネットワークの使用量と、リクエスト数に応じた料金が発生します。使用時間は最も近い100ミリ秒単位に丸められます。また、各項目には無料枠が用意されています。なお、リクエストがないときは、自動でインスタンス数を0に下げることが可能です。その場合、料金はかかりません。

まとめ

- Cloud Runはコンテナを動かせるサーバーレスサービス
- 1つのDockerfileで構築できるWebアプリケーションなどのケースで有効

58 Cloud Build ~テストやビルドを自動化

テストやビルド、デプロイといった作業はCI/CDサービスを使うと自動化できます。コンテナやサーバーレスのサービスは、CI/CDサービスとあわせて使うことが多いのでここで紹介しましょう。

CI/CDとは

CI/CDは、継続的インテグレーション（CI）と継続的デリバリー（CD）の略称です。CIはテストやソフトウェアのビルドを自動化することを指し、CDは開発環境や本番環境へのデプロイを自動化することを指します。CIを行うことで問題の早期発見と修正ができるようになり、CDを行うことで迅速かつ安全なリリースを実現できます。このCI/CDを統合した一連の処理は**CI/CDパイプライン**と呼びます。

■ CI/CDパイプライン

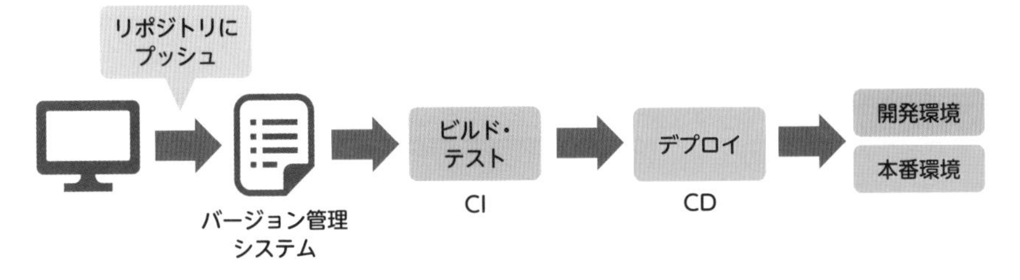

Cloud Buildとは

Cloud Buildは、Google Cloudが提供しているCI/CDのサービスです。Google Cloudのサービスとかんたんに連携でき、仕様にあわせたビルドを実行し、成果物（アーティファクト）を生成します。

また、ほかのGoogle Cloudサービスを利用する際に、自動的にCloud Buildが使われるケースもあります。たとえば、App Engine にアプリケーションをデプロイすると、自動でCloud Buildが起動します。

■ App Engineにアプリケーションをデプロイしたとき

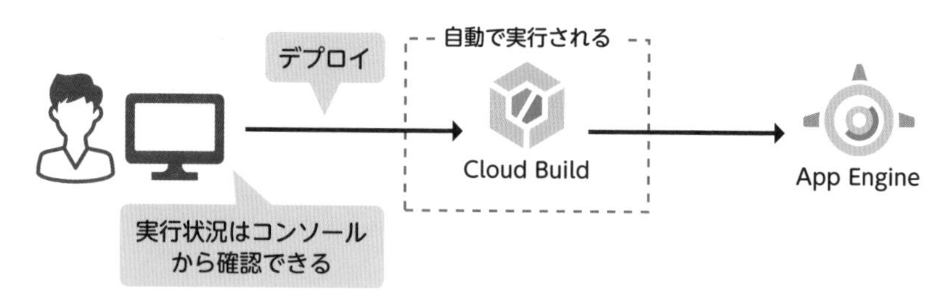

Cloud Buildの実行

Cloud Buildの実行には、DockerfileやCloud Build構成ファイルを使用します。Cloud Build構成ファイルには、実行する内容をステップ形式で記述します。ビルドとデプロイのステップを記述すれば、Cloud Buildのみでビルドとデプロイが行えます。Cloud Buildは、App EngineやCloud Runなど、さまざまなサービスへのデプロイをサポートしていますが、Cloud RunやGKEへのデプロイには、後述するCloud Deployを使うこともできます。

Cloud Buildは、**「デフォルトプール」または「プライベートプール」のいずれかの環境で実行できます**。デフォルトでは、Cloud Buildを起動するとデフォルトプールで実行されます。デフォルトプールは設定のカスタマイズに制約があり、たとえば、VPC内のプライベートリソースへアクセスできません。プライベートプールで構成すると、設定を柔軟にカスタマイズできます。VPC内のプライベートリソースへ直接アクセスすることもでき、セキュリティが向上します。

デフォルトプールと比較すると、プライベートプールのほうが柔軟性は高いですが、基本料金（P.236参照）が高く設定されているので、注意しましょう。

■デフォルトプールとプライベートプールの違い

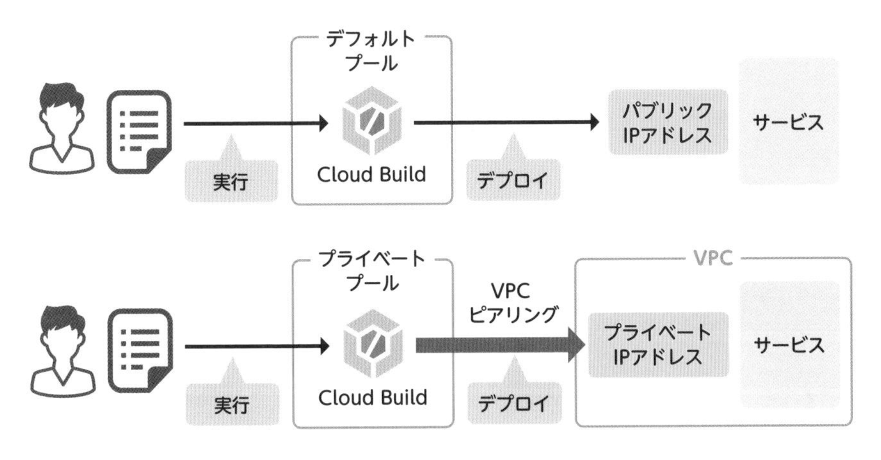

Cloud Buildの自動化

CI/CDでソフトウェアのテストやビルド、リリースを行うには、**対象となるコードを保存するソースリポジトリが必要です**。Cloud Buildでは、トリガーを作成すると、ソースリポジトリと連携し、CI/CD処理を自動化できます。

トリガーは、Cloud Buildの起動を管理する機能です。トリガーには、連携するソースリポジトリや起動条件、Cloud Build構成ファイルを記述します。

そのほかのCI/CDサービス

Google Cloudには、Cloud BuildのほかにもCI/CDのサービスがあります。

Cloud Deployは、GKEやCloud Runへの継続的デリバリーを実現します。CDの処理に特化しており、Cloud BuildのCD 処理と比べ、かんたんにロールバックできることが強みの1つです。Cloud Deployでは、開発環境や本番環境など、複数のターゲットへのデプロイを1つのリリースで実行できます。その際､次のターゲットにデプロイする前に承認プロセスを含めることもできます。GKEやCloud RunへのCI/CDには、Cloud BuildとCloud Deployを組み合わせることをおすすめします。

Cloud Workstationsは、CI/CDのサービスではありませんが、WebブラウザベースのIDE（統合開発環境）を使ってコードが書ける、マネージドな開発環境を提供します。AIによるコード生成やコード補完機能があり、インスタンスを立ち上げるだけでこれらの機能を使用できます。

これらのサービスを組み合わせると、次のようなCI/CDパイプラインを作成できます。

■ Google Cloudサービスを使ったCI/CDパイプライン

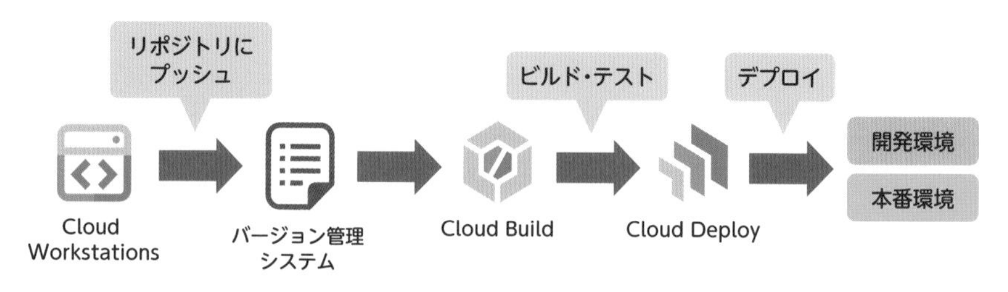

Cloud Buildの料金

Cloud Buildは、使用しているマシンタイプにより基本料金が変わります。分単位の課金であり、デフォルトプールかプライベートプールかによっても基本料金が変わります。デフォルトプールの一部のマシンタイプでは1ヶ月あたりの無料枠が用意されています。

まとめ

- **CI/CDは、ソフトウェアのビルドとデプロイを自動化する**
- **Cloud BuildはCI/CD用サービス**
- **Cloud Deploy は、GKEやCloud Runへの継続的デリバリーを実現する**
- **Cloud Workstationsは、WebブラウザベースのIDEを使ってコードが書ける、マネージドな開発環境を提供する**

8章

データベースサービス

Google Cloudではさまざまなデータベースサービスが提供されています。本章ではリレーショナルデータベースだけではなく、NoSQLのデータベースサービスも紹介します。

59 データベースとは ～整理されたデータの集合体

システムを構築する際、データベースは欠かせない存在です。Google Cloudではさまざまなデータベースサービスが提供されていますが、サービスを紹介する前に、まずはデータベースとは何かを解説しましょう。

データベースとは

データベースとは、検索や蓄積が容易にできるように整理された、データの集合体のことです。システムでは、さまざまなデータを扱います。通販サイトやSNSなどを考えてみると、ユーザー情報や購買履歴、ブログ記事、画像など、実にさまざまなデータを扱っていることが容易に想像できるでしょう。これらのデータを保存するのに使うのが、データベースです。システムやアプリケーションを構築するのに、必須のしくみといえるでしょう。また、これらのデータベースを管理するシステムのことを、**データベースマネージメントシステム（DBMS）**といいます。代表的なDBMSには、MySQLやPostgreSQL、Oracle Databaseなどがあります。DBMSがあることによって、データベースにデータを登録したり、データベースからデータを取得したりすることが、かんたんに行えます。

■ データベースとは

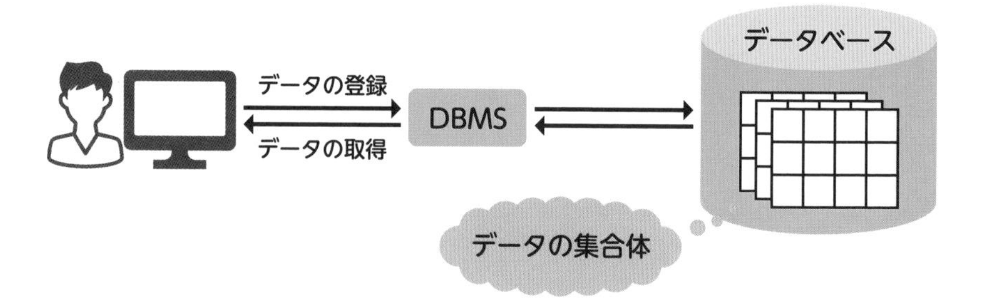

リレーショナルデータベースとNoSQLデータベース

データベースには、大きく分けて**リレーショナルデータベース（RDB）**と**NoSQLデータベース**があります。

RDBは、データを表形式として管理するデータベースです。表と表の関係（リレーション）を定義できるので、データの複雑な関連性を扱えます。また、データベースに対する操作には**SQL**と呼ばれる言語を使用します。

NoSQLデータベースは、RDBの対義語として使われている言葉です。NoSQLデータベースの中にはさまざまな方式があり、**特定のデータベースのしくみを指すものではありません。**データへのアクセスにSQLを使わない、またはSQLライクのクエリを使うケースが多く、SQLの使用を前提としないため、総称として「NoSQLデータベース」と呼ばれます。一般的に、NoSQLは単純なデータ構造で保存するため、高速にアクセスできます。データを保存するしくみとして代表的なものに、キーバリューストア型やドキュメント型があります。

■ RDBとNoSQLデータベース

表形式のデータ

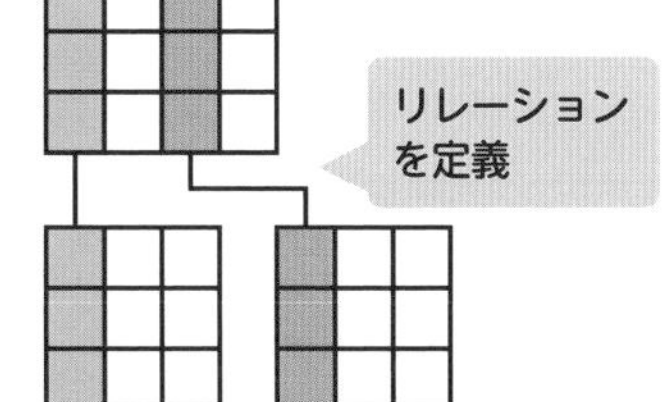

NoSQLデータベース

キーバリューストア型

キー	バリュー

ドキュメント型

users(コレクション)
userA(ドキュメント)
name: Taro
age: 31
userB(ドキュメント)
name: Jiro
age: 23

まとめ

- データベースとは、検索や蓄積が容易にできるように整理されたデータの集合体のこと
- データベースには、RDBとNoSQLデータベースがある

60 Google Cloudのデータベースサービス ～用途別に提供されているデータベース

ここからは、Google Cloudのデータベースサービスについて見ていきます。さまざまなサービスが用意されているので、サービスごとの詳細を見る前に、まずは全体像をつかみましょう。

Google Cloudのデータベースサービス

Google Cloudでは、さまざまなデータベースサービスが提供されています。それぞれ、RDBやNoSQLデータベースといった種類や用途が異なります。

■ Google Cloudのデータベースサービス

サービス	種類	用途
Cloud SQL	RDB	トランザクション型。結合や複雑なクエリが可能
AlloyDB	RDB	トランザクション型。結合や複雑なクエリが可能。エンタープライズ向け
Cloud Spanner	グローバル分散機能を備えたRDB	トランザクション型。結合や複雑なクエリ、無制限スケーリングが可能
Cloud Bigtable	NoSQL（列指向型）	低レイテンシで高スループット
Firestore	NoSQL（ドキュメント型）	Google Cloudサービスとのシームレス統合。Webやモバイルアプリ、IoTアプリに使われる
Firebase Realtime Database	NoSQL（ドキュメント型）	リアルタイム同期が可能。クライアントデバイスから直接アクセスできる
Memorystore	NoSQL（キーバリューストア型）	オープンソースのRedis／Memcachedと完全互換
BigQuery	データウェアハウス	大規模なデータセット保存やクエリ実行が可能。詳細は第9章で解説
Bare Metal Solution	RDBを稼働させるためのハードウェア	特殊ワークロードで利用する。低レイテンシでGoogle Cloudのサービスと統合しアクセス可能。Oracle Databaseなどを導入可能なベアメタルサーバーを提供

データベースサービスの選択基準

実際にGoogle Cloudのデータベースを利用する場合、サービスの種類が多いので、どのサービスを使うべきなのか迷うことがあります。そのため代表的なデータベースサービスの選択基準について、フローチャートを用意しました。データベースサービスを選ぶ際、参考にしてください。

■ データベースサービスの選択基準

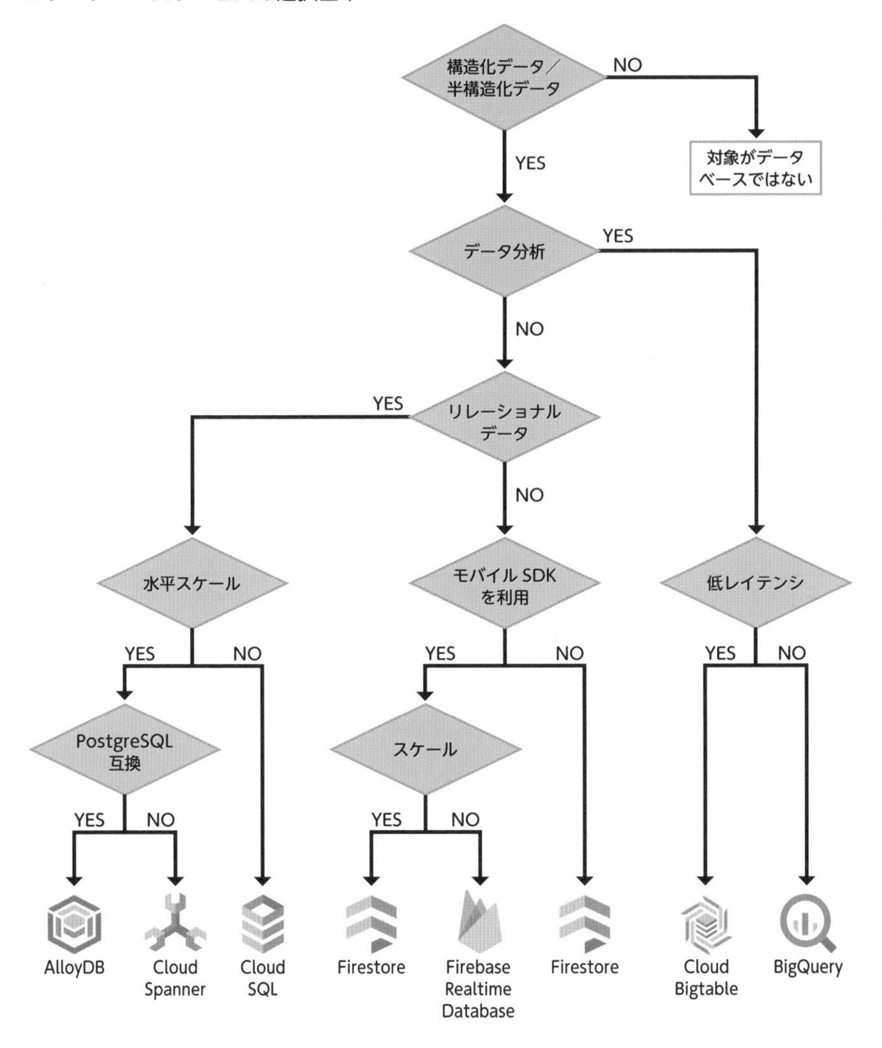

Google Cloudデータベースへの移行

既存のデータベースをGoogle Cloudに移行する場合、以下のサービスが対応しています。データベースの移行を考えている場合は、参考にしてください。

■ データベースの対応

既存のデータベース	Google Cloudのデータベースサービス
MySQL	Cloud SQL for MySQL
PostgreSQL	Cloud SQL for PostgreSQL or AlloyDB
SQL Server	Cloud SQL for SQL Server
HBase	Cloud Bigtable
Redis	Memorystore for Redis
Redis Cluster	Memorystore for Redis Cluster
Memcached	Memorystore for Memcached
Oracle Database	Bare Metal Solution

なお、オンプレミスのMySQLやPostgreSQLからGoogle CloudのCloud SQLへ移行するには、**Database Migration Service**というサービスを使うと、かんたんに行えます。移行の際は検討してみるとよいでしょう。

- **Database Migration Service**
  https://cloud.google.com/database-migration/docs?hl=ja

まとめ

- **Google Cloudでは、さまざまなデータベースサービスが提供されている**
- **データベースサービスごとに、RDBやNoSQLデータベースといった種類や用途が異なる**

61 Cloud SQL ~RDBサービス

Google Cloudの代表的なデータベースサービスである、Cloud SQLを解説しましょう。Cloud SQLは、作成から接続まで、とてもかんたんに行えます。表形式のデータを扱いたい場合は、まず候補として考えられるサービスです。

Cloud SQLとは

Cloud SQLは、Google Cloudで提供されているRDBサービスです。AWSでいうと、Amazon RDSに相当するサービスです。Cloud SQLは、セットアップと管理が容易なフルマネージドサービスで、セキュリティや柔軟なスケーリング、すばやいプロビジョニングを実現します。セキュリティ面では、送信中・保存中のデータを暗号化するしくみのほかに、VPCによるプライベートIP（内部IP）での接続や、ユーザー認証などのしくみがあります。また、標準の接続ドライバが用意されているので、はじめて利用する場合でも、作成から接続までをかんたんに行えます。

■ Cloud SQLの使用イメージ

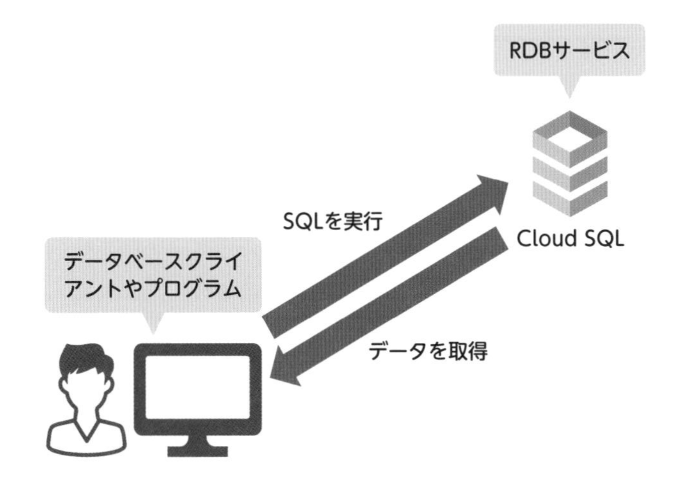

Cloud SQLで使用できるDBMS

Cloud SQLで使用できるDBMSは、MySQL、PostgreSQL、SQL Serverの3種類です（2024年7月時点）。

■ Cloud SQLで使用できるDBMS

DBMS	内容
MySQL	MySQL Community Edition。使用できるバージョンは8.0（デフォルト）、5.7、5.6の3つ
PostgreSQL	フルマネージドPostgreSQLデータベース。使用できるバージョンは16、15（デフォルト）、14、13、12、11、10、9.6の8つ
SQL Server	フルマネージドSQL Serverデータベース。使用できるバージョンは、2022（Standard・Enterprise・Express・Web）、2019（Standard・Enterprise・Express・Web）、2017（Standard・Enterprise・Express・Web）の合計12つ。デフォルトのバージョンは2019 Standard

Cloud SQLのEditions

Cloud SQLにはパフォーマンスとコストのバランスが取れた**Enterprise**と、よりパフォーマンスに最適化された**Enterprise Plus**という2つのエディションがあります。

Enterprise Plusではセキュリティパッチなどのメンテナンス適用時のダウンタイムがEnterpriseに比べ短く済んだり、データキャッシュを使いクエリ処理を高速化させたりすることもできます。

なおEnterpriseとEnterprise PlusはMySQLとPostgreSQLで利用することができます。

Cloud SQLのマシンタイプ

Cloud SQLでは、選択できる**マシンタイプ**が、DBMSごとに異なります。マシンタイプとは、用途別にまとめられた仮想ハードウェア（vCPU数やメモリ容量）のことです。MySQLの場合は、事前に定義されたマシンタイプ（共有コア、専用コア）もしくは、「カスタム」から選択可能です。「カスタム」とは、ワークロードに適したvCPU数とメモリ容量で設定を行うことができるマシンタイプのことです。

PostgreSQLもMySQLと同様に、事前定義されたマシンタイプもしくは「カスタム」から選択できます。SQL Serverも事前定義されたマシンタイプ（軽量、標準、ハイメモリ）もしくは「カスタム」から選択可能ですが、事前定義されたマシンタイプは軽量、標準、ハイメモリの3つとなっています。

■ Cloud SQLの主なマシンタイプ

マシンタイプ	vCPU	メモリ	内容
共有コア	1	0.614GB	汎用的なマシンタイプ
共有コア	1	1.7GB	汎用的なマシンタイプ
専用コア	1	3.75GB	最も一般的なマシンタイプ
専用コア	2	8GB	最も一般的なマシンタイプ
専用コア	4	16GB	最も一般的なマシンタイプ
専用コア	8	32GB	最も一般的なマシンタイプ
共有コア、専有コア（カスタム）	1～96	3.75～13GB	ワークロードに適したサイズを自由に選択できる

なお、各EditionsとDB製品に対応するマシンタイプの詳細は、以下を参照してください。

- **インスタンスの設定について**
  https://cloud.google.com/sql/docs/mysql/instance-settings?hl=ja

Cloud SQLの料金

Cloud SQLの料金は、Compute EngineのようにvCPU数とメモリ容量で変わりますが、どのDBMSを選択するかによっても異なります。Cloud SQLにおけるvCPU数とメモリ容量は、事前に定義されたマシンタイプか「カスタム」のマシンタイプで選択した値になります。

MySQLとPostgreSQLの料金

料金は「マシンタイプ（CPUとメモリ）の料金+ストレージ料金+ネットワーク料金」になります。なお、秒単位で課金される共有コアインスタンスを使用する場合は「インスタンス料金＋ストレージ料金＋ネットワーク料金」となります。

SQL Serverの料金

料金は「マシンタイプ（CPUとメモリ）の料金+ストレージ料金+ネットワーク料金+ライセンス料金」になります。

Cloud SQLを使用する方法

Cloud SQLの使用を開始するのは非常にかんたんです。たとえば、Cloud SQL for MySQLでインスタンスを作成する場合、Google Cloudコンソールからインスタンス作成画面を開いて次の項目を入力し、設定オプションでマシンタイプとストレージを選択するだけです。インスタンスを作成したあとは、データベースクライアントやアプリケーションから接続すれば、データの登録・更新・検索を行えます。

■ インスタンス作成時の入力内容（Cloud SQL for MySQLの場合）

項目	内容
インスタンスID	インスタンスのIDを設定する。 使用できるのは、小文字、数字、ハイフンのみ。先頭は小文字にすること。作成後は変更不可
rootパスワード	デフォルトのユーザー（root）のパスワードを設定する。パスワードなしを選択することも可能。作成後も変更可能
ロケーション	リージョンとゾーンを選択する。リージョンは作成後変更不可。ゾーンは変更可能
データベースのバージョン	選択できるバージョンは、8.0、5.7、5.6

Cloud SQLに接続する方法

Cloud SQLに接続するには、パブリックIPを使う方法とプライベートIPを使う方法があります。

パブリックIPでの接続

最小限の設定でCloud SQLのインスタンスを作成した場合、インスタンスはパブリックIPを利用して接続するように構成されます。外部からインターネット経由でこのインスタンスに接続する場合は、「承認済みネットワーク」の「ネットワークを追加」から接続元のIPアドレスを登録することが必要です。接続クライアントが多数存在して、承認済みネットワークを追加する作業がわずらわしい場合は、**Cloud SQL Auth Proxy**（Cloud SQLへ安全にアクセスするアプリケーション）を利用します。Cloud SQL Auth Proxyを使うと「承認済みネットワーク」を追加することなく、セキュアに接続できます。

■ パブリックIPでの接続

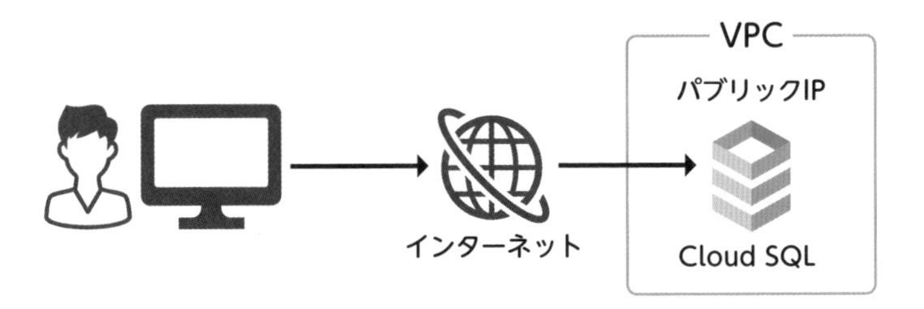

プライベートIPでの接続

Cloud SQLではパブリックIPではなく、プライベートIPでの接続も可能です。接続ポイントをインターネットに公開することなく接続できるので、パブリックIPよりセキュリティ的に安全です。プライベートIPで接続を行う構成でインスタンスを作成した場合、接続できる範囲は、同じVPCや共有VPC内に存在するクライアントやサーバー、Cloud VPN、Cloud Interconnectで接続したオンプレミスネットワークになります。

■同じVPC内や共有VPC内での接続

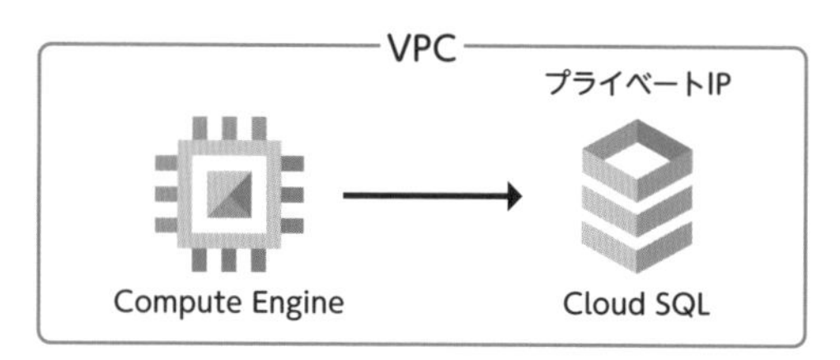

■Cloud VPNでの接続

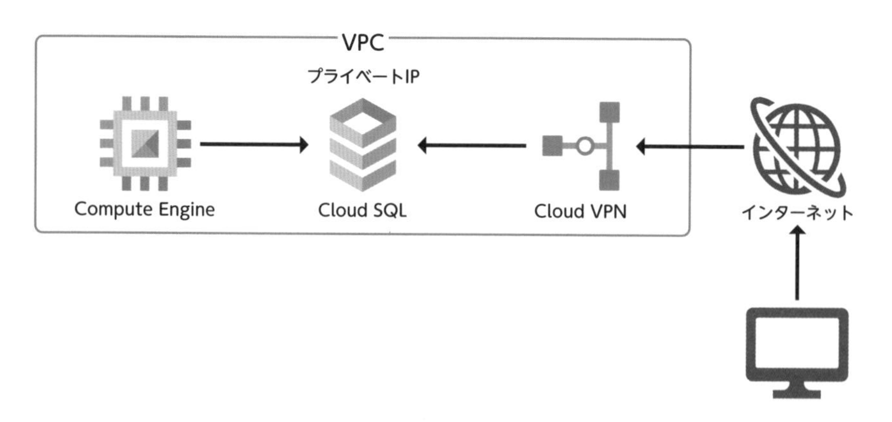

まとめ

- Cloud SQLはGoogle Cloudで提供されているRDBサービス
- Cloud SQLで使用できるDBMSは、MySQL、PostgreSQL、SQL Serverの3種類
- DBMSごとに選択できるマシンタイプが異なる

62 AlloyDB ～ハイパフォーマンスなRDB

Google Cloudに新しく追加されたRDBである、AlloyDBを解説しましょう。AlloyDBの特徴やアーキテクチャがどのようになっているか、Cloud SQLとの違いも含めて見ていきましょう。

AlloyDBとは

AlloyDBは、エンタープライズ向けのPostgreSQL互換なフルマネージドリレーショナルデータベースです。OSS版のPostgreSQLと比較して最大4倍のスループットがあり、ミッションクリティカルなユースケースに向いています。たとえば、金融システムやECサイトのように、大量の取引データを処理し、リアルタイムに売上や取引の分析を必要とする場面に適しています。

AlloyDBがリアルタイムに大量のデータを処理できるのは、クエリ処理に必要なCPUやメモリなどの**データベースレイヤー**と、データを保存するハードディスクやファイルシステムなどの**ストレージレイヤー**を分離するという、Google Cloud独自の技術が採用されているからです。

ストレージレイヤーには、Googleが開発した分散ファイルシステム（Colossus。P.046参照）が採用されています。データベースレイヤーで複数のインスタンス（サーバー）が稼働しても、**データを保存するストレージレイヤーで高速にデータを同期できます。**データはリアルタイムに近い状態で、更新で使うプライマリインスタンスと読み取りで使うリードプールインスタンスの間で同期されます。そして、リードプールインスタンスに対してクエリを実行することで、プライマリインスタンスに性能影響を出さずに、最新のデータを活用したリアルタイム分析を行えます。

AlloyDBのしくみ

前ページで解説した、データベースレイヤー（クエリ処理に必要なCPUやメモリ）とストレージレイヤー（データの保存）を含めた、AlloyDBのアーキテクチャを図で表すと、下図のようになります。

■ AlloyDBのアーキテクチャ

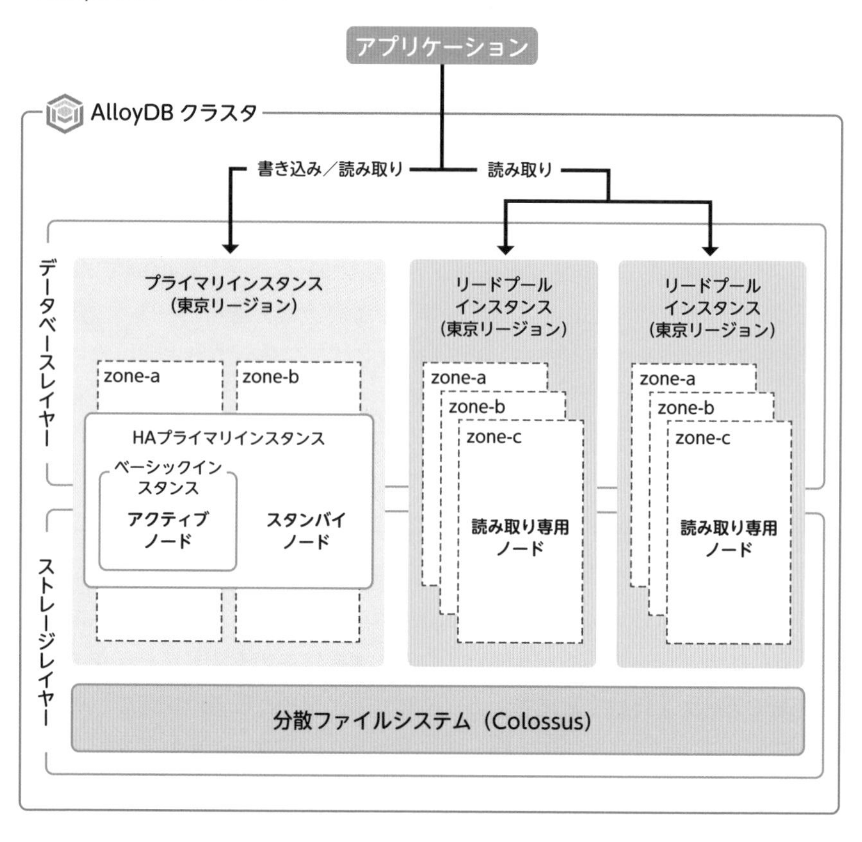

上図にもある、AlloyDBのしくみについて触れておきましょう。AlloyDBには、クラスタ、インスタンス、そしてノードという概念が存在します。

クラスタ

AlloyDBは**クラスタ**と呼ばれる単位で管理され、クラスタ内にインスタンスなどのリソースを作成して利用します。

インスタンス

AlloyDBにおける**インスタンス**はデータベース名、構成、データなどを含む論理的な処理単位です。AlloyDBには2つのインスタンスが存在します。

- **書き込みと読み取りの両方が行える「プライマリインスタンス」**
- **読み取りのみ行える「リードプールインスタンス」**

ノード

各インスタンスには**ノード**と呼ばれる仮想マシンインスタンスが存在します。

AlloyDBの特徴① カラム型エンジンによる分析クエリ高速化

Cloud SQLと比較した際の、AlloyDBの特徴を紹介していきましょう。まずは「カラム型エンジン」についてです。

カラム型エンジン（列単位でデータを処理する列指向のエンジン）を有効化することで、テーブル内のデータを列指向形式に変換してメモリ内に保存できます。リレーショナルデータベースは通常行単位でデータを扱いますが、AlloyDBは第9章で紹介するBigQueryのように列単位でデータを扱うことができ、高速に分析クエリを実行しデータを取り出すことができます。

カラム型について補足しておきましょう。基本的にMySQLやPostgreSQLなどの多くのリレーショナルデータベースは行指向で設計されています。たとえば、次ページの図のように商品番号が「00002」の商品について詳細を確認したい場合は、データを行単位で格納している行指向のほうが適しています。

一方、商品と価格のデータを抜き出して分析を行いたい場合、行指向では商品、価格以外のデータもすべてスキャンしてから必要なデータを抽出するため、データの取得に時間がかかってしまいます。このような場合は、列指向のカラム型エンジンが適しています。**カラム型エンジンを使用する場合、データを列単位で格納するため、特定の列に対する処理や分析を高速に行えます。**

■ カラム型とは

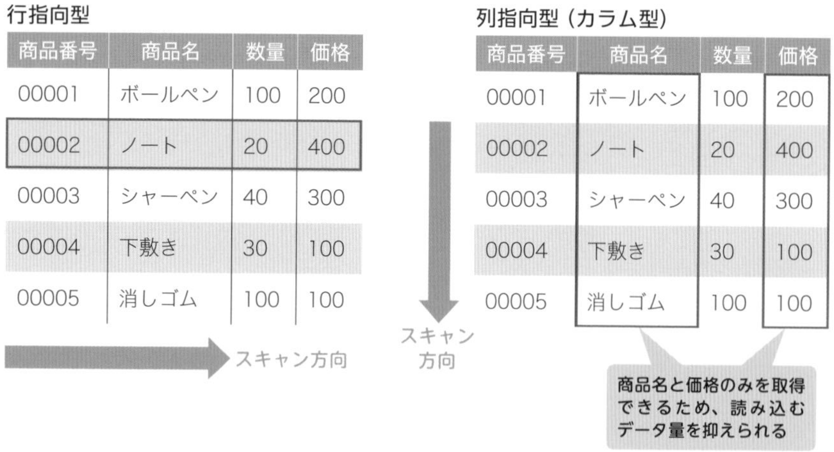

行指向型

商品番号	商品名	数量	価格
00001	ボールペン	100	200
00002	ノート	20	400
00003	シャーペン	40	300
00004	下敷き	30	100
00005	消しゴム	100	100

スキャン方向

列指向型（カラム型）

商品番号	商品名	数量	価格
00001	ボールペン	100	200
00002	ノート	20	400
00003	シャーペン	40	300
00004	下敷き	30	100
00005	消しゴム	100	100

スキャン方向

商品名と価格のみを取得できるため、読み込むデータ量を抑えられる

AlloyDBの特徴② インデックスアドバイザー

インデックスアドバイザーは、AlloyDBで実行されるクエリの実行状況を測定し、その結果を分析できる機能です。この機能を使用すると、実行されているクエリをAlloyDBが分析し、パフォーマンスを向上させるために必要なインデックスを提案してくれます。利用者はその提案にもとづいてインデックスを追加することで、かんたんにクエリパフォーマンスを向上できます。

なお、**インデックス**は、レコードを効率よく検索するための索引のことです。インデックスには特定の列を識別できる値とデータ格納場所のポインタが格納されています。次の図は、インデックスを利用した場合と利用しなかった場合の検索の流れです。インデックスを利用しなかった場合は、商品テーブルを先頭から行単位で読み取りながら検索を行い、該当データまでひたすら繰り返します。これだと大量のデータが存在する場合に時間がかかってしまいます。

一方、インデックスを利用した場合は検索範囲が限られているため、非常に短い時間で目的のデータに辿り着けます。

■ インデックスとは

インデックス

速い ↓

検索項目	ポインタ
ボールペン	01111
ノート	01112
シャーペン	01212
下敷き	02320
消しゴム	13201

商品テーブル

商品番号	商品名	数量	価格	格納位置
00001	ボールペン	100	200	01111
00002	ノート	20	400	01112
00003	シャーペン	40	300	01212
00004	下敷き	30	100	02320
00005	消しゴム	100	100	13201

AlloyDBの特徴③ 複数ノードでの高可用性担保

書き込みで使うプライマリインスタンスは、デフォルトで2台のノードで構成されています。片方のサーバーが障害で停止しても、もう片方のサーバーがアクティブになり可用性を担保します（2つのインスタンスがそれぞれ別の複数ゾーンで稼働する高可用性の設定の場合）。

■ プライマリインスタンスは2つのノードで構成されている

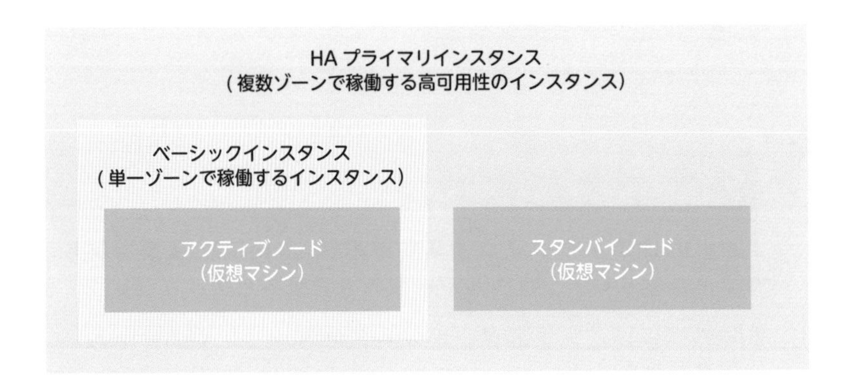

また、開発環境などで費用を抑えたい場合はノード1台で動作させることもできます（単一ゾーンで1つのインスタンスが稼働するベーシックインスタンス）。

なお、リードプールインスタンスは、複数ゾーンに分散してノードを配置することで可用性を担保しています。

■ リードプールインスタンス

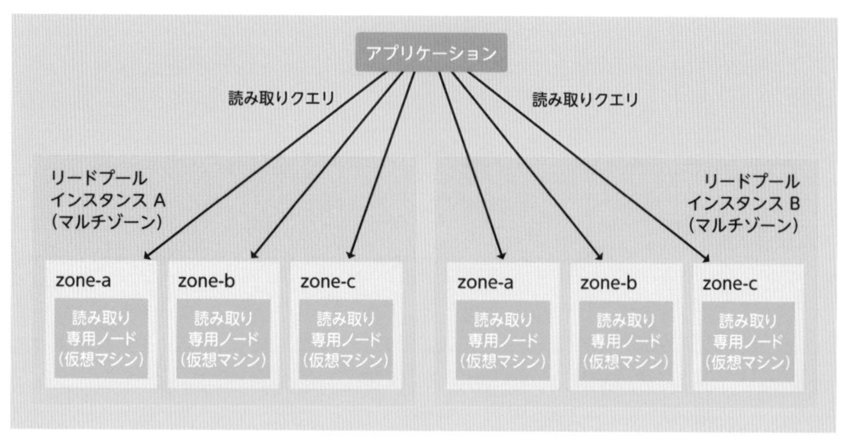

- AlloyDBはエンタープライズ向けのPostgreSQL互換なフルマネージドリレーショナルデータベースサービス
- AlloyDBには、クラスタ、インスタンス、そしてノードという概念が存在する
- 列指向のデータ形式でデータを保持しながら、分析も効率よく行える

63 Cloud Spanner ~グローバル規模のトランザクションに対応

ここからは、Cloud Spannerについて解説します。Cloud Spannerは、RDBのトランザクション性と整合性、NoSQLのスケーラビリティを備えているのが特徴のデータベースになります。

Cloud Spannerとは

Cloud Spannerは、Google Cloudで提供されている、**RDBの強整合性とNoSQLのスケーリングの特徴を組み合わせたデータベース**のことです。Cloud Spannerは、RDBを利用しつつ、アクセス増加が見込めるタイミングにあわせて柔軟にスケーリングを行えるため、ゲームサービスのバックエンドなどに向いています。Cloud Spannerには、次のような特徴もあります。

RDBの機能を搭載

スキーマやSQL、ACIDトランザクションといった、RDBの機能が搭載されています。

高可用性

マルチリージョナルの構成で99.999%(ファイブナイン)の可用性を実現しています。この可用性を維持しつつ、グローバルで迅速なスケーリングを実現します。

自動シャーディング

負荷やデータサイズにもとづいて自動的に**シャーディング(水平分割)**を行います。シャーディングとは、データを複数のノードに分散して保存し、スループットを上げる手法のことです。一般的なRDBではクラスタを作成してシャーディングを行いますが、Cloud Spannerならその手間を省けます。

Cloud Spannerのインスタンスサイズ

Cloud Spannerを利用するには、はじめにインスタンスを作成する必要があります。その際、インスタンスサイズは、**ノード**と呼ばれる読み書きを実行するコンピューティングリソース単位と、**PU（Processing Units。きめ細かい処理ユニット）**と呼ばれるより細かい単位のどちらかを選択できます。処理ユニットは最小100PUから指定でき、100PU単位で増やすことができるため、1ノード（1000PU）より費用を抑えて利用できます。

なお、PU分のサーバーリソースが各Cloud Spannerサーバーに均等に配分されるとは限りません。

■ Cloud Spannerのしくみ（処理ユニットで設定した場合）

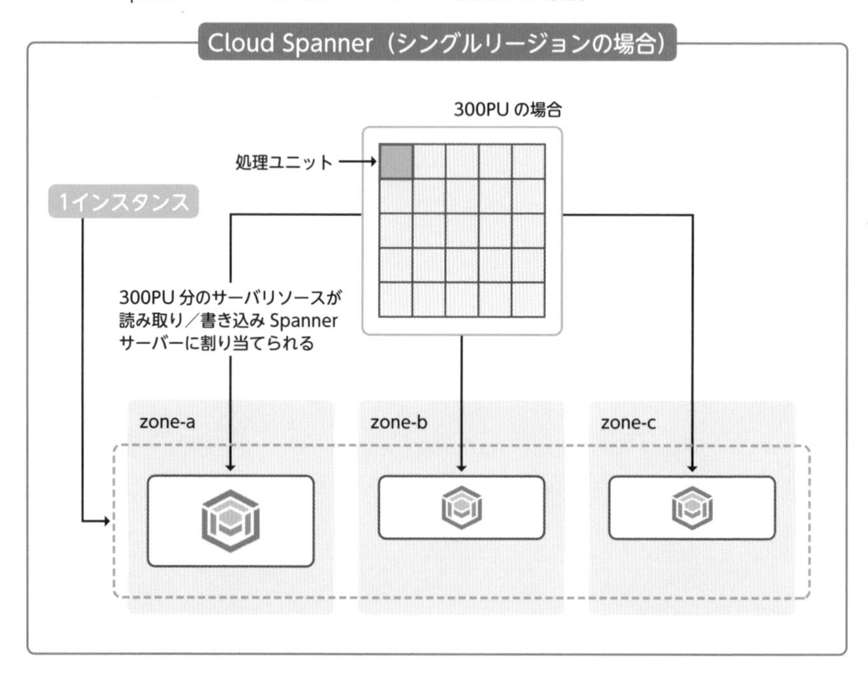

Cloud SpannerのSQL

Cloud Spannerでは、データベースを作成する際に、ANSI準拠の**GoogleSQL(Googleが定義したSQL)**と**PostgreSQL interface**から選択する

ことができます。PostgreSQL interfaceを利用した場合は、オープンソースのPostgeSQLエコシステムを利用できます。ただしPostgreSQLと完全互換ではありません。ストアドプロシージャ、トリガー、拡張機能などは利用できないため、クライアントアプリ側に機能を移すなどの対応が必要です。

Cloud Spannerのバックアップ

Cloud Spannerはオンデマンドでバックアップを作成し復元できるしくみがあります。

バックアップは最長1年間保持でき、1年以上保管が必要な場合はCloud Storageへエクスポートすることで長期保存が可能です。

また直近のバックアップがない状態で、データを誤って書き込んでしまった場合やデータが破損した場合は、**ポイントインタイムリカバリ**を使用することで最長で過去7日前までのデータを復元できます。

Cloud Spannerのそのほかの機能

Cloud Spannerはそのほかにも便利な機能を備えています。いくつか取り上げて説明します。

自動採番機能

Cloud Spannerには主キーの自動採番機能があります。これによりホットスポット化（詳細は後述）の防止やほかのデータベースからの移行をスムーズに行うことができます。

Cloud Spannerは主キーの値に応じてデータを分散保存するため、シーケンシャルな主キーを用いると、データが複数のノードに均等に分散されずデータの偏りが発生してしまいます。そうするとリクエストが特定のノードに集中し、パフォーマンスが低下します。このように特定のノードにリクエストが集中する現象を**ホットスポット**といいます。

なお、ここでのノードは物理的なサーバーを指しているわけではなく、Cloud Spannerへ読み書きを実行するリソースを指しています。

■ シーケンシャルな値とランダムな値の比較

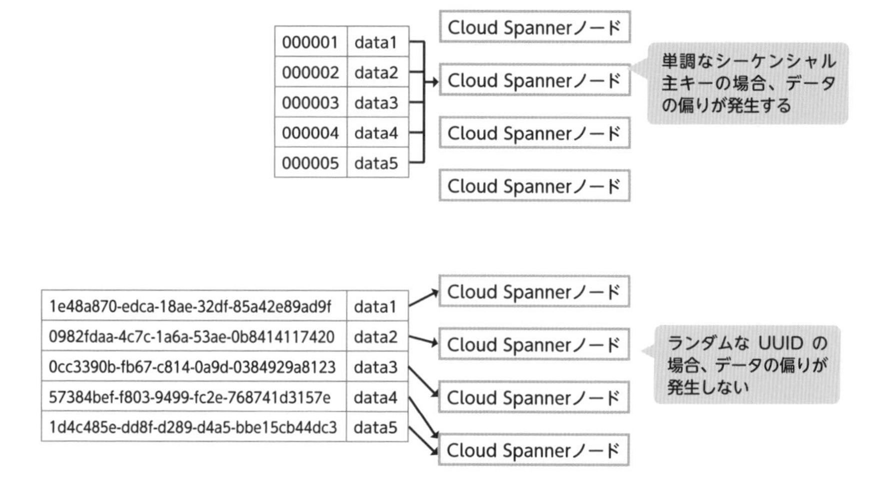

アクセス制御

IAMロールを利用することでデータベースレベルでのアクセス制御を行うことができます。またIAMロールと従来のSQLロールを組み合わせることでテーブルやカラム、ビューなどより細かいレベルでの制御も行うことができます。ですが、細かすぎる管理は複雑さを生むため、なるべくIAMロールでの制御にとどめるようにしましょう。

まとめ

- **Cloud Spannerは、RDBの強整合性とNoSQLのスケーリングの特徴を組み合わせたデータベース**
- **負荷やデータサイズにもとづいて自動的にシャーディング（水平分割）を行う**

64 NoSQLデータベース ～大規模データを処理できるデータベース

Google Cloudでは、RDBだけではなくNoSQLのデータベースサービスも提供されています。ここでは、サービスごとのメリットやユースケースも含めて見ていきましょう。

Cloud Bigtable

Cloud Bigtableは、Google Cloudで提供されている、フルマネージドな、キーバリューストア型のデータベースサービスです。大規模データを高速に処理できるので、データ処理や分析などに向いています。Google検索やYouTube、Googleマップなど、Googleのサービスの基盤に利用されていることでも知られています。データ処理や分析に向いているデータベースにはBigQuery（P.278参照）もありますが、低レイテンシが特徴であるCloud Bigtableは、**より高い応答性能が求められる分析に向いています。**

Cloud Bigtableには、次のような特徴もあります。

HBase API規格のサポート

HBase API規格（標準的なApache HBaseインターフェース）をサポートしているため、現環境でHadoop（大規模データの分散処理を行うフレームワークのこと）などを利用している場合は、移行に関わるアプリケーションのコード変更を少なくすることが可能です。

低レイテンシと高スループット

大量のデータをキーバリューストアとして保存することで、低レイテンシで高スループットな読み取りと書き込みを実現しています。ノードを追加してスケールすると、QPS（秒間クエリ数）を増やすこともできます。

シームレスなスケール

Cloud Bigtableのノード追加は、再起動を行わずに実施可能です。大量のデータを処理する際にノードを動的に追加し、不要になったタイミングで元のノード数に戻せます。ノード追加や削減時にダウンタイムが発生しないため、必要なタイミングで、必要な分だけノードを確保できます。

Firestore

Firestoreは、Google Cloudで提供されている、WebアプリとモバイルアプリのためのS、スケーラビリティが高いNoSQLデータベースです。Google Cloudコンソールから作成する際、**ネイティブモード**もしくは**Datastoreモード**を選択する必要があります。1つのプロジェクトで、ネイティブモードとDatastoreモードの両方を使用することができます。またデータベースが空の場合に限り、ネイティブモードとDatastoreモードを切り替えることができます。

Google CloudにはもともとDatastoreというサービスがありましたが、現在は、Firestoreの「Datastoreモード」が後継サービスとして提供されています。これ以降は、単に「Firestore」の場合はネイティブモードを表し、「Datastore」の場合はDatastoreモードを表すものとします。

Firestore（ネイティブモード）の特徴

Firestoreは、Firebase製品（Googleが提供するモバイル・Webのバックエンドサービス）の1つです。サーバーを介さずに、クライアントから直接アクセス可能です。REST APIやRPC API、ネイティブSDKから直接アクセスできるので、自分でAPIサーバーなどを構築せずに、データへアクセスできます。

Firestoreには、次のような特徴もあります。

ドキュメント型

FirestoreはドキュメントS型のNoSQLデータベースです。スキーマレスなのが特徴で、コレクションやドキュメントという概念でデータを扱い、柔軟にデータの保存、検索を行えます。

トランザクション

1つ以上のドキュメントの読み書きに対してトランザクションを実行するので、データの整合性を保てます。

クライアント／サーバーからのアクセス

サーバークライアントライブラリが提供されており、WebやiOS、Androidなどのクライアントからのアクセスだけではなく、サーバーサイドからのアクセスも可能です。

リアルタイム同期

複数のデバイスによるリアルタイム同期が可能となっています。オフライン時にはデバイスのローカルストレージに永続化を行い、オンライン復帰時に同期を行います。

■ Firestore（ネイティブモード）の利用イメージ

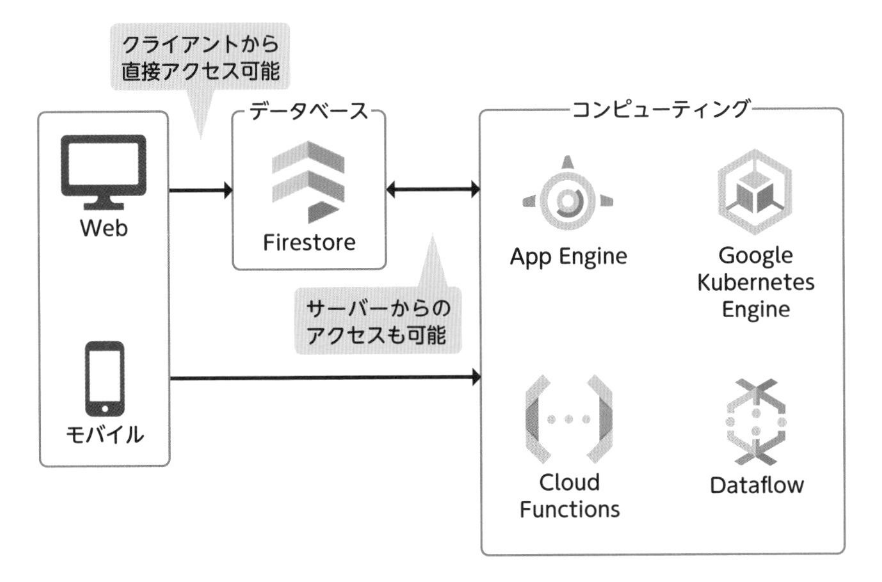

Datastoreの特徴

Datastoreは Firestoreと同様に、すべてのクエリで強整合性を保証しており、RDBと同様で、更新直後からすべて最新のデータであることが保証されます。以前のDatastoreは、クエリの種類によって更新直後は最新の結果が返ってくるとは限らない「結果整合性」と「強整合性」が分かれていました。Firestoreの Datastoreモードに変わったことで、強整合性が保証されるようになりました。強整合性が保証されたことで、モバイルクライアントライブラリやWebクライアントライブラリが必要な場合はネイティブモード、それ以外の場合は Datastoreモードで使い分けることができるようになりました。

エンティティグループによるデータモデル

Datastoreは、キーとバリューを組み合わせてデータを保存するキーバリューストア型のデータベースです。事前に保存するデータの形式（スキーマ）を定義する必要がなく、アプリケーションの要件に応じて、データ形式をあとから自由に変更できます。また、一般的なキーバリューストアと違うのは、エンティティグループという独自のしくみで、データ同士を紐付けできる点です。

Firestore（ネイティブモード）との非互換

Firestore APIやクライアントライブラリは、Datastoreモードでは使用できません。また、Firestoreのリアルタイム機能も使用できません。

Firebase Realtime Database

Firebase Realtime Databaseは、Google Cloudで提供されている、リアルタイム同期型データベースです。データはJSONとして保存され、接続されているクライアントとリアルタイムで同期できます。iOSやAndroidなどクロスプラットフォームアプリを構築した場合でも、すべてが1つの同じインスタンスを共有して最新のデータを受信することが可能です。なお、データ同期はHTTPリクエストではなくWebSocketを利用して行われ、データが変更されるたびに、接続されているすべてのデバイスが数ミリ秒以内に更新されます。

たとえば、iOSのデバイスで更新したデータは、Androidやほかのi0Sデバイス上のアプリに同期されることで参照できます。また、次の特徴もあります。

オフライン時にデータを永続化

オフライン時、Firebase Realtime Database SDKはデータをローカルストレージへ永続化します。オフラインからオンラインに復帰し接続が確立されるとクライアントはサーバーと同期を行い、不足している情報を更新します。

クライアントからの直接接続

サーバーを介さず、デバイスやWebブラウザから直接アクセス可能です。

スケーリング

Blazeプラン（従量制プラン）を利用すると、複数のデータベースインスタンスにデータを分割でき、大規模データへの対応を行えます。

■ Firebase Realtime Databaseによるデータ同期

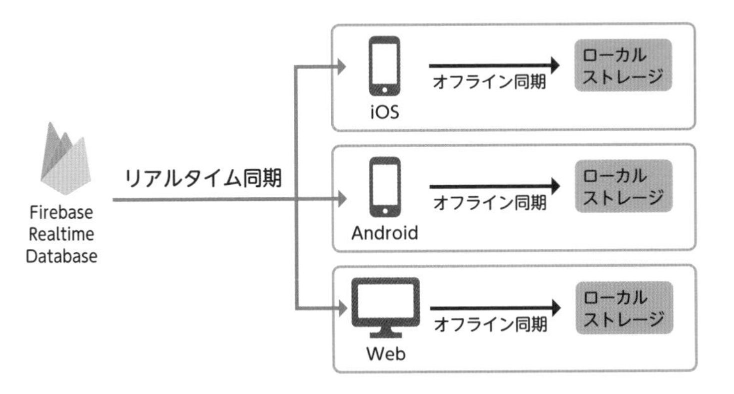

まとめ

- Cloud Bigtableは、キーバリューストア型データベース
- Firestoreはスケーラビリティが高いNoSQLデータベース

65 Memorystore ～インメモリデータベース

Google Cloudでは、そのほかにもデータベースサービスが提供されています。インメモリデータベースのMemorystoreは、データをメモリ上で扱うため、高速にアクセスできるという特徴を持っています。

Memorystoreとは

Memorystoreは、Google Cloudが提供する、スケーラブルで安全かつ高可用性を実現した､インメモリデータベースサービスです。**インメモリデータベース**とは、データをメインメモリ（RAM上）に保存するデータベースのことです。従来のディスクへアクセスするデータベースとは異なり、データをメモリ上で扱うため高速にアクセスできます。メインメモリに保存するため揮発性のデータになりますが、ハードディスクに永続化することも可能です。セッション情報の保存やリアルタイム分析、ゲームのランキング情報の取得など、高速なアクセスが必要なデータを取り扱うケースに向いています。

■ Memorystoreはインメモリデータベース

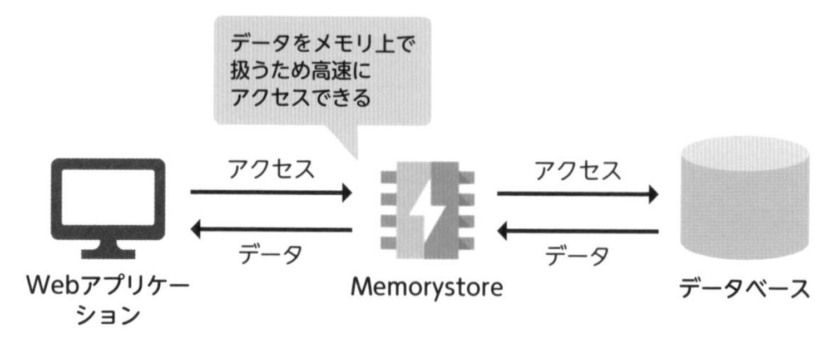

Memorystoreでは、オープンソースのインメモリデータベースであるRedisとMemcachedに完全互換の**Memorystore for Redis**と**Memorystore for Memcached**、Redis Clusterと完全互換の**Memorystore for Redis Cluster**の3種類が用意されています。

Memorystore for Redis

Memorystore for Redisには、次のような特徴があります。

フルマネージドなサービス

フルマネージドで提供されているため、障害検出やフェイルオーバーなどもすべて自動で行われます。そのため、自前で運用する場合と比較して、運用コストを抑えられます。

高可用性の実現

Memorystore for Redisのインスタンスには「標準階層」と「基本階層」の2種類があります。「標準階層」を選択すると、複数ゾーンでレプリケーションが行われます。また、障害検出時は自動でフェイルオーバーも行われ、高可用性を実現します。「基本階層」を選ぶと、レプリケーションは行われません。

容易なスケーリング

Memorystore for Redisでは、ミニマムでスタートし、使用するニーズが変わった際に変更するという使い方が可能です。容量は、最大300GBまでスケールします。なお「標準階層」で作成したインスタンスをスケーリングする場合は、1分未満のダウンタイムで実施できます。

Memorystore for Memcached

Memorystore for Memcachedには、次のような特徴があります。

インスタンスのサイジング

1ノードあたり使用できるvCPUは1〜32個、メモリは1〜256GBまでの間であり、1GB刻みで作成できます。

スケーリング

ノード数の増減で水平スケーリングが可能です。垂直スケーリングを行いたい場合は、インスタンスの再作成が必要です。

サポート対象のサービス

Compute Engine、GKE、Cloud Run、Cloud Functions、App Engineスタンダード環境、App Engineフレキシブル環境から接続可能です。

Memorystore for Redis Cluster

Memorystore for Redis Clusterには、次のような特徴があります。

レイテンシ

マイクロ秒のレイテンシで、Memorystore for Redisの最大60倍のスループットで動作させることができます。

スケーリング

書き込み負荷を分散させるためにインスタンスをスケールアウトさせたり、負荷が下がった時には容易にスケールインさせたりすることができます。

高可用性

各シャードにはPrimaryノードが1つあり、各シャードに最大2台のReplicaノードを持たせることで可用性を担保させることができます。また自動フェイルオーバーとReplicaノードを使用することでメンテナンスのダウンタイムをなくすこともできます。

まとめ

- **Memorystoreは、スケーラブルで安全かつ高可用性を実現したインメモリデータベース**

9章

データ分析のサービス

Google Cloudはさまざまなデータ分析のサービスを提供しています。データ分析の背景や構成要素、各サービスの特徴、そして代表的なサービスであるBigQueryにフォーカスを当てて説明します。

66 データ分析とは
～データ分析が注目を浴びる理由

近年注目されているデータ分析とはそもそもどのようなものなのでしょうか。Google Cloudのデータ分析サービスを紹介する前に、注目を浴びるに至った経緯や、データ分析を行うために必要なものについて説明しましょう。

近年のデータ分析事情

2010年代初頭、**ビッグデータ**という新たなキーワードが注目され始めました。ビッグデータとは、多種多様な出どころのデータで構成され、従来のデータベースシステムで処理できる量を超えたサイズを持つデータのことです。

従来のビジネスで利用されてきたデータは、表形式のように構造化されたものがほとんどでした。しかし現在では、スマートフォンやSNSの急速な普及により、文書や画像、動画などの非構造化データの量が飛躍的に増加し、これらをビジネスで利用することが不可欠になりつつあります。

近年、大量のデータを分散させて処理を行う、いわゆる分散処理技術の進歩により、このビッグデータを扱えるようになりました。また、クラウドベンダーからビックデータを扱うサービスが提供されるようになったことで、手軽にビッグデータを分析できるようになりました。それを受けて、ビッグデータを利用して分析し、意思決定に役立てるという、いわゆるビジネスインテリジェンス（BI）を活用する企業が増えています。

■ビッグデータの種類

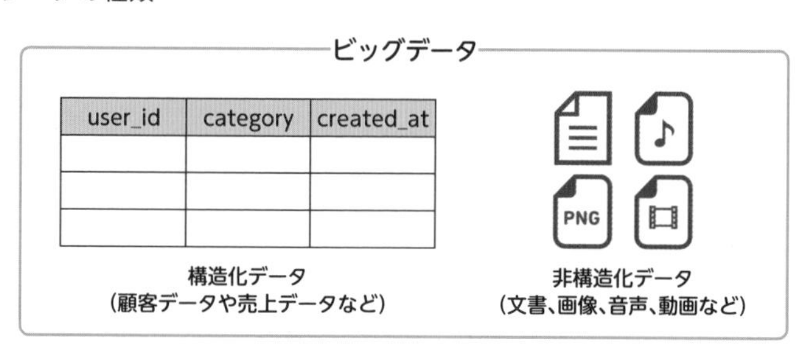

データ分析でできること

データ分析を行うと、データにもとづいた、一貫性があり十分な論拠のある意思決定を行えます。たとえばECサイトの場合、次のような重要な指標を導けます。

- **日別／月別の売上**
- **ユーザーの登録数推移や定着率**
- **サイト内のユーザーアクティビティ**

上記の例はビッグデータという名称が登場する前から存在していた指標ですが、蓄積された多様かつ大量のデータを横断的に分析することにより、より新しく詳細な視点からの分析が可能になります。

また、ビッグデータ処理技術の登場以降に見い出された新たな用途も存在します。

機器の異常検出

IoT機器のセンサーから送信される時系列データをリアルタイムに分析することで、異常を自動で検知し、通知や自動制御を行います。

購入傾向の予測分析

購入傾向を予測する機械学習モデルを用いると、見込み顧客の分析を行えます。機械学習モデルのトレーニングには、大量のデータを使用します。

ユーザーが投稿した画像の処理

ユーザーが投稿する画像を、画像処理APIを用いて分析することにより、不適切なコンテンツの検出や画像のラベル付けなどが行えます。

このように、IoTや機械学習などの技術と組み合わせることにより、これまでには実現できなかった手法でデータを活用することが可能になりました。「データ分析が話題になっているから自社でも取り組みたい」「でも何から始めてよいかわからない」という場合は、さまざまなデータ活用事例から、自社に活かせそうなものを探してみるとよいかもしれません。

データ分析基盤を選ぶポイント

データ分析を行うのに必要なシステム全般のことを**データ分析基盤**といいます。このデータ分析基盤を自社で構築する場合、どのような点に考慮してシステムを構成すればよいでしょうか。考慮するべき点は、主に以下となります。

■考慮すべきポイント

項目	説明
スケーラビリティ	システムがデータの増加にどれだけ柔軟に対応できるかを示す。データがテラバイトやペタバイト規模になる想定が必要な場合もある
可用性	システムが停止することなく、どれだけ稼働し続けられるかを示す。リアルタイム性が重視される分析を行う場合、システムの停止がビジネスに及ぼす影響は大きい
コスト	システムの構築および運用にかかる費用。投資利益率を上げるため、コストは抑える必要がある
セキュリティ	自社の情報が漏洩しないよう、どのようなセキュリティ対策を施せるかを考慮する必要がある

新規にデータ分析基盤を構築する場合、構成の選択肢としては、オンプレミスやクラウドがあります。大量のデータを扱うことと、自前でシステムを構築する際のイニシャルコストや将来の機能拡大を考えると、クラウドの活用がより現実的です。実際、運用コストやスケーラビリティの観点から、オンプレミスで運用しているデータ分析基盤をクラウドに移行する企業が増えています。

データ分析基盤の構成要素

データ分析基盤の構成要素を見ていきましょう。一般的に、データ分析基盤はデータレイク、データウェアハウス、データマートの3つに分けられます。

データレイクは、未加工のデータをそのまま蓄積する保管場所のことです。

構造化・非構造化を問わず、多様なデータを組み合わせて分析できるよう、まずは同じ場所に集約しておきます。

データが未加工のままでは分析できないことがほとんどなので、目的にあわせて加工する必要があります。そこで登場するのが**ETL**です。ETLはExtract/Transform/Loadの略で、データの抽出、変換、書き出しを行う工程のことです。データレイク内のデータから必要なものをETLで抽出・変換し、データウェアハウスへ書き出します。

データウェアハウスは、さまざまなデータを統合し、分析を行う上で有用な単位でまとめて蓄積する場所のことです。

ここでまとめられたデータに対し、特定の用途向けに加工したデータを**データマート**と呼びます。データマートをBIツールで可視化して分析すると、ビジネスの意思決定に役立ちます。

このような、データ分析に関する一連の構成を**データパイプライン**といいます。ただし、データパイプラインの要素をすべて異なるシステムで構成するべき、というわけではありません。たとえば表計算ソフトでデータを管理している場合、さまざまなシートや表計算ソフトのファイルの組み合わせが、データレイクやデータウェアハウス 、データマートを担っていることでしょう。目的に応じて、最適なデータ分析基盤を構築することが大切です。

■ データパイプライン

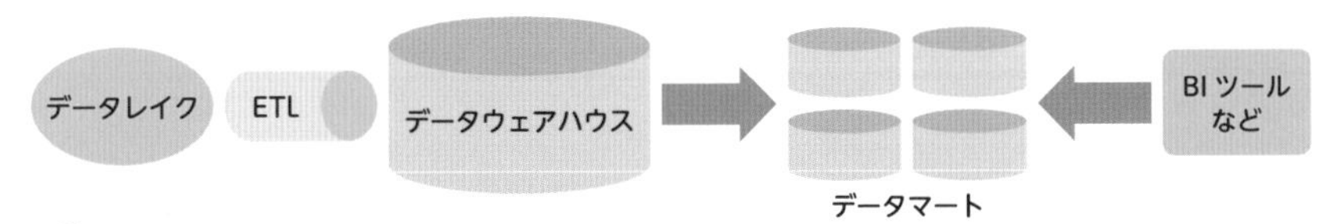

まとめ

- データ分析を行うと、データにもとづいた、一貫性があり十分な論拠のある意思決定が可能
- データ分析基盤はデータ分析に必要なシステム全般のこと
- データ分析基盤はデータレイク、データウェアハウス、データマートの3つに分けられる

67 Google Cloudのデータ分析サービス
～さまざまなデータ分析サービスを提供

Google Cloudが提供するさまざまなサービスを組み合わせることにより、データ分析基盤を柔軟に構築できます。ユースケースを交えつつ、代表的なデータ分析関連のサービスを紹介します。

Google Cloudのデータ分析サービス

Google Cloudには、スマートな分析を実現するためのサービスが、多数存在します。データウェアハウスサービスであるBigQueryがその代表です。それぞれのサービスを目的に応じて組み合わせると、データ分析基盤を柔軟に構築できます。

■ Google Cloudのデータ分析サービス

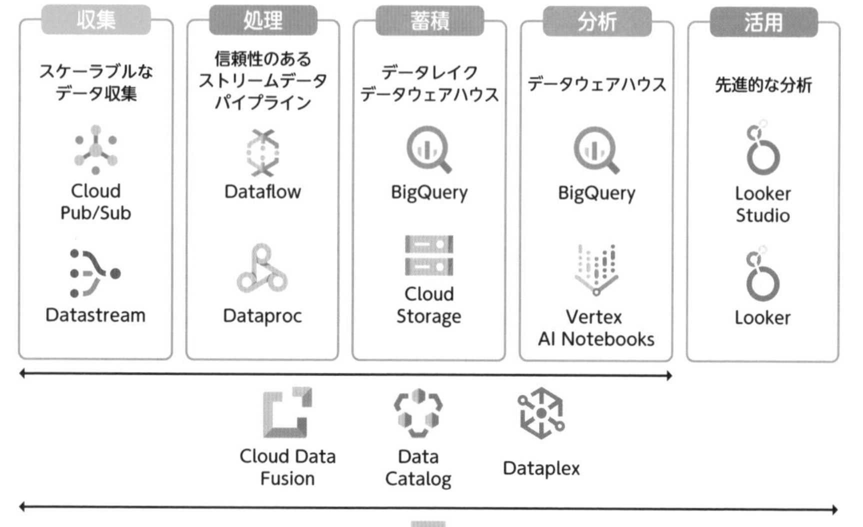

前節で、データ分析基盤を構成するデータレイク、データウェアハウス、データマート、ETL、BIツールというキーワードについて説明しました。よりイメージしやすいように、Google Cloudのサービスに置き換えてみると次の図のようになります。

■ Google Cloudのサービスで構成したデータ分析基盤

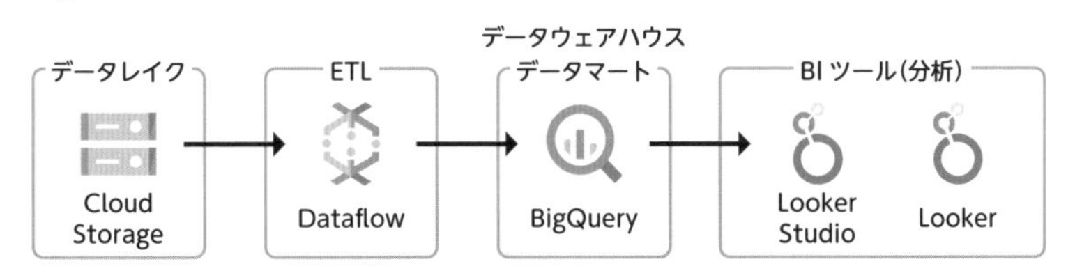

データマートは、BigQuery内部に格納したりBIツールに直接出力したりするパターンが考えられます。上記の構成はあくまで一例であり、必ずこのように構築するべきというものではありません。場合によっては、データレイク・データウェアハウス・データマートの役割をすべてBigQueryが担うケースも考えられます。

繰り返しになりますが、**目的や状況に応じてサービスを組み合わせることが大切**です。

データ分析基盤のユースケース

Google Cloudのサービスを組み合わせて分析を行うユースケースを紹介します。

ユースケース 1 Google Analytics とほかのデータを組み合わせて分析する

Google Analyticsは、Googleが提供するWebページのアクセス解析サービスです。Google Analyticsはデフォルトでさまざまな分析が可能ですが、ほかのデータと組み合わせると、より詳細な分析を行えます。特に有料版のGoogle Analytics 4 (GA4) にはBigQueryへのエクスポート機能が備わっており、よりシームレスな分析が可能です。たとえば、Webサイトのページアクセスと記事データを組み合わせて、カテゴリごとの閲覧数や離脱率などを導けます。

■ Google Analyticsとほかのデータを組み合わせる

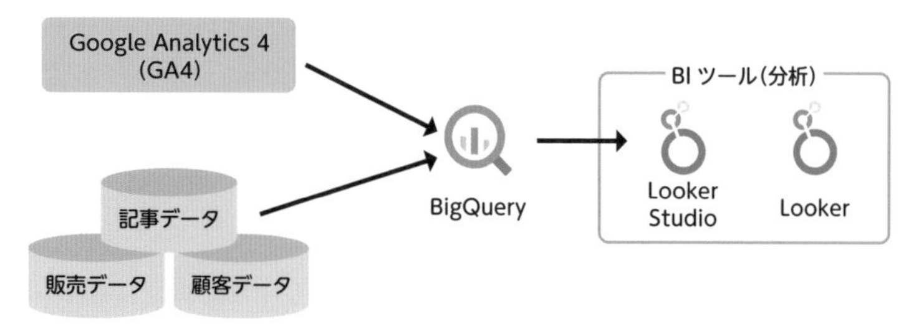

ユースケース 2 トランザクションの異常を検出

金融機関にとって、不正な金融取引の発見が遅れることは致命的です。以下の図は、金融取引のトランザクションをリアルタイムで監視し、不正にいち早く対応するためのシステム構成例です。

バッチまたはストリーミング（継続的にデータが生成されるケース）でDataflowに入力されたデータに対して、トレーニングした予測APIを用いて異常検知を行います。その結果は、データウェアハウスサービスであるBigQueryに格納します。これらによって、短時間でデータを確認できるようになっています。なお、図にあるVertex AIは、Google Cloud上でAIアプリケーションを構築するための開発プラットフォームです。

■ トランザクションの異常を検出

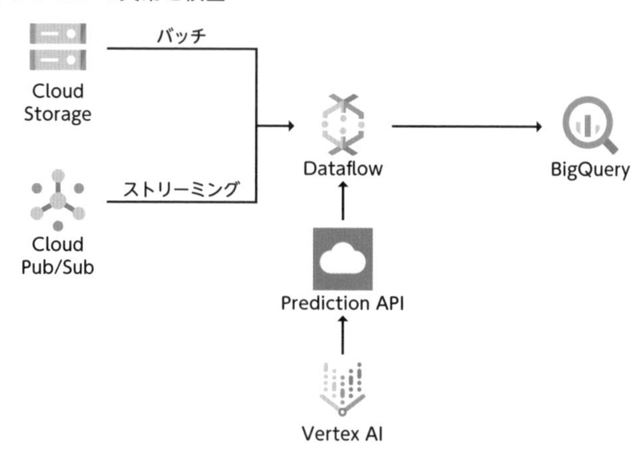

BigQuery以外のデータ分析関連サービス

ユースケースにも登場した、BigQuery以外のデータ分析関連サービスについて紹介しましょう。なお、BigQueryについては次節を参照してください。

Cloud Pub/Sub

Cloud Pub/Subは非同期のメッセージングサービスで、ストリーミング分析パイプラインを構築する際のデータの受け口として利用されます。非同期でデータを扱うことにより、逐次送信される大量のデータをリアルタイムに処理できます。また、活用用途はこれだけではありません。送信する側は受信する側を意識することなく処理を行えるため、受信する側のシステム変更や障害にも対応しやすいという強みがあります。そのため、マイクロサービスのアプリケーション同士の処理を非同期で連携するといった、データ分析以外のユースケースでも用いられます。

Cloud Pub/Subではメッセージを送信する側を**パブリッシャー**、受信する側を**サブスクライバー**と呼び、Cloud Pub/Subのエンドポイントを介してメッセージのやりとりを行います。パブリッシャー／サブスクライバーとしてはGoogle Cloudのサービスだけでなく、IoT機器やオンプレミスのシステムなど、さまざまな選択肢が考えられます。

■ Cloud Pub/Subの使用例（元画像のサムネイルを生成するシステム）

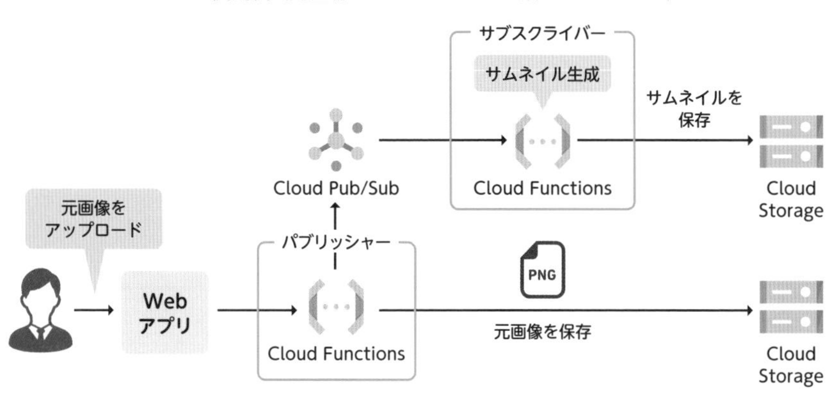

Dataflow

Dataflowは、バッチとストリーミングに対応した、データパイプラインを実行するためのマネージドサービスです。入力されたデータに対しフィルタリングや加工を行い、指定のサービスへ出力できます。バッチ処理に加えてCloud Pub/Subと組み合わせたストリーミング処理が強力で、IoT機器から送信されたデータをパイプラインに流し込み、リアルタイムで処理するといった使い方も可能です。マネージドサービスのため、パイプライン処理を行うワーカー（サーバーとなるマシン）の管理などは必要ありません。

■Dataflow

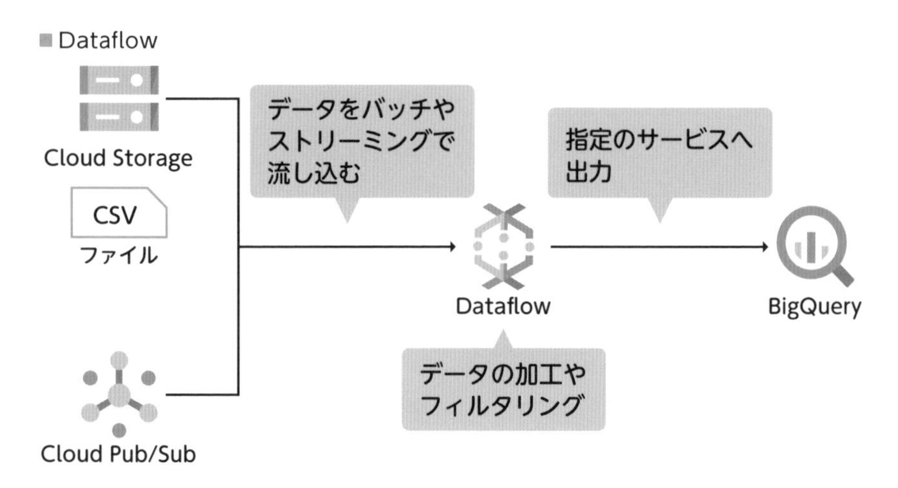

Datastream

Datastreamは、既存で運用しているデータベースから変更イベント（挿入・更新・削除）を読み取り、ほぼリアルタイムでBigQueryなどにデータ連携できるサービスです。サーバーレスサービスなので、従来のバッチジョブやETL/ELTソリューションと比較して、低遅延で構成できます。また、データベースに追加された新しい列とテーブルを、BigQueryに自動的にレプリケートする機能もあります。

Cloud Composer

Cloud ComposerはApache Airflow（ジョブ管理ツール）のマネージドサービスです。Pythonでコードを記述することで、バッチのジョブを管理できます。実行スケジュールの設定や、複雑な依存関係のあるデータに対しワークフローを定義することも可能です。

■ Cloud Composer

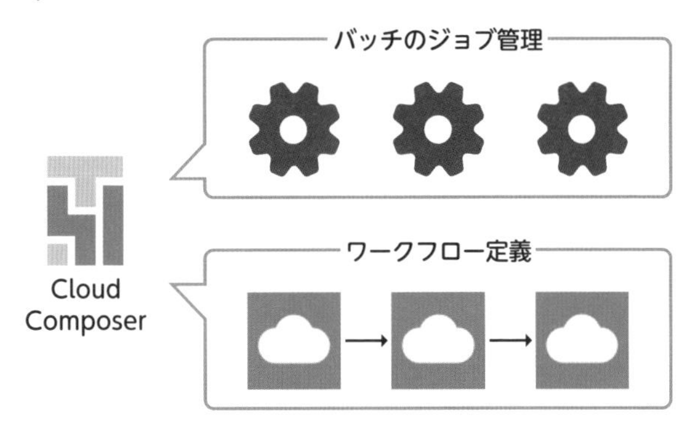

まとめ

- Google Cloudにはさまざまなデータ分析関連サービスが存在する
- Google Cloudのサービスを組み合わせると、データ分析基盤を柔軟に構築できる
- Webサイトのアクセス数分析やトランザクションの異常検出など、幅広いユースケースに対応できる

68 BigQuery ～代表的なデータ分析サービス

Google Cloudのデータ分析サービスの代表であるBigQueryについて、その特徴や基本的なしくみ、料金体系を紹介します。また、RDBとの技術的な違いについても説明しましょう。

BigQueryとは

BigQueryはフルマネージドのデータウェアハウスサービスです。データウェアハウスと名のつくサービスはさまざまな企業から多数提供されており、実装されている機能もサービスごとに異なります。

BigQueryは、マニュアル・バッチ・ストリーミングでのデータインポートやデータを格納するストレージとしての機能、そしてクエリを実行して分析を行う機能など、多くのパワフルな機能を備えています。クラウドサービスなので、それらを少ない準備で利用できます。またBigQueryは、Google AnalyticsやCloud Storageのデータを読み込めたり、前述のようにGoogle Cloudのサービスで一連のデータ分析基盤を構築できたりします。ほかのGoogle Cloudサービスと親和性が高く、用途に応じてさまざまな使い方が可能です。

■ BigQuery

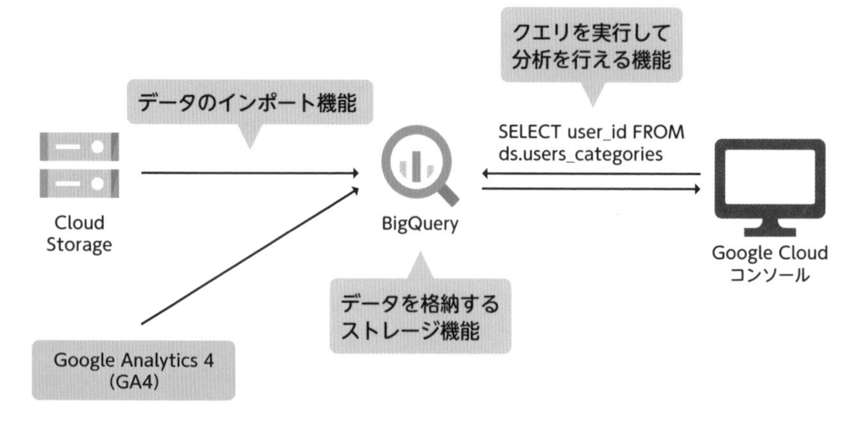

BigQueryの特徴

BigQueryには、ここまで紹介したもの以外にも、さまざまな特徴があります。

高い処理能力

ペタバイト規模の大量のデータに対しても高速にクエリを実行できるなど、非常に高い処理能力を誇ります。

スケーラビリティ

ストレージ容量が無制限かつ自動でスケールアウトするため、大量のデータであっても特別な準備は必要ありません。サーバーノードやストレージの追加といったインフラ作業は不要です。

可用性

SLAで1カ月あたり最大99.99%の稼働時間が保証されています。

低コスト

非常に低いコストで大量のデータを処理できます。

セキュリティ

インフラとして必要なセキュリティ対策が施され、アクセス制御を含む、ユーザーがデータ保護を実現するために必要な機能が提供されています。

ほかのGoogle Cloudサービスとの連携

ほかのGoogle Cloudサービスとの親和性が高く、ビジネスのニーズにあわせて柔軟にデータ分析基盤を構築できます。

BigQueryに問い合わせを行う方法

クエリとは、データへの問い合わせや処理要求を行う命令のことです。クエリを実行する方法は、問い合わせ対象によって異なります。たとえば、一般的なRDBではSQLという言語を用いて、データベースに対する処理要求を行います。BigQueryにもRDBと同様にスキーマを持つテーブルという概念が存在し、クエリもSQLで記述します。

■ クエリの実行

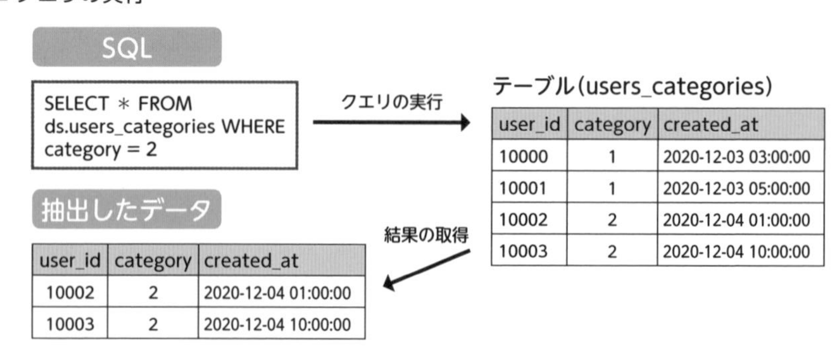

BigQueryには**標準SQL**と**レガシーSQL**という2種類のSQLが存在します。標準SQLは、RDBで用いられるSQLと基本的には同じ構文で記述できます。そのため、標準SQLの使用が推奨されています。ただし、一般的なRDBのSQLとは、細かな点で仕様の異なる場合があるため、公式ドキュメントを確認しつつ記述することをおすすめします。

- **標準SQLのクエリ構文**
  https://cloud.google.com/bigquery/docs/reference/standard-sql/query-syntax?hl=ja

レガシーSQLは標準SQLがサポートされる前に使われており、BigQuery SQLという独自の構文で記述します。公式ドキュメントやSQLのサンプルを参照する際は、どちらのSQLなのかを必ず確認するようにしましょう。

BigQueryとRDBの違い

BigQueryは、RDB同様にテーブルを持ち、SQLによってデータの処理要求を行います。では、どのような点がRDBと異なるのでしょうか。

1つ目は、カラム型ストレージである点です。必要なカラムにのみアクセスできるため、データ走査を最小化できます。

2つ目は、ツリーアーキテクチャである点です。クライアントから受け取ったクエリの処理をツリー構造の処理に分解して、複数のサーバーに分散することで、大規模な分散処理を実現しています。

また、NoSQLのように、パフォーマンス向上を目的としてデータを非正規化することも可能です。BigQueryは**SQLの構文をサポートしつつ、NoSQLの特徴もあわせ持つハイブリッドなシステム**といえます。これらの特徴によって、BigQueryは大規模なデータを効率よく処理できるため、データ分析や機械学習に適したサービスとなっているのです。

一方で、RDBが行う行単位でのデータ処理は、BigQueryの苦手とするところです。そのため、行単位での更新や削除が頻繁に行われるデータを格納するのには向いていません。データベースを選定する際は、データ自体の性質や扱う目的を考慮することが大切です。

Dremel

BigQueryは、Dremelと呼ばれるGoogleの内部システムを外部向けに実装し、提供したものです。本書では詳細を割愛しますが、興味のある人は、公式ドキュメントを参照してください。

- **Dremel**
  https://research.google/pubs/dremel-a-decade-of-interactive-sql-analysis-at-web-scale/

BigQueryの料金

BigQueryの料金体系には、「オンデマンドコンピューティング」と「容量コンピューティング（通称：エディション）」の2つの料金体系があります。ここでは、デフォルトの設定である「オンデマンドコンピューティング」の料金体系を紹介します。なお、容量コンピューティングには、オペレーション料金が固定化できるメリットがあります。

BigQueryの料金は、ストレージ料金と、オペレーション料金の合計です。ストレージ料金は、東京リージョンで1GiBあたり$0.023なので、たとえば1TiB（テビバイト）のデータを格納しても、1カ月あたり$23で済みます。データ追加にかかる料金は、ストリーミングでのデータ挿入でなければ無料です。さらに、毎月の無料分もあるため、非常に安価に利用できます。

なお、クエリ実行にかかる料金を抑えるためのポイントは、第70節（P.288参照）で紹介しています。

■ BigQueryの料金（2024年7月時点での東京リージョンの料金）

種別	対象	料金	詳細
ストレージ料金	アクティブストレージ	$0.023/GiB	毎月10GiBまで無料
ストレージ料金	長期保存	$0.016/GiB	毎月10GiBまで無料。90日間編集されていないテーブルが対象
オペレーション料金	ストリーミング挿入	$0.012/200MB	通常、BigQueryへのデータの読み込みは無料。ストリーミングで挿入されるデータに対しては料金が発生する
オペレーション料金	クエリ（オンデマンド）	$7.5/TiB	毎月1TiBまで無料

まとめ

- **BigQueryはフルマネージドのデータウェアハウスサービス**
- **データ分析をはじめとするさまざまな機能を少ない準備で利用できる**

69 BigQueryを使用する流れ
～データ分析をするまで

BigQueryは、Google Cloudコンソールをはじめとするいくつかの方法で使用できます。ここではGoogle Cloudコンソールからの利用を想定し、BigQueryを使用する流れと、操作する上で押さえておくべき用語を紹介します。

BigQueryの操作

BigQueryの操作は大きく、**データを準備する操作**と、**クエリを実行する操作**に分かれます。

データを準備する操作とは、データセットとテーブルを作成し、テーブルにファイルアップロードなどでデータを挿入する操作のことです。BigQueryにはデータを挿入せずに、Cloud Storageなどの外部データソースを使用する方法もあります。

一方、クエリを実行する操作とは、用意したデータに対して問い合わせを行い、データの並び替えやグループ化など、意図した処理を行って結果を取得することです。

なお、データの準備やクエリの実行といった操作は、Google Cloudコンソール以外にも、さまざまな方法で行えます。

■ BigQueryの操作

データを準備する操作

データの挿入

Cloud Storage

BigQuery

CSV

JSON

ローカル

Google Cloud コンソール

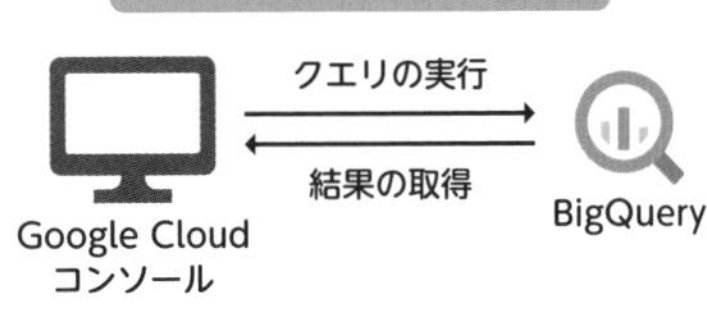

BigQueryの用語

BigQueryを操作する上で、押さえておくべき用語を紹介しましょう。

■ BigQueryの用語

項目	内容
プロジェクト	Google Cloudプロジェクトのこと。BigQueryで管理するデータセット・テーブル・ジョブはプロジェクトに紐付く
データセット	テーブルやビューの集合を指す。データセットを作成すると、テーブルを作成することが可能になる
テーブル	データを格納した行と列の集合。各列にどのような値が入るかを示すスキーマを持つ
ビュー	SQL クエリによって定義される仮想テーブルのこと。複雑なクエリに対して別名をつけることができ、テーブルと同じようにクエリができる
ジョブ	クエリやインポート、エクスポート、データのコピーといった処理の単位のこと

■ ジョブとデータセットとテーブルの関係

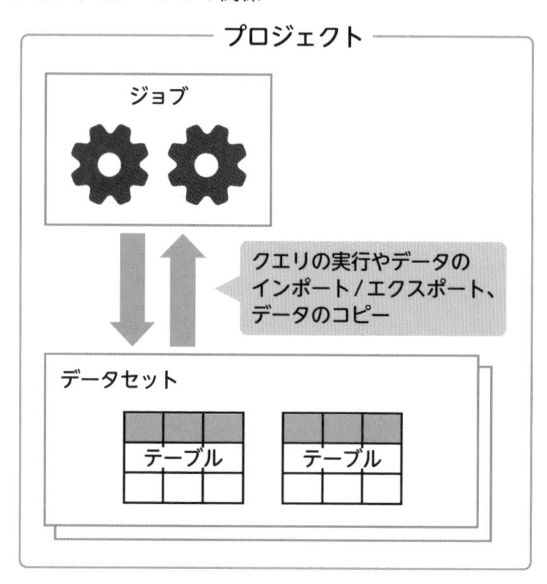

BigQueryを使用する流れ

BigQueryを使用するにはまず、Google CloudコンソールからSQL ワークスペースを開いて、データセットを作成する必要があります。続いて、データセットにテーブルを作成し、データを挿入します。

BigQueryの操作は、Google Cloudコンソールのほか、bqコマンドラインツール（BigQuery専用のコマンドラインツール）や、クライアントライブラリ（プログラムからBigQueryを操作するもの）が利用できます。データが準備できたら、テーブルに対してクエリを実行します。

■ BigQueryを使用する流れ

①Google Cloudにログインする

・Google Cloudコンソールを開き、プロジェクトを選択または作成する
・BigQuery APIを有効にする
・Google CloudコンソールのBigQueryページに移動する

↓

②データセットを作成する

・テーブルのデフォルトの有効期限を決める

↓

③テーブルを作成しデータを読み込む

・テーブル作成時にデータを読み込む、もしくは空のテーブルを作成してあとからデータを読み込む
・スキーマを指定する
・パーティションとクラスタを設定する
・詳細オプションを設定する

↓

④クエリを実行する

・クエリエディタにSQLを記述する
・実行する

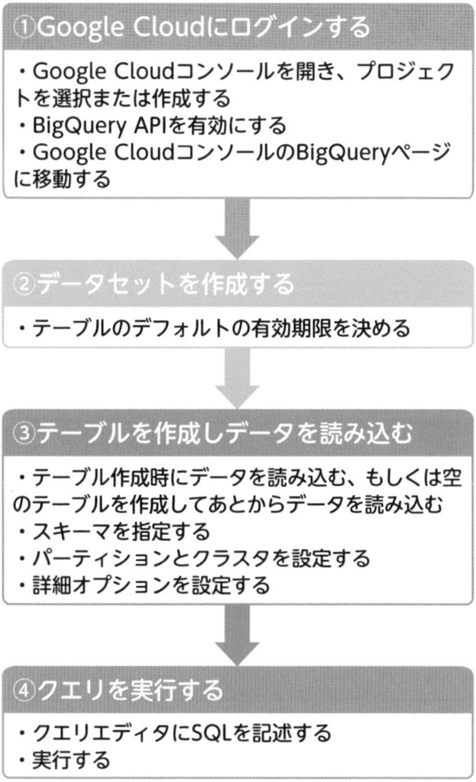

BigQueryでよく使われる機能

BigQueryのさまざまな機能の中でも、よく使われる機能を紹介します。

一般公開データセット

データ分析をするにはまず、データを収集することが必要です。Google Cloudでは、Google Cloud Marketplace（P.117参照）に多数のカテゴリやジャンルのデータセットが一般公開されているので、使えるデータがないかを確認するとよいでしょう。これらのデータセットは、BigQueryで活用できます。

■ 一般公開データセット

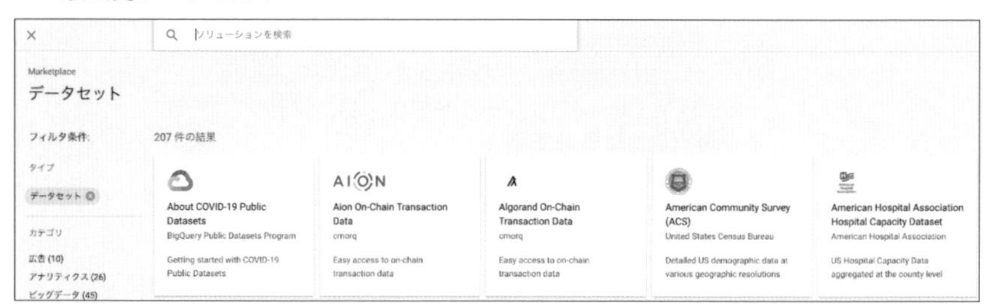

クエリエディタ

クエリエディタは、クエリを入力して実行できる機能です。クエリを入力したときに構文解析が行われるため、明らかに実行できないクエリについては構文エラーが表示されます。また、TABキーで入力補完ができます。

■ クエリエディタ

```
無題のクエリ  実行  保存  ダウンロード  共有  スケジュール  展開  Syntax error: Ex...
1  SELECT
2    name,
3    gender,
4    SUM(number) AS total
5  FROM
6    `bigquery-public-data`.usa_names.usa_1910_2013
7  GROUP BY
8    1,
9    2
10 ORDER BY
11   3 DESC
12 LIIT
13
Syntax error: Expected end of input but got identifier "LIIT" at [12:1]
```

クエリ結果ビュー

クエリエディタでクエリを実行すると、クエリ結果ビューでデータを閲覧できます。「結果の保存」ボタンを押すと、CSVやJSONなどの拡張子で分析結果をダウンロードできます。

■ クエリ結果ビュー

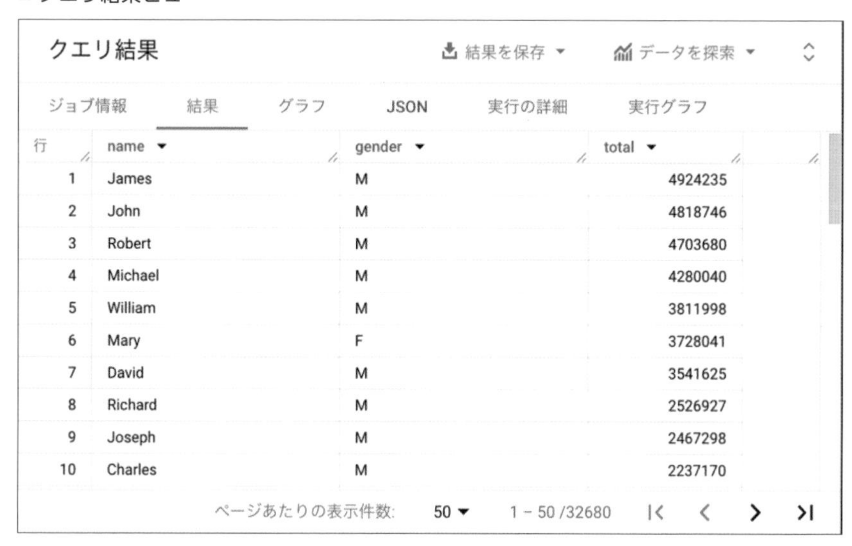

まとめ

- **BigQueryの操作は大きく、データを準備する操作と、クエリを実行する操作に分かれる**
- **BigQueryを使用するには、データセットとテーブル、分析対象のデータの挿入が必要**

70 BigQueryのベストプラクティス ～BigQueryのコストを抑制する方法

BigQueryでは大量のデータに対してクエリを実行するため、BigQueryの料金に対して不安を抱く人もいるかと思います。本節では、コストに対する不安感を払拭すべく、コストの抑制方法について解説します。

BigQueryの料金は工夫次第で抑えられる

BigQueryには、ほかのパブリッククラウドのデータウェアハウスサービスにはない「コンピューティングリソースに対する固定コストがない」「チューニングが不要なため、そのための人的コストが必要ない」といったメリットがあります。その一方で、BigQueryのクエリ料金は従量課金制であり、クエリが参照したデータサイズと、クエリ結果に含まれるデータサイズによって算出されます。そのため、Web上で「予想外のコストが発生して驚いた」といった体験記事を目にすることもあります。しかしBigQueryの料金は、工夫次第で抑えることができます。コストの抑制方法を順番に紹介しましょう。

エディションの採用

BigQueryエディションでは、利用するスロット数の上限、下限を設定することができます。意図しない課金を防ぐことができるほか、上限と下限を同じ値に設定することでクエリ利用料を定額にする、といった工夫も可能です。

継続的に利用を検討する場合、一定量の利用を確約すること（**コミットメント予約**）で、追加の割引を受けることもできます。

エディションについては、次のページもあわせて参照してください。

- **BigQueryエディションの概要**
  https://cloud.google.com/bigquery/docs/editions-intro?hl=ja

パーティションを指定してクエリを実行する

パーティションと呼ばれるセグメントに分割したテーブルに対してクエリを実行すると、コストを抑えることができます。クエリ料金の「クエリが参照したデータサイズ」を抑えられるためです。次のテーブルを例にして解説しましょう。

■ユーザーテーブルの例

データセット名 : ds
テーブル名 : users_categories

user_id	category	created_at
10000	1	2020-12-03 03:00:00
10001	1	2020-12-03 05:00:00
10002	2	2020-12-04 01:00:00
10003	2	2020-12-04 10:00:00

このテーブルは「created_at」を日付パーティション列（TIMESTAMP型）に指定して作成しています。そのため、WHERE句に「created_at」の条件を指定すると、必要な日付パーティションのみが参照され、テーブル全体は参照されません。

なお、パーティションを作成する具体的な手順は、本書では割愛します。実際に作成する際は、公式ドキュメントを参照してください。

- **時間単位の列パーティション分割テーブルの作成と使用**
  https://cloud.google.com/bigquery/docs/creating-partitioned-tables?hl=ja

では、実際のSQLで「クエリが参照したデータサイズ」がどうなるのかを見ていきましょう。

```
SELECT user_id FROM ds.users_categories
```

このSQLの場合、参照データサイズは「4行分」になります。WHERE句にパーティション列の指定がない場合は、テーブル全体が参照データサイズとなります。

```
SELECT user_id FROM ds.users_categories WHERE created_at >= '2020-12-04
00:00:00'
```

このSQLの場合、参照データサイズは「2行分」になります。WHERE句にパーティション列の指定があり、12月4日以降のデータが参照されるので、参照データサイズは2行分です。

```
SELECT user_id FROM ds.users_categories WHERE category = 2
```

このSQLの場合、参照データサイズは「4行分」になります。WHERE句にパーティション列の指定がありません。そのため、パーティション列以外の条件でクエリ結果が2件に絞られた場合でも、テーブル全体が参照データサイズとなります。

このように、パーティションを指定してクエリを実行すると「クエリが参照したデータサイズ」を抑えることが可能です。パーティションの指定を必須にする設定を有効にすることで、クエリが参照するデータサイズ増加を抑えることもできます。

■パーティションを指定する

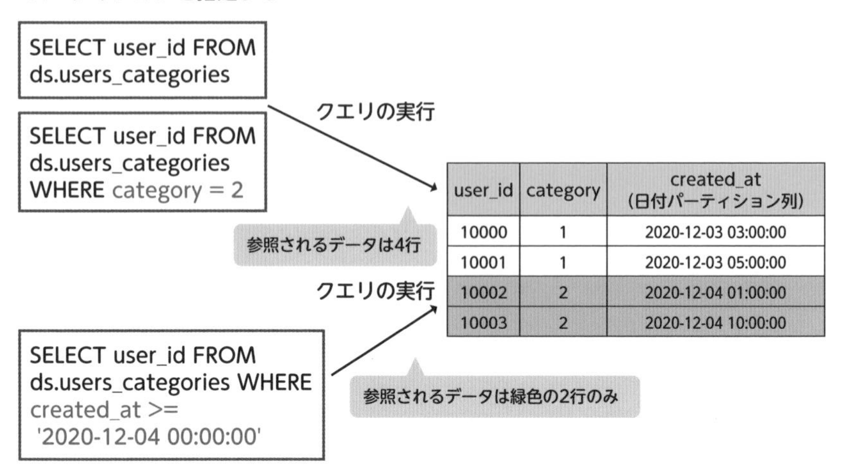

SELECT句に指定するカラムを必要最低限にする

SELECT句に指定するカラムを必要最低限にすると、コストを抑えることができます。クエリ料金の「クエリ結果に含まれるデータサイズ」を抑えられるためです。次のSQLを例にして解説しましょう。

```
SELECT user_id, category FROM ds.users_categories
```

このSQLの場合、結果に含まれるデータサイズは、user_idとcategoryという2列分になります。

```
SELECT user_id FROM ds.users_categories
```

このSQLの場合、結果に含まれるデータサイズは、user_idという1列分になるので、先ほどのSQLよりコストを抑えられます。

このように、SELECT句のカラム数が増えるとその分「クエリ結果に含まれるデータサイズ」は増加します。そのため、必要以上にSELECT句のカラムを指定（SELECT* など）しないようにしましょう。

■ 必要以上にSELECT句のカラムを指定しない

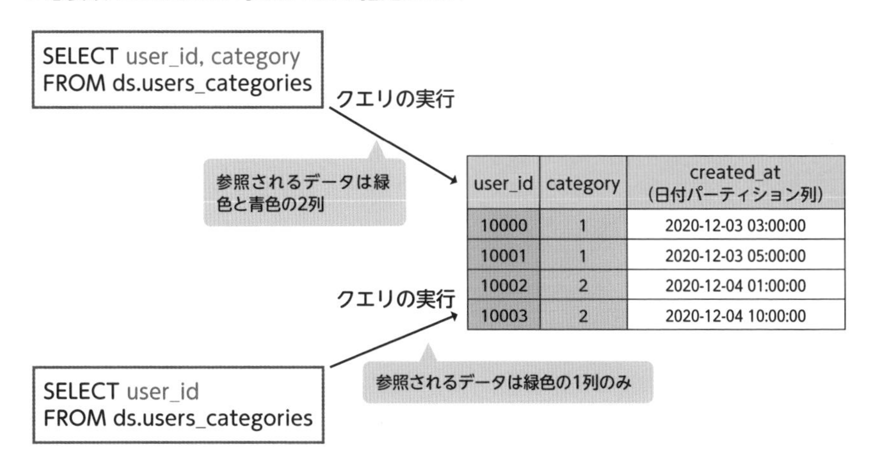

クエリのキャッシュを有効にする

BigQueryはデフォルトで、クエリのキャッシュが有効になっています。そのため同じクエリであれば、クエリの料金は発生しません。ただし、下記の状況ではクエリのキャッシュが削除されます。そのため、同じクエリであっても料金が発生するので注意してください。

- **キャッシュ作成時から24時間が経過している**
- **前回のクエリから対象となるテーブルに更新がある**

ドライランでチェックを行う

クエリを実行する前に**ドライラン実行**が可能です。ドライランを実行すると、クエリを実行した場合の課金バイト数や、クエリのパフォーマンスを確認できます。ドライラン実行によってクエリのコストが高いことが判明した場合は、クエリのチューニングや、クエリの分割などを検討することをおすすめします。

BigQueryの使用状況を監視する

Cloud Monitoring（Google Cloudのリソース監視サービス）を使うと、BigQueryの課金バイト数をモニタリングできます。しきい値を設定してアラートを通知するしくみを実装すれば、意図せずコストの高いクエリを実行しても、すぐに検知して対応できます。

まとめ

- **BigQueryの料金は工夫次第で抑えられる**
- **パーティションを指定してクエリを実行すること**
- **SELECT句に指定するカラムを必要最低限にすること**

71 Looker／Looker Studio ～データの可視化サービス

収集したデータを活用するのに、グラフなどでデータの特徴を視覚的にわかりやすくできるBIツールが必要な場合があります。Google Cloudで使えるBIツールについて紹介しましょう。

BIツールとは

BIツールとは、データの抽出や加工、そのデータを可視化する機能を備えたツールのことです。大量のデータを、人間の目で見ただけで意思決定につなげることは非常に困難です。そのため、BIツールを用いて、データの加工や要約、可視化を行うことで、**ビジネス上の意思決定を、データにもとづいて直感的に行うことが可能**になります。

BIツールは、ツールによってさまざまな特性があるので、適切なツールを選定することで、より良い意思決定を行ったり、データ可視化に必要な工数を削減したりできます。

2種類のBIツールが用意されている

Google Cloudでは、BIツールにおいて、**LookerとLooker Studioという2種類のサービス**を提供しています。LookerとLooker Studioでは、BigQueryやCloud Storageなどのサービスや、対応しているGoogle Cloud外のサービスからデータを収集できます。

また、2種類のサービスがあるおかげで、いきなり大規模な構成にしなくとも、Looker Studioでデータ分析に親しむところから始め、全社利用にするためにLookerで分析基盤を構築してガバナンスを強化する……といった具合に、状況にあわせて段階的に利用を始めることも可能です。

■BIツールであるLookerとLooker Studioの使用例

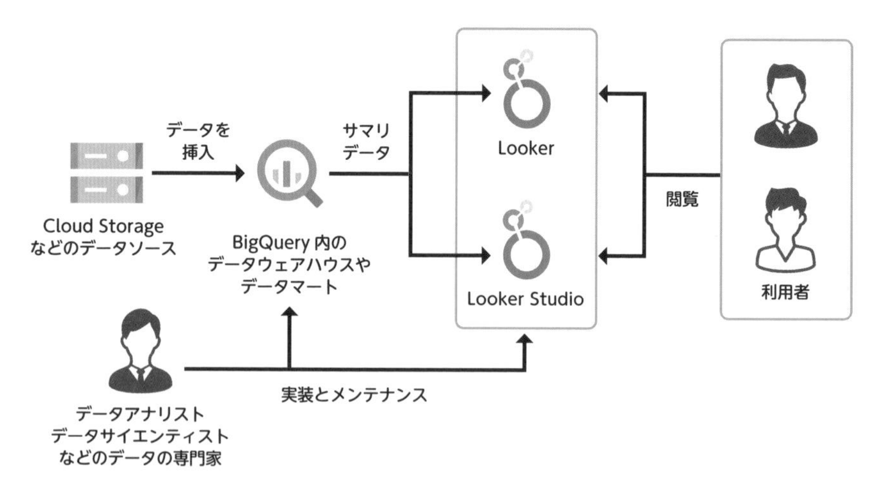

Looker

Lookerは、BIプラットフォームです。ユーザー向けのデータ探索およびダッシュボードインターフェースや、データモデラー向けの統合開発環境（IDE）、開発者向けの豊富な埋め込みおよびAPI機能を提供します。

■Lookerのメリット

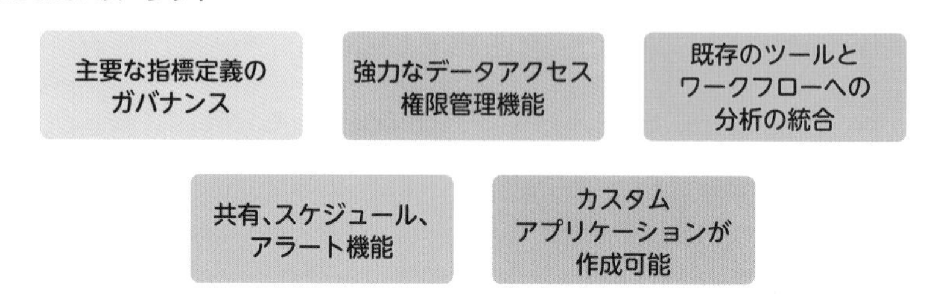

Lookerは、Google Cloudで管理するだけではなく、別のクラウドサービスでホストすることや、独自のサーバーでホストすることも可能です。いずれの場合も、データは常にデータベース内に残り、Lookerインスタンスにコピーされることはないため、常に最新のデータを参照することができます。

Lookerに実装されている「LookML」

LookML（Looker Modeling Language）は、SQLデータベース内のディメンション（データの分類）、集計や計算、データ関係を記述できるプログラミング言語です。Lookerで提供される機能であり、LookMLで記述されたモデルを使用すると、特定のデータベースに対するSQLクエリを構築できます。

たとえば、Webサイトの分析では、集計の手法によってページビューやユニークユーザーの値が微妙にずれてしまうことがあります。LookMLを利用してページビュー、ユニークユーザの値を定義すれば、データアナリストはこれらの指標を取得するための実装を行うことなく正しい値を利用できます。

また、ビジネスユーザーにとっては、複雑なクエリやSQL構造の理解を意識せずに、必要なコンテンツのみに焦点を当てて、SQLクエリを構築できるというメリットがあります。

Looker Studio

Looker Studio（旧Googleデータポータル）は、データを、完全にカスタマイズ可能なダッシュボードとレポートに変換できる、無料ツールです。Googleアカウントを持つすべてのユーザーが利用できます。また、ダッシュボードのエディターはドラッグアンドドロップで操作可能のため、データ分析に親しみがなくとも使いやすいツールになっています。

なお、有償版のLooker Studio Proもあります。無料版に対して機能拡張、サポート、SLAなどが追加されています。

■ Looker Studioのメリット

■ Looker Studioの画面

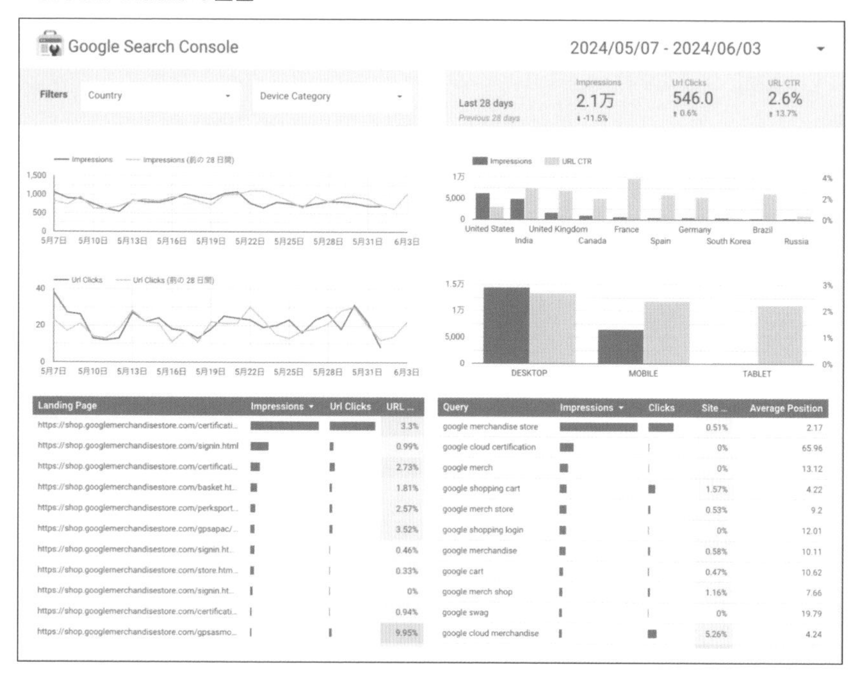

- BIツールは、データの抽出や加工、そのデータを可視化する機能を備えたツール
- Lookerは、Google Cloudが提供するBIプラットフォーム
- Looker Studioは、Google Cloudが提供する無料のBIツール

AIサービス

Google Cloudではさまざまな AI関連のサービスを提供しています。本章では、生成AIの機能を有するAIサービスを中心に紹介します。

72 Google CloudのAIサービス
～大きく4つの分類がある

Google CloudにはさまざまなAIサービスが用意されています。ここでは、Google CloudのAIサービスの分類を確認することで、AIサービスの全体像を把握しましょう。

Google CloudのAIサービスの分類

Google Cloudでは、用途に応じたさまざまな形式でAIサービスを提供しています。Google CloudのAIサービスには、大きく、**AIインフラストラクチャ、Vertex AI、AIソリューション、Gemini for Google Cloudという4つの分類**があります。

AIインフラストラクチャ

AIインフラストラクチャとは、AIの開発やトレーニングを行うためのインフラを指します。たとえば、Google Cloudでは、NVIDIA GPUを搭載した仮想マシンや、モデルのトレーニングや推論など、AIワークロードに特化したプロセッサとして、**Cloud TPU**を提供しています。また、すぐに機械学習のモデル作成に取り組めるように、構成済みのコンテナイメージや、VM Imageも提供しています。

Vertex AI

Vertex AIとは、Google Cloudが提供するフルマネージドな統合AI開発プラットフォームです。生成AIモデルの導入や活用のほか、開発者自身でモデルを構成したり、カスタマイズしたりすることもできます。

AIソリューション

AIソリューションとは、特定の業界や用途を対象にしたAIサービスです。たとえば**事前トレーニング済みAPI**では、Googleが開発した事前トレーニング済みの機械学習モデルを、API経由ですぐに使うことができます。事前トレーニング済みAPIには、Translation APIによる翻訳サービスやCloud Vision APIによる画像検出サービス、Cloud Natural Language APIによる自然言語テキストの感情分析、さらには、Cloud Text-to-SpeechとSpeech-to-Textによる音声合成・音声認識サービスなどがあります。

また、ユースケースに特化したAIソリューションを提供するサービスとしては、非構造化ドキュメントを構造化データに変換して分析を容易にする**Document AI**や、小売業界に特化した検索機能である**Vertex AI Search for Retail**、金融業界向けの**Anti Money Laundering AI**などがあります。

Gemini for Google Cloud

Gemini for Google Cloudとは、Google Cloudでのシステム開発を支援するための生成AIサービスです。アプリケーションコードの生成、入力補助やログの要約、インスタンスの最適化提案などを行ってくれます。

■Google Cloudが提供するAIサービスの全体像

まとめ

- **Google CloudのAIサービスには、AIインフラストラクチャ、Vertex AI、AIソリューション、Gemini for Google Cloudという4つの分類がある**

73 Vertex AI ～統合AI開発プラットフォーム

Vertex AIを使うことで、Google Cloudで開発するシステムに、かんたんに機械学習の機能を取り入れることができます。ここでは、生成AIサービスを中心に、Vertex AIが提供する主要な機能について解説します。

Vertex AIが提供する機能

Google Cloudで提供されるAIサービスの中心となるのが、**Vertex AI**です。Vertex AIは、Google Cloudが提供する、**フルマネージドな統合AI開発プラットフォームで、生成AIを含む多数の機能が利用できます。**ここでは、Vertex AIが提供する機能を「生成AIアプリケーション開発」と、生成AIに特化しない一般の機械学習モデルを利用する場合の「モデルのトレーニングと開発」に分けて説明します。

Vertex AIの機能① 生成AIアプリケーション開発

Vertex AIには、**生成AIを利用したアプリケーションを開発するための機能が用意されています。**生成AIモデルを扱えるほか、モデルを用いてアプリケーション開発を行うための基盤、ツールを提供します。これらについては、次ページ以降で詳しく説明します。

Vertex AIの機能② モデルのトレーニングと開発

生成AIに特化しない一般の機械学習モデルについて、独自のモデルを作成してアプリケーションから利用する場合、データ収集・学習・評価・デプロイ・モニタリングといったさまざまな作業が必要です。これら一連の作業は、**ML Ops**と呼ばれます。Vertex AIには、これらの作業を効率的に実施するためのインフラやツールがあります。一例を挙げると、モデルが利用する特徴量（データの特徴を数値として表現した値）を管理する**Vertex AI Feature Store**、モデルの学習インフラをオンデマンドに提供する**Vertex AI Training**、モデルに対する入力データをモニタリングして、モデルの性能劣化を防止する**Vertex AI Monitoring**などがあります。また、**Vertex AI Pipelines**を用いると、これら一連の作業を自動化することもできます。

このように、Vertex AIには、生成AIアプリケーション開発に役立つ機能、独自の機械学習モデルを作成して利用するインフラ、効率的なML Opsを実現するツールが用意されています。

■ Vertex AIの機能「モデルのトレーニングと開発」

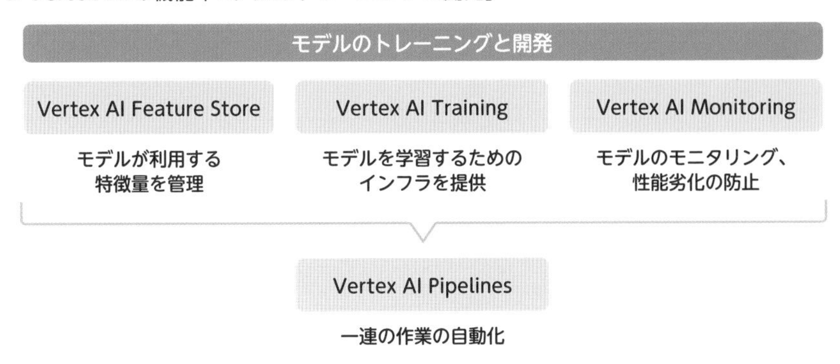

なお、ここから、Vertex AIのサービスについて、執筆時点での最新情報を紹介していきますが、生成AIの登場により、Vertex AIが提供するサービスやソリューションは今後も大きく変化する可能性があります。最新の情報については、Google Cloudの公式ドキュメントもあわせて参照するようにしてください。

- **Vertex AI**
  https://cloud.google.com/vertex-ai/docs?hl=ja

Vertex AIの生成AI機能

Vertex AIの中でも、特に生成AIに関連するものは次の図のようにまとめられます。

■ Vertex AI での生成AIアプリケーション開発

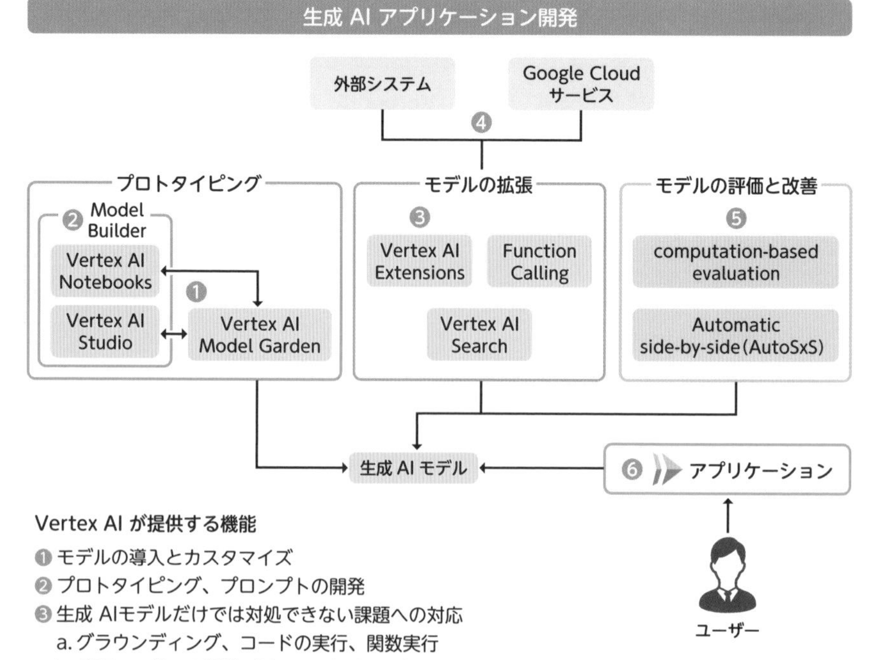

Vertex AI が提供する機能

❶ モデルの導入とカスタマイズ
❷ プロトタイピング、プロンプトの開発
❸ 生成 AIモデルだけでは対処できない課題への対応
　a. グラウンディング、コードの実行、関数実行
　b. 検索エンジンの提供（Vertex AI Searchは、Vertex AI Agent Builderの一機能として提供）
❹ 必要に応じて Google Cloudのサービスや外部システムなどと連携
❺ モデルの推論結果を評価して、改善
❻ アプリケーション（例：Cloud Run）からAPIやSDKを通して実行

ここからは、上記の中から代表的なサービスを紹介します。

Vertex AI Model Garden

Vertex AI Model Gardenは、Google製モデル、オープンモデル、サードパーティのモデルを提供します。さまざまなLLM（P.063参照）の基盤モデルをカスタマイズして、Google Cloudプロジェクトから利用できます。Googleが提供する代表的な基盤モデルには、次ページの表に示したようなものがあります。

なお、MedLMというモデルについては、Vertex AI Model Gardenからの導入はできず、別途利用申請が必要です（2024年7月時点）。

■ Google Cloudが提供する基盤モデル

モデル	説明
PaLM2	汎用的な用途で利用できる生成AIモデル。テキスト、およびチャットに特化したモデルがある。モデルのサイズによって違う名称が付けられており、小さいほうからgecko、bison、unicormの3つが現在提供されている
Gemini	マルチモーダルユースケース用に設計された汎用的な生成AIモデル。プロンプトにテキスト以外の画像、動画、音声などを与えることができる。Gemini1.5は巨大なサイズのプロンプトを扱える
Codey	コードの補完、生成に特化したモデル
Chirp	音声に特化したモデルで、音声文字変換に対応
Imagen	画像に特化したモデルで、自然言語から画像を生成したり、画像にキャプションを付けたり、画像に関して質問を行ったりすることができる
MedLM	医療業界向けにファインチューニングされたテキストベースの生成AIモデル

基盤モデルは直接利用するほかに、事前トレーニング済みAPIのバックエンドとして選択できるものもあります。たとえば、ChirpはSpeech-To-Text (P.313参照) による音声認識サービスのバックエンドとして利用されています。

Model Builder

Model Builderは、プロンプトの管理や基盤モデルのファインチューニング、チューニング後のモデルの評価やモニタリングなど、基盤モデルをより実践的に活用するための機能を提供します。プロトタイピングサービスである**Vertex AI Studio**を利用すると、Googleが提供する代表的な基盤モデルをすぐに試せるほか、生成AIモデルのチューニングや高度なカスタマイズを行う際の作業環境として、Notebook機能を提供する**Vertex AI Notebooks** (P.308参照) が利用できます。

Vertex AI Studioの機能

Model Builderの代表的なサービスである**Vertex AI Studio**は、**生成AIモデ**

ルを迅速にプロトタイピングしてテストするための、Google Cloudコンソール上のツールです。Vertex AI Studioは、次の機能を提供しています。

マルチモーダル

テキスト、画像、音声や動画をプロンプトに設定できる機能です。会話履歴を持たないシングルターンと、会話履歴を利用してレスポンスを行うマルチターンの設計が行えます。

言語

入力がテキストプロンプトに限定されている場合や、コード生成などのユースケースで利用する機能です。小規模な追加データで基盤モデルの動作を調整するファインチューニングや、人間からのフィードバックを用いて強化学習を行う**RLHF（Reinforcement learning from human feedback）**の機能が利用できます。

ビジョン

テキストプロンプトを入力し、画像を生成する機能です。表示したくない内容を定義できるほか、既存の画像に対してプロンプトで指示を行い、画像を編集する機能もあります。

音声

テキストの読み上げと音声文字変換（文字起こし）の機能です。小規模なデータに適していて、大規模なデータを扱う場合は、AIソリューションであるText-to-Speechや、Speech-to-Textを利用することもできます。

Vertex AI Studioで生成AIモデルを試す例

ここからかんたんに、Vertex AI Studioの画面を紹介していきましょう。次に示す画面のように、モデルを選択してプロンプトを送信すると、モデルからの応答が得られます。LLMの出力は確率的に変化するので、送信ボタンを押すたびに応答内容が変化します。プロンプトの内容を変更することで、出力が変化する様子も確認できます。

■ SF風の桃太郎を出力する例

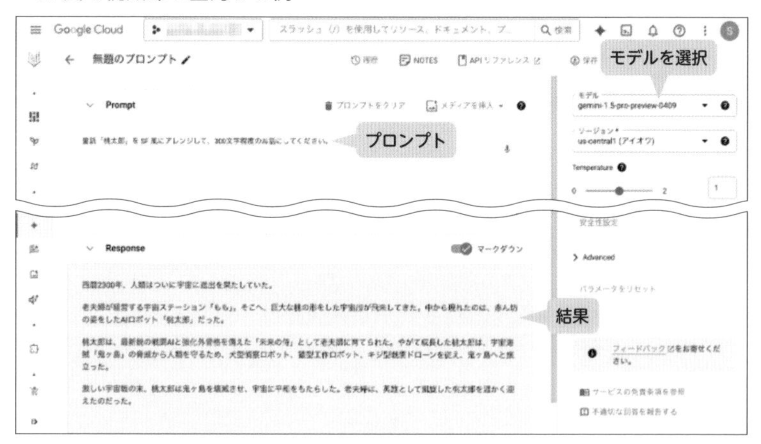

■ SF風桃太郎を子供向けに出力する例

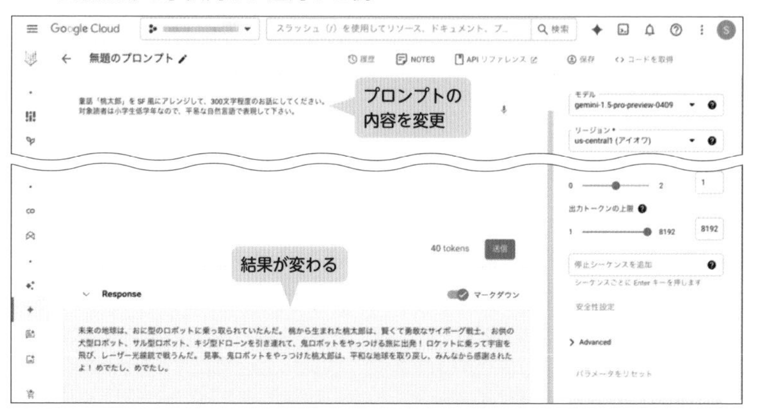

Vertex AI Studioでグラウンディングする例

LLMは学習済みのデータとプロンプトに与えた情報を用いて応答を生成するので、最新の情報には対応できないことがあります。このような場合、**Vertex AI Studioでは、外部のデータソースを用いて、LLMからの出力に根拠づけ（グラウンディング。P.065参照）を行うことができます。**2024年7月時点では、根拠づけのデータソースに、Vertex AI Search（P.307参照）とGoogle検索が選択できます。Google検索を指定した場合は、Google検索で取得した情報を用いた返答が得られます。社内情報など、Google検索に含まれない情報で根拠づけしたい場合は、社内情報をもとに構築したVertex AI Searchを指定することで実現できます。根拠づけを行うことで、LLMからの誤った回答（ハルシネーション。P.065参照）のリスクが軽減できます。

■グラウンディングの例

そのほかにも、出力のランダム性を制御したり、LLMの出力に対する安全性を設定したりできます。ここで作成したプロンプトはGoogle Cloudのプロジェクト環境に保存できるほか、同等の結果をAPIリクエストで得るためのコードを取得することもできます。

Vertex AI Agent Builder

Vertex AIの生成AI機能（P.301参照）の1つである、**Vertex AI Agent Builder**は、**LLMを利用したAIエージェント（人間が行うような作業を代理で行うアプリケーション）を作成するサービス**です。LLMを統合した対話型エージェントや、検索エンジンを用いたグラウンディングのしくみを、ノーコードで構築できます。これにより、ユーザーからの入力に対して、適切なアクションを判断し、実行することが可能です。

■ Vertex AI Agent Builder によるAIエージェント開発

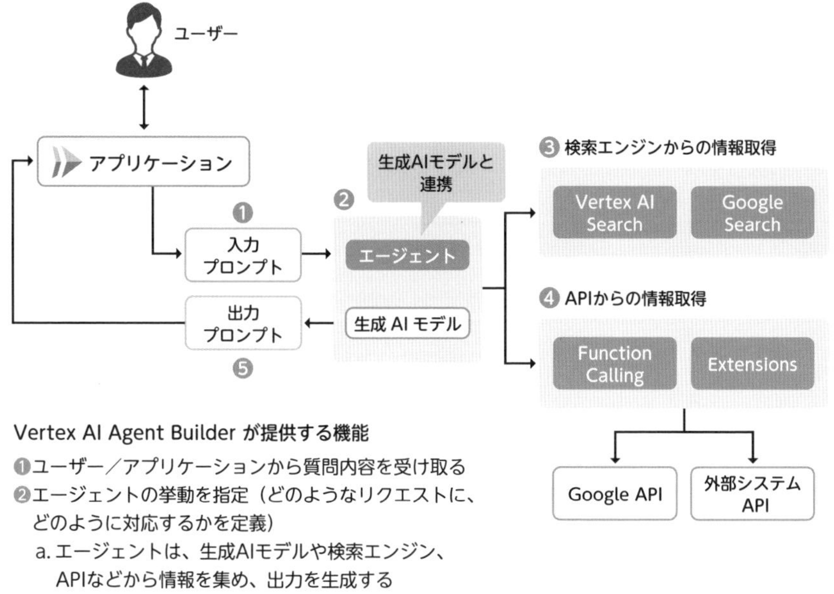

Vertex AI Search

Vertex AI Agent Builderの一機能として、検索エンジンをかんたんに作成するサービスである**Vertex AI Search**が提供されています。Vertex AI Agent Builder上でのAIエージェントの知識補完やグラウンディングに利用するほか、検索エンジン単体でも利用できます。

検索対象のデータとしては、PDFやHTMLといった非構造化データ、jsonl (JSON Lines) 形式の構造化データのほか、Webサイトや対応した外部サービスを指定できます。作成した検索エンジンからは検索結果に加えて、検索結果の要約の取得も可能です。

Google Cloudが提供するNotebookサービス

Vertex AIでは、セキュアなNotebook環境（Google ColaboratoryやJupyter Notebookで提供されるコード実行環境）を提供するサービスがあります。サーバーレスでかんたんに利用開始できる**Colab Enterprise**と、VMインスタンスを介してNotebook環境が提供されるカスタマイズ性の高い**Vertex AI Notebooks**が提供されています。

Colab Enterpriseは環境構築が不要で、Google Cloudコンソール上にNotebookを作成して、すぐにコードの開発・実行ができます。Notebookから、Googleが提供する基盤モデルをはじめ、サードパーティー製の生成AIモデルも利用できます。Model Gardenで提供される基盤モデルに対して「ノートブックを開く」を選択すると、事前に用意されたノートブックが用意されて、すぐにモデルの利用が開始できます。

Colabは個人向けに無料サービスとしても提供されていますが、Colab Enterpriseは法人向けの利用を想定されており、Vertex AIのモデル開発の機能やBigQueryなどのGoogle Cloudサービス連携、IAMを利用したアクセス管理、利用するインスタンスの選択など、多くの便利な機能が提供されています。

一方、Vertex AI Notebooksは、Colab Enterpriseと比較すると環境のカスタマイズが柔軟に行えるNotebookサービスです。自由度が高い反面、ランタイムやVMの管理を一部ユーザー自身で行う必要があります。

まとめ

- **Vertex AIは、Google Cloudが提供するフルマネージドな統合AI開発プラットフォーム**
- **Vertex AI Studioを使うと、Googleが提供する生成AIモデルを試すことができる**
- **Vertex AI Agent Builderは、LLMを利用したAIエージェントを作成するサービス**

74 Gemini for Google Cloud ～システム開発を支援するAI

Google Cloudでは、システム開発の支援に役立つ生成AIサービスも提供しています。ここでは、生成AIを利用することで、システム開発がどのように変わっていくのかを解説します。

Gemini for Google Cloudとは

Gemini for Google Cloudは、AIを活用したアシスタント機能です。Google Cloudに統合されており、チャットインターフェースによる会話アシスタントを中心に、**システム開発を総合的に支援**します。フルマネージドサービスとして提供されているため、利用に際して事前の準備は必要ありません。

■Gemini for Google Cloudで提供される機能

機能	説明
Gemini Code Assist	コードの説明、補完、生成で、ソフトウェア開発を加速する機能
Gemini Cloud Assist	パーソナライズされたAIガイダンスで、アプリケーションライフサイクルの設計、運用、最適化を支援。Google Cloudコンソールのチャットインターフェースからアクセス可能
Gemini in Security	Security Command Centerに搭載され、セキュリティの検出結果と潜在的な攻撃経路を分析する。脅威インテリジェンスをわかりやすく要約
Gemini in Databases	自然言語を利用して、データベースの管理や最適化、移行をサポート。SQL文の生成、理解、補完にも対応
BigQuery／Lookerへの統合	テーブルの検索機能、SQLやPythonコードの生成、アシスト機能、自然言語でのレポート作成で分析を強化

上記の中から特に代表的な機能である、Gemini Code AssistとGemini Cloud Assistについて、次ページから解説します。

Gemini Code Assist

Gemini Code Assistは、Cloud Workstations（P.235参照）、Cloud Shellといった、Google Cloudが提供する開発環境に加え、複数のIDE上で**コードアシスタンス機能を提供します。**代表的なコードアシスタンス機能は、**コードの補完、説明、そして生成**です。コード補完機能はコードを入力中に行われるほか、コメントでプロンプトを指示することで、コードブロックも生成できます。また、チャットインターフェースからは、コードの説明や生成を依頼できます。これらの機能を使うことで、開発をスムーズに進められるようになります。

Gemini Code Assistは複数のプログラミング言語をサポートしています。なお、利用者が入力した情報が、モデルの学習や開発に使用されることはありません。

■ コード補完

```
1   # Flask で httpサーバーを起動するコード
2   from flask import Flask # type: ignore
3   app = Flask(__name__)
4
5   @app.route('/')
6   def hello_world():
7       return 'Hello World!'
8
9   # "/who" では、getパラメータに名前を与えると"Hi {name} "を返します。デフォルト値は Google です
10  @app.route('/who')
    def who():
        name = request.args.get('name', 'Google')
```

コード補完

■ コードの説明

GEMINI CODE ASSIST: CHAT

このコードを説明してください。

この Python コードは、フィボナッチ数列の特定の項を求めるプログラムです。

コードの解説:

1. ライブラリのインポート:
   - import sys: この行は、コマンドライン引数にアクセスするために sys モジュールをインポートします。
2. コマンドライン引数の処理:
   - try...except ブロックは、ユーザーがコマンド

fib.py

```
6           raise
7   except:
8       ValueError("1以上の整数を入力してください。")
9
10  def fib(to):
11      if to == 1:
12          return 1
13      if to == 2:
14          return 1
15      return fib(to-1) + fib(to-2)
16
17  print(fib(to))
18
19
20
```

コード説明

Gemini Cloud Assist

Gemini Cloud Assistは、Google Cloud上での開発作業全般に対する支援を提供します。開発を進めていて、Google Cloudの特定機能の説明が欲しい、あるいは、最適化の方法が知りたいなどの際に、コンソール上のチャットインターフェースで質問ができます。たとえば、Compute Engineのインスタンスについての説明やCloud Loggingのエラーログの解説などを依頼できます。公式ドキュメントやサンプルコードなど、Google Cloudに関連したコンテンツでトレーニングされたモデルを利用しているので、**ベストプラクティスに関するガイダンスを受けるのに便利な機能**です。

■ Gemini Cloud Assist

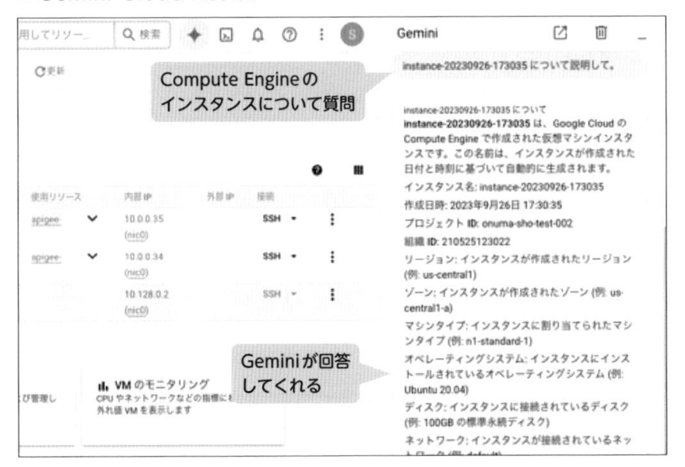

まとめ

- **Gemini for Google Cloudは、システム開発を総合的に支援するサービス**
- **Gemini Code Assistでは、コード補完や生成が行える**
- **Gemini Cloud AssistはGoogle Cloudコンソールに組み込まれていて、チャットインターフェースから質問ができる**

75 そのほかのAIサービス ～特定のタスク向けAI

Google Cloudでは、生成AI以外にもさまざまなAIサービスが提供されています。特定の用途にフォーカスしたサービスや、APIが提供されていてすぐに利用可能なものもあります。

AIソリューション

AIソリューションとは、特定のタスク向けのAIサービスです。APIとして提供されているものもあります。事前トレーニング済みのため、すぐに利用開始できます。たとえばTranslation Hubは、複数ページの資料を一括で翻訳でき、かつ、スライドにも対応しているため、資料翻訳の作業効率向上に役立ちます。

■主なAIソリューション

名称	説明
Document AI	ドキュメントの非構造化データを構造化データに変換して、分析しやすい形式に変換できるサービス
Cloud Translation	さまざまなペアの言語について動的に翻訳できるサービス
Translation Hub	複数ページのスライドやドキュメントを一括で翻訳できるドキュメント翻訳サービス
Cloud Vision	画像内のオブジェクトの検出やOCR、フィルタリングなどが行えるサービス
Video Intelligence API	動画を分析し、音声文字変換、テキストの認識、オブジェクトの検出、追跡、動画のラベル付けなどが行えるサービス
Cloud Natural Language API	テキストの感情分析、コンテンツ分類、構文解析を行うAPIサービス
Timeseries Insights API	数値データのリアルタイムな時系列予測と異常検出が行えるAPIサービス

音声や対話に特化したAIサービス

音声、対話に特化したAIサービスもあります。音声認識や音声文字変換、コンタクトセンター（電話、チャット対応窓口）に関連するサービスが提供されています。

■ 音声や対話に関するAIサービス

名称	説明
Text-to-Speech	テキストから音声合成するサービス
Speech-to-Text	音声認識、音声文字変換を提供するサービス
Contact Center AI Insights	コンタクトセンターのパターンを検出して、要約や分析を行うサービス
CCAI Platform	コンタクトセンターをデジタル化するための統合ソリューション
Dialogflow	会話型のユーザインターフェースを設計できる自然言語理解プラットフォームサービス
Agent Assist	顧客からの質問に対しての適切な回答候補や、自動応答を設計できるサービス

業界に特化したAIサービス

金融や交通、小売など業界に特化したAIサービスも紹介します。たとえば、Talent Solutionは、求人検索に機械学習を導入し、精度の高い求人検索体験を提供します。

■ 業界に特化したAIサービス

名称	説明
Anti Money Laundering AI	潜在的な疑わしいマネーロンダリング活動を検出するサービス
Cloud Optimization API	地点間の最適な経路、旅程を生成するサービス
Talent Solution	機械学習を導入した求人検索サービス
Vertex AI Search for Retail	小売業界向けの検索機能とレコメンデーション機能を提供するサービス

Googleが提供する一般ユーザー向けの生成AIサービス

本章ではGoogle Cloud上で利用する生成AIサービスを解説してきましたが、Google Cloudをセットアップしなくても、Gemini、Google AI Studio、NotebookLMなどをかんたんに試す方法が提供されています。Googleアカウントでのログインが必要ですが、いずれも無償で利用できます。

いずれもGoogle Cloudのエンタープライズ向けサービスではなく、Googleが提供する一般ユーザー向けのサービスなので、入力・出力データはサービスの改善のため収集されます。そのため、機密情報は入力しないように注意してください。

- **Gemini（一般向けのGemini：https://gemini.google.com/）**

Googleアカウントでログインするだけで、すぐに利用できる生成AIチャットボットです。基盤モデルのGeminiと名称は同じですが、こちらはサービス名であることに注意してください。独自の拡張機能が提供されており、GoogleマップやYouTube動画などGoogleのサービスに連携したレスポンスを返すことができます。バックエンドの基盤モデルが高性能なものにアップグレードされている、有料のGemini Advancedも提供されています。

- **Google AI Studio（https://aistudio.google.com/）**

Googleが提供する最新の基盤モデルをかんたんに試せるWebサービスです。Gemini（一般向け）とは異なり、LLMから回答をそのまま返すため、アプリケーションのプロトタイピングなどに利用できます。

- **NotebookLM（https://notebooklm.google.com/）**

ローカルで保持しているデータやGoogleドライブのデータを読み込み、データについての要約、データに関する質問をかんたんに行えるサービスです。たとえば家電製品の説明が記載されているPDFを読み込み、商品に関する説明や、エラーコードの解説などを依頼すると、参照された箇所を示しながら説明してくれます。いわゆるRAG（P.068参照）を構築する仕組みがかんたんに提供されたサービスといえます。

まとめ

- AIソリューションは、特定のタスク向けのAIサービス
- 音声や対話に特化したAIサービスなどもある

索引 Index

か行

さ行

た行

な・は行

ま行

ら・わ行

| 著者プロフィール |

株式会社 grasys

Google Cloudの技術を主に活用して、クラウドインフラの設計・構築・運用を行う。のべ3億人超のエンドユーザーの活動を支え、全世界で数百万人が利用するオンラインゲーム基盤、IoT基盤、分析基盤など、大規模で複雑なクラウドインフラを多数構築。
さらに、AI導入ではKPI設計支援から構築・運用まで伴奏し、最適なソリューションを提供している。
第3章から第9章を担当。
[Website] https://www.grasys.io/

執筆担当者
泉水 朝匡、新井 亨弥、太田 彩歌、佐藤 嘉章、渡邉 貴也、西野 竣亮、長谷川 祐介

大沼 翔 (おおぬま しょう)

グーグル・クラウド・ジャパン合同会社 パートナーエンジニアリング パートナーエンジニア。
ヤフー株式会社、任天堂株式会社を経て2022年より現職。エンジニアとしてキャリアをスタートし、データプラットフォーム、ゲームサーバーの開発業務に従事。現職では開発経験を活かし、Google Cloudを利用してビジネスを推進するお客様やパートナーの技術支援を行う。
第2章のAIに関する内容と、第10章を担当。

西岡 典生 (にしおか のりお)

グーグル・クラウド・ジャパン合同会社 カスタマーエンジニアリング 技術部長。
株式会社野村総合研究所を経て2018年より現職。エンタープライズのクラウド活用に向け、クラウドアーキテクトとしてさまざまな業界のクラウド戦略立案や設計、導入に従事。現在は、より多くのお客様やパートナーにGoogle Cloudを活用していただけるよう、積極的に講演や技術支援を行っている。
第1章と第2章を担当。

| 執筆協力者 |

グーグル・クラウド・ジャパン合同会社

中井 悦司
有賀 征爾

■お問い合わせについて

- ご質問は本書に記載されている内容に関するものに限定させていただきます。本書の内容と関係のないご質問には一切お答えできませんので、あらかじめご了承ください。
- 電話でのご質問は一切受け付けておりませんので、FAXまたは書面にて下記までお送りください。また、ご質問の際には書名と該当ページ、返信先を明記してくださいますようお願いいたします。
- お送り頂いたご質問には、できる限り迅速にお答えできるよう努力いたしておりますが、お答えするまでに時間がかかる場合がございます。また、回答の期日をご指定いただいた場合でも、ご希望にお応えできるとは限りませんので、あらかじめご了承ください。
- ご質問の際に記載された個人情報は、ご質問への回答以外の目的には使用しません。また、回答後は速やかに破棄いたします。

■装丁 ―――― 井上新八
■本文デザイン ―― BUCH+
■DTP ―――― リブロワークス・デザイン室
■担当 ―――― 青木宏治
■編集 ―――― リブロワークス

図解即戦力(ずかいそくせんりょく)
Google Cloud(グーグル クラウド)のしくみと技術(ぎじゅつ)がこれ1冊(さつ)でしっかりわかる教科書(きょうかしょ)［改訂(かいてい)2版(はん)］

2021年9月16日　初版　第1刷発行
2024年9月28日　第2版　第1刷発行

著　者　株式会社(かぶしきがいしゃ)grasys(グラシス)／Google Cloud(グーグル クラウド) 大沼 翔(おおぬま しょう)、西岡 典生(にしおか のりお)
発行者　片岡　巌
発行所　株式会社技術評論社
東京都新宿区市谷左内町21-13
電話　03-3513-6150　販売促進部
03-3513-6160　書籍編集部
印刷／製本　株式会社加藤文明社

ISBN978-4-297-14347-3 C3055　Printed in Japan

■問い合わせ先
〒162-0846
東京都新宿区市谷左内町21-13
株式会社技術評論社 書籍編集部
「図解即戦力　Google Cloudのしくみと技術がこれ1冊でしっかりわかる教科書［改訂2版］」係
FAX：03-3513-6167
技術評論社ホームページ
https://book.gihyo.jp/116